“十三五”国家重点出版物
出版规划项目

中国石油大学（华东）
学术著作出版基金重点资助

提高油气采收率理论与技术丛书

第Ⅰ辑·卷二

# 油藏精细描述与剩余油研究

RESEARCH ON FINE RESERVOIR DESCRIPTION AND REMAINING OIL

林承焰　任丽华　董春梅　张宪国　等著

中国石油大学出版社
CHINA UNIVERSITY OF PETROLEUM PRESS

山东·青岛

**图书在版编目(CIP)数据**

油藏精细描述与剩余油研究/林承焰等著. --青岛：中国石油大学出版社，2020.12

（提高油气采收率理论与技术丛书. 第Ⅰ辑. 卷二）

ISBN 978-7-5636-5886-2

Ⅰ. ①油… Ⅱ. ①林… Ⅲ. ①油藏—研究②剩余油—研究 Ⅳ. ①P618.13②TE32

中国版本图书馆 CIP 数据核字(2019)第 247742 号

| | |
|---|---|
| 书　　　名 | 油藏精细描述与剩余油研究 |
| | YOUCANG JINGXI MIAOSHU YU SHENGYUYOU YANJIU |
| 著　　　者 | 林承焰　任丽华　董春梅　张宪国　等 |
| 责任编辑 | 袁超红　王金丽（电话　0532—86981532） |
| 封面设计 | 悟本设计 |
| 出 版 者 | 中国石油大学出版社 |
| | （地址：山东省青岛市黄岛区长江西路 66 号　邮编：266580） |
| 网　　　址 | http://cbs.upc.edu.cn |
| 电子邮箱 | shiyoujiaoyu@126.com |
| 印 刷 者 | 山东临沂新华印刷物流集团有限责任公司 |
| 发 行 者 | 中国石油大学出版社（电话　0532—86981531,86983437） |
| 开　　　本 | 787 mm×1 092 mm 1/16 |
| 印　　　张 | 14 |
| 字　　　数 | 310 千字 |
| 版 印 次 | 2020 年 12 月第 1 版　2020 年 12 月第 1 次印刷 |
| 书　　　号 | ISBN 978-7-5636-5886-2 |
| 印　　　数 | 1—1 500 册 |
| 定　　　价 | 100.00 元 |

# Preface / 前言

　　油藏描述始于 20 世纪 70 年代,从解决复杂油藏开发难题出发,以需求为导向,陆续开展各类复杂油藏描述具体实例研究,不断推动油藏描述理论、方法和技术的发展及应用,很好地解决了油藏勘探开发生产实际问题,形成了"实际难题—技术开发—实际应用—解决难题"的技术发展良性循环。历经 40 多年的持续研究,油藏描述至今仍表现出强大的生命力和不竭的发展动力,并得到普遍认可和推广应用。

　　油藏描述已经深入到油气田勘探开发的各个环节,在勘探与开发之间架起了一座桥梁,也是将储量变为产量的一把钥匙,是地质、岩石物理、地球物理、油藏工程、地质统计学、计算机等多学科综合研究的典范。随着科学技术的不断进步,油藏描述亦得到了与时俱进的发展。在油藏条件复杂化、油气资源劣质化日趋严重的背景下,油气田勘探开发对油藏描述提出了更高、更苛刻的要求,使得油藏描述面临巨大挑战。为此,只有不断创新发展,才能解决诸多难题,并使油藏描述持续地发挥关键作用,为我国石油工业可持续发展作出更大贡献。

　　30 多年来,笔者带领团队从事储层地质学及油藏描述领域的教学和科研工作,开展了大量的基于地质成因的动静态精细油藏描述及剩余油形成与分布研究。本书是对笔者团队积累的理论研究和实例研究进行深入系统归纳及提炼的结晶,希望借此推动油藏描述及剩余油形成与分布的理论、方法和技术的发展。本书直接面向复杂油藏,以油藏非均质精细表征及地质建模为核心,以多学科综合研究为路径,以降低预测结果不确定性、改善复杂油藏开发效果、提高采收率为目标,以案例的形式分别介绍了典型的窄薄砂体、复杂断块、低渗透等砂岩油藏和生物礁灰岩、岩溶缝洞型碳酸盐岩油藏"因油藏而异"的油藏精细描述及剩余油研究配套方法和技术。

　　本书内容共 5 章。第 1 章简要介绍油藏描述的内涵、主要研究内容和任务、研究现状和发展趋势;第 2 章从油藏非均质综合表征、复杂油藏地质建模、剩余油分布预测等方面介绍油藏描述与剩余油研究原理、方法和技术;第 3 章分别介绍砂岩油藏和碳酸盐岩油藏剩余油形成机理及研究方法;第 4 章分别介绍窄薄砂体、复杂断块、低渗透等复杂砂岩油藏精细描述及剩余油研究的方法和实例;第 5 章介绍生物礁灰岩、岩溶缝洞型两类碳酸盐岩油藏精细描述及剩余油研究的方法和实例。

　　本书是在信荃麟教授、刘泽容教授等老一辈专家开创的油藏描述研究方向上的传承和发展,在编写过程中得到了众多同行专家的指导和帮助,也得到了三大油公司及其下属油田企业提供的多方面宝贵支持和广阔科研舞台，在此表示衷心的感谢！

侯连华、李红南、文钢锋、靳彦新、王友净、余成林、刘卫、李志鹏、徐慧、孙廷彬、范卓颖、韩长城、陈仕臻、辛治国、岳大力、袁新涛、孙继峰、李伸专、李伟、宋力、田腾飞、赵延静、商建霞、汪跃、隋永婷、田福春、吴鹏、曲丽丽、田淼、杨山、熊陈微等老师和博士后、博士生、硕士生，在校期间先后为开展与本书相关的油藏描述及剩余油科研项目研究作出了贡献。油藏描述团队的足迹遍布祖国东西南北中，大家协同配合、共同奋斗，为各类复杂油藏高效开发作出了积极贡献。在此，向油藏描述团队成员的努力和付出表示真诚的谢意。

书中不妥之处，敬请读者批评指正。

林承焰

2020 年 11 月

# Contents 目 录

# 第1章 ▶

# 绪　论

油藏描述是一项对油藏各种特征进行三维空间定量表征与预测的综合技术,综合应用地质、地震、测井和生产动态信息等资料,最大限度地使用计算机技术,对不同勘探和开发阶段的油气藏进行多学科的综合研究及评价。20世纪70年代末至80年代初,斯伦贝谢等国外公司率先提出并开展了油藏描述研究,开发了油藏描述软件系统,并在阿尔及利亚等地区进行应用,取得了明显效果。80年代中后期开始,我国组织开展了油藏描述技术攻关,建立了针对我国陆相复杂油藏的油藏描述研究方法,同时也培养了我国油藏描述研究领域的一大批学术骨干。经过多年的不断发展,目前油藏描述已经成为一种解决油田勘探开发问题的必备手段,贯穿油气勘探、评价和开发的各个阶段。

油藏描述之所以发展迅速且被普遍认可和推广应用,经久不衰,究其原因,主要是油藏描述技术具有以下5个方面的显著特点:

## 1) 油田开发生产矛盾问题为油藏描述技术的产生和发展提供了驱动力

油藏描述技术的产生和发展是基于油藏勘探开发过程中急需解决的地层、构造、沉积、储层、流体等基础地质问题,以及油田(藏)探明石油地质储量计算、油藏综合评价、勘探目标优选、开发方案部署及调整、剩余油挖潜及提高采收率等问题而形成的一项综合性技术(图1-1)。现代油藏描述技术以油藏地质研究为主体,以地层学、构造地质学、沉积学、油藏工程和地质统计学等相关理论为基础,通过油藏地质学、应用地球物理学、岩石物理学以及测试技术、油藏工程学等多学科、多层次的协同研究,在三维空间上定性、定量、精细地对油气藏各种属性特征进行描述,建立三维定量油藏地质模型及四维动态模型。

以黄骅坳陷滩海地区油藏为例,该地区新近系辫状河油藏水平井开发中,在原来认识的整装含油辫状河心滩砂体上钻穿的水平井出现了含水快速上升现象,与原来的地质认识显著不符。如何解释这一违背原有油藏地质认识的现象以指导下一步的油藏开发成为油田面临的难题。滩海地区钻井少,井网不规则,资料有限,通过开展精细油藏描述以及多学科综合研究,实现地质、测井、地震和开发动态资料等信息的一体化分析,在沉积微相研究的基础上,对辫状河心滩复合体内部结构进行精细刻画。从精细刻画结果看,心滩复

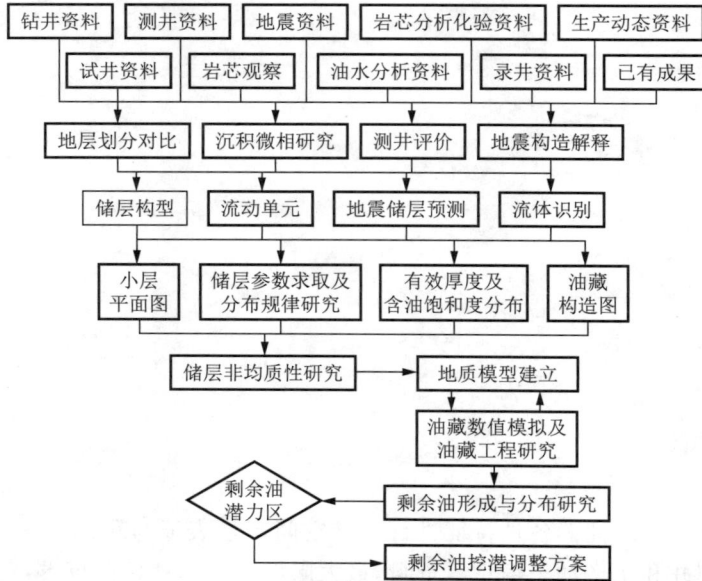

图 1-1　现代油藏描述研究流程

合体内部的非均质性使油藏复杂化,加之采用大功率电泵大液量采油的作业方式,造成底水在夹层不发育处快速向上突破,从而出现水平井迅速高含水的现象。这样,通过开展精细油藏描述深化了油藏地质认识,解决了困扰该油藏开发的出水问题,对下一步油藏开发调整具有重要指导意义。

正是这种"从实际问题中来,围绕实际难题,解决实际难题"的特点,使油藏描述技术获得发展的不竭动力。这对油藏描述技术的发展来说有一个重要的启示,油藏描述理论、方法和技术攻关必须以科学问题和实际需求为驱动力,否则只能是昙花一现。

2) 油藏描述是面向复杂油藏的表征技术

从 19 世纪中叶第一口开启石油工业的油井钻探开始,作为主要钻探目标的简单背斜型构造油藏逐渐变少,至 20 世纪 70 和 80 年代,油藏勘探开发的对象逐渐向更加复杂的油藏类型延伸,油藏描述就是在这样的背景下产生和发展起来的。因此,油藏描述从一开始就面向像牛庄岩性油藏、枣园断块油藏这样的复杂油藏,可以说油藏描述一直在与复杂油藏打交道。随着油气供需矛盾的加剧和油气勘探开发难度的加大,油气勘探和开发工作不得不面向特高含水油藏、低渗透油藏、复杂断块油藏、裂缝性油藏、特稠油和超稠油等复杂非常规油藏,为此油藏描述研究的主要对象也逐渐面向这些成为油气储量和产量主要来源的复杂油藏。尤其是随着近年来非常规油藏勘探开发的深入,致密砂岩油藏、页岩油藏等新的非常规复杂油藏描述方法和技术成为当前油藏描述的重要研究内容,油藏描述技术的发展也可为这些非常规油藏的开发提供关键技术支持。

每一个油藏都有其自身的特点,不同油藏制约开发的关键地质因素也不同。油藏描述就是要针对具体油藏的特点及其在开发过程中存在的关键问题而采取相应的对策,逐步形成针对各种复杂油藏的描述方法和技术。这也是油藏描述所要遵循的"因油藏而异,因油藏制宜"的原则。

以油藏描述中的储层物性研究为例,储层渗透率是引起油藏开发复杂化的主要矛盾,是油藏描述中需要特别攻关的关键难题。低(特低)渗透油藏往往储层孔隙结构复杂、孔渗相关性差。这一方面造成油气分布复杂,相对高渗带具有更高的油气富集概率;另一方面渗透率参数难以准确求取,制约了对相对高渗带的研究。针对这一主要矛盾,引入流体流动单元的概念,在流动单元的约束下开展测井渗透率参数解释,使渗透率参数解释相对误差降低为原来的 1/8,从而大大提高渗透率解释精度,使解决渗透率参数解释精度低这一低渗透油藏描述的瓶颈问题向前迈进了一大步(图 1-2)。

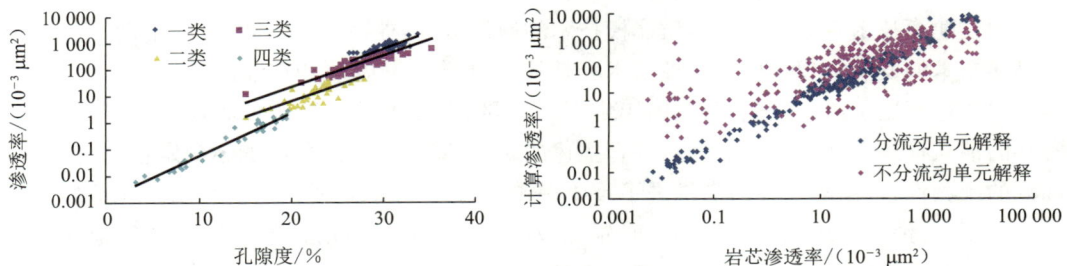

(a)分流动单元建立的孔渗关系图版　　(b)流动单元约束前后渗透率解释结果与岩芯分析结果的关系

图 1-2　流动单元约束的渗透率解释(W13-1 油田)

面对不断出现的复杂油藏,需要在油藏描述中抓住制约油藏开发的主要地质矛盾,具体油藏具体分析,从油藏共性出发找到指导性的一般规律,从油藏"个性"入手建立有针对性的方法和技术。这是解决复杂油藏描述问题的正确方法,也是油藏描述的发展给予研究者探索解决其他科学和技术难题有效途径的启示。

### 3)油藏描述是"联合攻关小组"的多学科综合研究

油藏描述吸收了与其相关的各单一学科的最新理论和技术,不断促进油藏描述理论、方法和技术的进步,这正是油藏描述至今仍表现出强大生命力的原因。组成联合攻关小组是该技术获得成功的最关键因素,也是能够解决各类复杂油藏勘探和开发难题的根本原因。油藏描述过去多年的发展实践证明,每一单项技术或单一学科的发展都为油藏描述中地质问题的解决提供了新的方法和技术。

油藏描述是对各类油藏基础地质及油藏勘探开发关键地质问题的综合研究,这种研究对象的复杂性决定了其需要多学科联合攻关的特点。一方面,这种多学科的联合攻关不是各类单一研究的简单拼装,而是多学科、多信息的一体化研究;另一方面,单一学科的发展会推动整个油藏描述的发展,并能够在学科间创造出新的边缘交叉点,催生新的技术,从而促进油藏描述的发展。

以地球物理勘探技术在油藏描述中的应用为例,早在 20 世纪 50 年代,地震技术已经在油藏勘探中应用,为构造圈闭的发现提供了有力手段。随着地震资料采集和处理技术的发展以及计算机技术的发展,地震资料逐渐丰富起来,三维地震资料也开始得以工业化应用,以研究等时地层界面及其沉积特征为目的的地震地层学发展起来。到 20 世纪 80 年代,以地震地层学为基础逐渐建立起了层序地层学并发展出不同的流派,为油藏描述中的等时地层研究提供了新的研究方法。20 世纪 90 年代后期开始,随着低成本地震采集技术的发展、计算机性能的提高以及处理技术的进步,三维地震在石油工业界大规模推广,高品质的地震资料以及地震属性分析技术、地震反演技术的飞速发展为利用地震资料和地球物理技术研究岩性、沉积相和流体分布等问题提供了可能,使精细油藏描述由密井网到稀井网、由陆上到海上,井间油藏描述精度和可靠性也大大提高。同时,在原有学科和技术之间催生了地震沉积学等新的边缘交叉学科,为油藏描述技术的发展注入了新的血液。此外,原有的一些技术也获得了新的发展。例如,原来围绕井资料开展的三维地质建模研究受井点数量和井距的制约比较大,随着高精度三维地震资料以及高精度地震反演结果的介入,井震结合的三维地质建模技术有效拓宽了地质建模技术的应用范围,提高了其预测精度,推动了整个油藏描述技术的发展。现代地球物理技术和地质统计学的发展及其在油藏描述中的应用,使得油藏描述开始了由井点到井间、由半定量到定量、由二维向三维的过渡,实现了基于测井资料的油藏描述向井震结合的油藏综合描述的跨越,减少了井间预测的不确定性,提高了对油藏的预测性,将油藏描述向前推进了重要一步。另外,原型地质模型研究及其在地质建模中的应用,对油藏地质模型的现场实时跟踪、动静态资料的互相反馈等技术,使得地质建模更加符合地下实际情况(图 1-3),精度也更高。

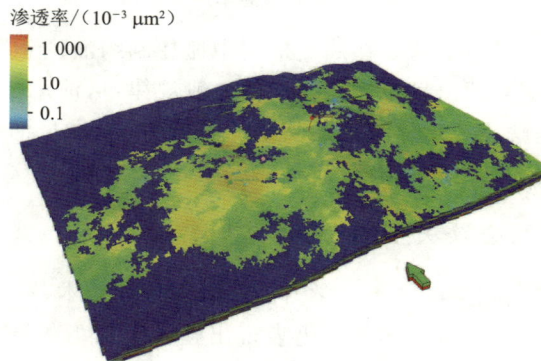

图 1-3　随钻实时跟踪渗透率三维模型

综合性和系统性是现代技术研究的共性,油藏描述技术的上述发展特点揭示了现代技术发展的一个正确方向,即多学科联合小组攻关。这不仅是油气藏勘探开发技术发展的方向,也是其他综合研究技术的发展趋势。这种多学科联合小组攻关不是不同学科、不同领域研究的简单组合,而是围绕一个复杂问题的多学科一体化研究。因此,这种多学科联合小组攻关是一种"1+1>2"的高效发展模式。同时也应该意识到,随着油藏勘探开发的不断深入,复杂油藏中的新问题以及新的复杂油藏类型会不断出现,这些问题的解决依赖于技术的不断创新发展。

### 4) 油藏描述是以油藏非均质性为核心的表征技术

从油气成藏及分布到已开发油藏的剩余油形成与分布,都受到油藏非均质性的显著影响及控制,油藏非均质性是"改善开发效果,提高采收率"的最关键地质因素。油藏非均质性具有级次性,不同尺度或级次的油藏非均质性影响流体的波及体积系数和驱替效率,从而影响剩余油形成与分布,最终影响采收率。

以 W13-1 油田珠江组海相碎屑岩油藏为例,由于其构造简单和海相砂岩大面积分布的特点,在油藏开发初期将其作为相对均质砂岩油藏进行开发,围绕构造高部位钻井,取得了良好的开发效果。但是,经过 20 多年的开发,油藏进入开发后期,单井产能降低,开发矛盾逐渐显现,增储上产压力大。为解决上述难题,开展精细油藏描述研究,细化研究单元,剖析层内 3 类夹层(泥质、钙质和物性夹层)的分布(图 1-4 中钙质夹层),并通过速度场精细研究揭示了地层速度的平面非均质性对构造认识的影响,重新落实了研究区低幅度构造特征,建立了反映油藏非均质性特征的油藏地质模型。通过上述油藏精细描述研究,揭示了油藏的非均质特征,重新落实了石油地质储量,指出了剩余油富集区,有力指导了该油田的油藏开发工作。可见,从油藏非均质性角度,利用动静态资料相结合的分析方法,根据不同油藏类型以及不同级次上的非均质性特征,可以对剩余油分布进行预测研究,从而达到改善开发效果和提高采收率的目的。

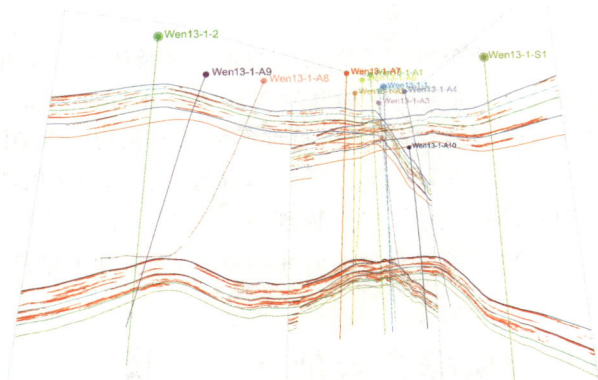

图 1-4  W13-1 油田珠江组夹层地质模型

5)油藏描述研究成果可以直接应用于油气田勘探与开发的不同阶段

油藏描述伴随着油气田从发现到开发的整个过程。随着开发的深入,积累的研究资料越来越丰富,对油气藏的认识也逐步深入。不同阶段的油藏描述有着不同的特点,是一个针对不同问题逐步深化认识的过程。

油藏描述研究成果在油气田(藏)勘探和开发的不同阶段都已得到应用。通过油藏描述,可准确计算油气地质储量,建立地质模型,编制油气藏开发方案,确定剩余油分布,进行方案部署、调整及剩余油挖潜,提高采收率,改善油气藏开发效果。可以说,各类复杂油气藏的可持续高效开发都离不开油藏描述。一方面,在油藏勘探开发不同阶段,可通过开展油藏描述解决制约油藏勘探开发的关键难题,推进油藏高效开发;另一方面,随着新资料的补充和单一学科不断出现的新技术、新理论的应用,可以对油藏产生新的认识,从而不断逼近地下真实地质描述,开辟老油田的新领域,提出高效开发的新目标,最终实现采收率的提高。

# 第 2 章 ▶

# 油藏描述与剩余油研究原理、方法和技术

油藏精细描述及剩余油分布研究是提高原油采收率及改善油田开发效果的基础。随着油气勘探开发难度的加大,油气勘探和开发工作不得不面向特高含水油藏、低渗透油藏、复杂断块油藏、裂缝性油藏、特稠油和超稠油等复杂非常规油藏,由此油藏描述及剩余油研究的理论与方法也需要多学科协同创新。本章将结合我国油田特点和现代油藏地质研究的发展方向,介绍基于油藏地质、岩石物理、地球物理、油藏工程、地质统计学及计算机等多学科协同创新的油藏描述与剩余油研究的原理、方法和关键技术。

## 2.1 油藏非均质综合表征方法和技术

我国 90% 以上油藏的开发受非均质的影响明显,其中复杂油藏的开发受非均质的困扰更加严重。原有的非均质描述方法对提高注水开发油田采收率发挥了重要作用,但难以满足复杂油藏深度开发的要求。目前已形成一系列较为成熟的复杂油藏非均质精细表征新方法,为剩余油挖潜和提高采收率提供了关键技术支持。

### 2.1.1 非均质综合指数法

由于复杂油藏的非均质性更强,利用渗透率变异系数、突进系数、级差等非均质参数,以及隔层和夹层的个数、密度、频数等单一参数从某个方面对储层非均质进行描述的常规方法已不能满足复杂油藏剩余油挖潜要求。非均质综合指数法充分考虑复杂油气藏强非均质性的多成因因素,提出了非均质综合指数 $I_{RH}$(林承焰,2000),即针对不同类型的复杂油藏特征优选出反映储层非均质性和流体渗流特征的参数,对其进行量化和相关性及重要性评价,依据其相对重要性,利用波叠加原理得到一个能综合反映油藏非均质的综合

指数,进而利用该参数对储层流动单元进行识别划分,实现对各类复杂油藏非均质单元的宏观定量表征和综合评价。目前非均质综合指数法已成为应用广泛的非均质定量表征新方法。

非均质综合指数 $I_{RH}$ 的计算公式为:

$$I_{RH} = \sum_{i=1}^{n} w_i x_i$$

式中,$w_i$ 为参数 $x_i$ 的权重,可用层次分析法或熵权法等确定;$i=1,2,\cdots,n$,为变量数。

## 2.1.2　基于多尺度资料和储层构型知识库的非均质表征技术

储层构型是指不同级次储层构成单元的形态、规模、方向及其叠置关系。国外早期主要针对野外露头区以及现代沉积开展储层构型研究。针对地下覆盖区油气复杂储层,基于多尺度资料和储层构型知识库的非均质表征技术,综合利用岩芯、测井、地震、动态监测等信息,建立基于多尺度资料的储层构型研究新方法,创立曲流河、辫状河、三角洲等不同成因类型的储层构型知识库,形成基于储层构型知识库的单砂体及其内部结构精细表征新技术。

该技术从储层内部成因结构来刻画非均质性,将地震沉积学关键技术应用于地下储层构型精细表征,解决了井间储层构型刻画缺少有效手段的不足,可以实现油藏开发尺度的储层构型单元和构型界面地震精准识别,将井间构型地震表征由五级构型(单河道)提高到三级构型(侧积体/前积体)级别(图 2-1-1)。

## 2.1.3　基于流动单元的储层非均质表征方法

渗透率测井解释精度低一直是困扰油藏非均质表征的难题,在复杂陆相储层中这一问题更加突出。基于流动单元的储层非均质表征建立了流动单元约束的测井解释新方法,在划分流动单元基础上,按流动单元建立测井解释模型,并开发有流动单元约束的测井解释软件。与测井解释的传统方法相比,基于不同流动单元的测井解释方法具有充分考虑储层非均质特征和流动特性、解释精度高的优势。该方法已应用于 20 多个油田 2 000 多口井的测井解释,大幅度提高了渗透率测井解释精度,符合率提高了 10% ~ 30%。储层渗透率测井解释精度的提高对油藏非均质性表征具有重要意义和推广应用价值。

油田进入开发中后期,储层岩石物理和流体性质发生变化,在注水开发的油田,注入水常常沿着高渗带形成窜流通道,严重影响开发效果。因此,动态流动单元研究成为开发中后期油藏非均质性研究的关键因素。基于流动单元的储层非均质表征方法通过建立储层静态非均质和开发动态响应间的内在成因联系,研究不同含水期岩石物理和流体性质的变化规律,建立不同含水期储层流动单元的动态模型(图 2-1-2),可为堵水调剖、提高水驱动用储量奠定坚实的地质基础。

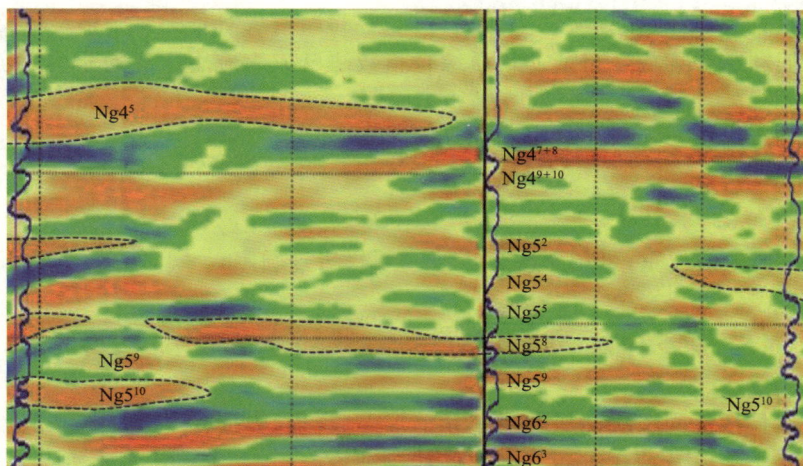

图 2-1-1　三级储层构型地震表征

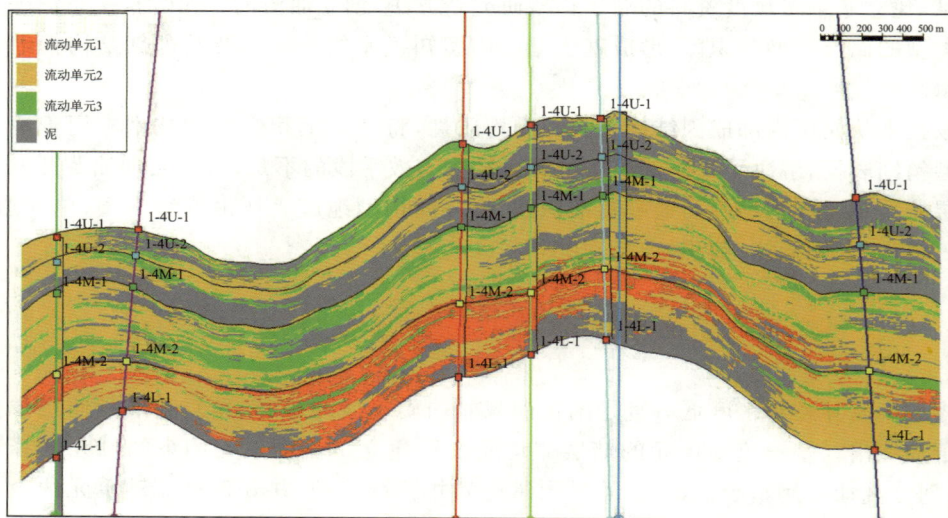

图 2-1-2　基于流动单元的储层非均质表征

# 2.2　多趋势融合的概率体约束复杂油藏地质建模方法

## 2.2.1　目前地质建模存在的问题

随着三维地质建模技术的不断发展,许多数学方法(如基于目标、基于变差函数、基于多点地质统计等算法)都被广泛应用到该领域,为模拟和预测各种沉积环境下的储层参数提供了必要基础。然而,单独运用各算法直接参与模拟运算往往会造成所建模型虽在井点处与已知数据吻合良好,但在井间和油藏边部等缺少井控的部位,预测结果与地下实际情况符合度较低。究其原因,主要是软件算法本身并不自主产生地质概念,地质学家对研究区的经验认识无法在建模过程中起到有效的控制和约束作用。为了在算法之外对建模软件提供必要的地质思维约束，克服以纯数学方法描述地下储层时存在的不足，地质建模人员采用了边界约束、单一趋势约束、多条件约束等建模方法，在一定程度上提高了建模结果的合理性，但是依然存在许多问题。

1）仅依靠边界约束的局限性

储层参数的统计特征分析和变差函数分析是三维随机建模过程中的两个关键步骤，前者为模拟结果的统计分布拟定初始条件，后者给参数在空间的两点间相关性提供依据。由于相同的统计特征参数和变差函数可能对应着两种截然不同的储层分布样式，模拟结果具有较大的不确定性，因此不少学者提出了相控建模的约束方法，即首先通过沉积学研究确定相边界，建立沉积相或岩相等具有成因意义的离散变量模型，再在各相带边界内部进行连续属性参数的模拟，以保证待模拟地层内的物性参数展布受相带的控制。但是，在没有其他辅助趋势控制的前提下，该方法的应用也有其局限性。分析造成这种情况的原因主要有以下两个方面：

一是边界约束方法通过划分相带单元，主要以相边界对连续变量参数进行控制，连续变量参数在相边界内部缺少进一步约束，其分布具有很大的随机性。以河道沉积为例，仅依靠边界约束后的河道砂体经常会出现中心和边缘部位的物性变化规律性差的现象（图 2-2-1），这种模拟结果说明仅仅通过单一相带边界的约束不足以反映河道沉积的物性分布特点。

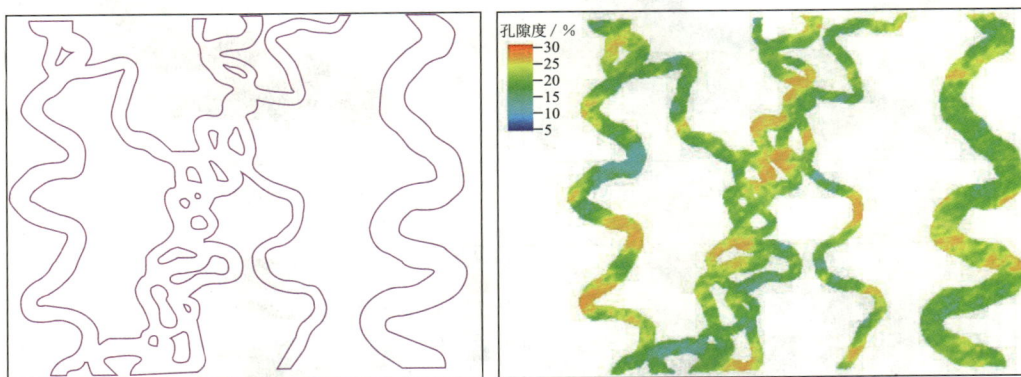

（a）河道边界　　　　　　　　　　　　（b）仅依靠边界约束的河道孔隙度分布

图 2-2-1　地质体边界约束的储层物性参数模拟

二是如果相带边界内包含的连续变量初始井点硬数据较少，或者由于采用嵌套模拟方法而造成次级相边界内部的储层参数样本点不足，有时甚至难以满足参数统计抽样的独立性要求，这将导致模拟结果的统计分布与地下实际出现很大偏差，最终不能正确反映储层参数的原始统计特征。

2）单一趋势约束不足

无论是离散变量还是连续变量，模型建立过程中除需要对参数的统计分布和变差函数进行拟合外,最重要的是整合研究者对于研究区的地质规律认识。解决上述问题的关键是引入趋势的控制。趋势控制对于提高相模型和物性参数模型的客观合理性很有必要,利用实际资料和先验信息转换得到的趋势已成为建模人员整合地质认识的重要手段。但是,由于地下地质现象的复杂多变,单一趋势约束建模往往并不能完全体现储层内部复杂的非均质性特征。单一趋势约束方法在一定程度上使建模结果趋近于实际的地质情况,却不能保证参数在空间中同时满足多个方向的沉积规律。

同样以河道沉积为例,引入平面趋势控制后的物性参数沿河道中心向两侧逐渐变差且存在一定的过渡,却未能同时考虑垂向上的客观合理性(图 2-2-2a,b);而引入垂向趋势控制后,河道沉积的物性分布在剖面上能够体现出河流的正旋回特征,却没有具备河道应有的平面变化趋势(图 2-2-2c,d)中。可见,运用某一方向上的趋势对连续变量的分布进行控制时,模拟结果与该趋势间保持了很好的相关性,但是其参数分布并不一定能满足其他方向上的合理性。

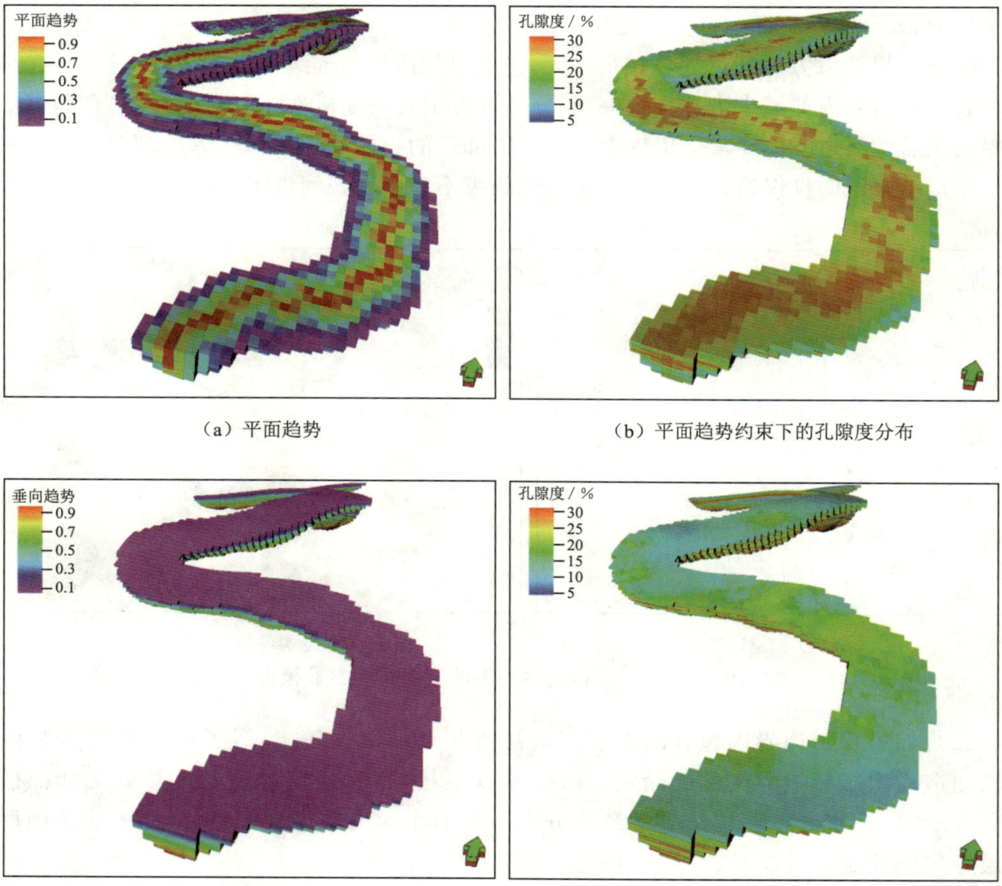

（a）平面趋势

（b）平面趋势约束下的孔隙度分布

（c）垂向趋势

（d）垂向趋势约束下的孔隙度分布

图 2-2-2　单一趋势及其约束后的物性参数模拟

### 3）多个趋势约束面临困难

地质建模过程中涉及的趋势主要有以下几个来源：

（1）通过数据分析从井数据中揭示的信息，如沉积作用和压实成岩作用等规律。

（2）从地震资料中获取的信息，如地震波阻抗与储层参数间的某些相关关系。

（3）地质模式及开发过程中的动态响应特征，如动态分析揭示的层间连通关系。

按照趋势的类型，可将其总结为一维、二维、三维等。从趋势的级次上来讲，可以有全局趋势和局部趋势之分，前者控制着参数的宏观分布，后者则是在局部条件下对前者进行的必要调整。上述各种趋势对模拟对象的控制作用和效果不尽相同，且趋势间的主次关系会随着距离井点的远近和实际的地质情况而发生改变。传统的建模约束方法在整合多个趋势时难以考虑到上述因素，只是对各趋势进行简单的加权平均，权重的分布不能随网格的位置变化而相应调整，在实际应用中容易受到限制。

## 2.2.2　多趋势融合的概率体约束地质建模研究思路

概率体是一种由概率值（介于 0～1 之间）组成的三维参数体，以概率的形式直接赋予每个网格数值。根据待模拟变量的不同，概率体可分为离散变量概率体和连续变量概率体两种类型，进而对离散变量的取值类型和连续变量的取值大小加以控制。与常规的边界约束及二维趋势面约束不同，概率体从空间上覆盖了整个模型的展布范围，同时避免了人为因素导致的层内均质化，能保留住纵向上和边界内部更多的约束细节，对储层参数的真实变异性体现良好。概率体约束与单一的第二变量协同模拟存在较大区别，后者主要通过同位协同的方式以固定权重对待模拟对象加以控制，属于间接的约束方法。前者则是利用多个趋势根据各自影响程度融合后的综合概率，其代表多个趋势的共同作用结果。与协同模拟相比，这种约束方式更直接，不需要借助第二变量的协同，因此虽然二者都是以三维数据体的形式对待模拟变量加以控制，但是概率体的含义相对更广一些，作用方式也更直接。

为解决传统建模约束方法遇到的问题，本书提出多趋势融合的概率体约束方法。所谓多趋势融合，是将多个不同来源、类型、级次的趋势按照一定的方式进行整合，最终得到可用于直接约束待模拟对象的概率体。该方法主要包括两方面内容：

一是针对离散和连续的两种变量类型分别构建各自对应的概率体；

二是应用所建概率体对两种变量的模拟过程进行控制和约束，最终获得符合地下实际的储层地质模型。

通过何种方法将现有资料中提取的多个趋势融合到一起，是概率体构建时需要解决的首要问题。

在建立针对离散变量的概率体时，优先考虑采用块克里金插值方法对多种约束条件予以融合。块克里金插值属于克里金插值的一种特殊类型，其在计算参数权重时强调数据结构的作用，不仅考虑了已知点对待估点的影响，也考虑了已知点间相互位置的影响，而不只是简单的参数间加权平均。另外，在样本数量较少的情况下，块克里金方法通过修改克里金方程,以估计子块内平均值的方式来克服点克里金结果可能出现的数据明显凹凸现象,有利于揭示出变量在区域内的变化规律。建立连续变量的概率体时,需要运用到基于位置的加权线性组合方法。随着距离井点的远近不同,井信息、沉积信息、地震信息的预测准确程度及相应权重亦不相同(图 2-2-3)。在离井较近时,井信息的预测结果更准确;在中距离时,沉积信息预测结果更准确;在远距离时,地震信息预测结果更准确。通过建立不同资料随空间位置变化的权重分布,对每个网格单元的多个趋势进行加权线性组合,最终构建归一化后的连续变量概率体。

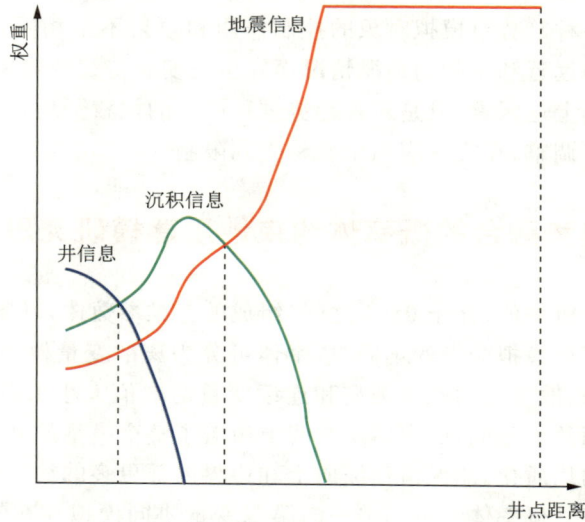

图 2-2-3　不同信息的权重分布随井点距离的变化规律

整合多个来源、多种类型的趋势,以概率体的形式对变量在三维空间的分布进行约束,能较好地避免边界约束造成的参数控制不到位及单一趋势约束导致的参数分布不合理的问题。具体研究思路和建模流程如图 2-2-4 所示。

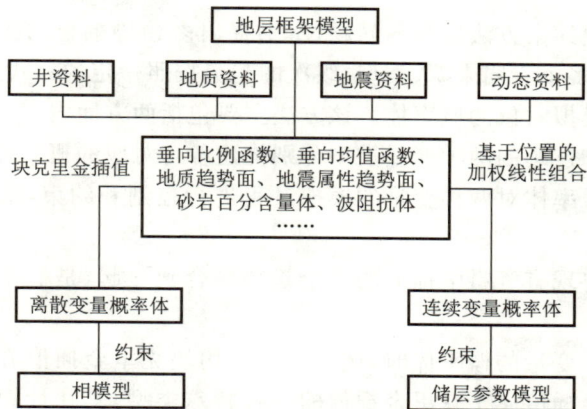

图 2-2-4　多趋势融合的概率体约束方法建模流程

12

## 2.2.3　多趋势融合的概率体约束地质建模原理与方法

根据上述研究思路,下面简要介绍利用多趋势融合的概率体约束方法对沉积相、物性参数进行建模的原理和方法。

1) 针对离散变量的概率体建立

相控建模的目的是通过分相带进行参数的统计和模拟,进而达到对连续变量更好的约束效果,但是相模型的级别并不是越多越好。在研究区内数据点有限的情况下,为避免沉积相多级嵌套造成参数统计抽样的独立性丧失,研究中只需建立一个级别的相模型即可,后续的物性参数控制可更多地交给连续变量概率体来解决。以 W 油田为例,针对地质上划分的 3 种微相类型,包括砂坝主体、砂坝侧缘(包含裂流沟槽)、临滨,结合垂向微相比例函数、二维地质趋势面(该资料来源于根据地质认识提取的平面微相分布情况,不同颜色代表不同的赋值大小)和地震反演得到的砂岩百分含量,通过块克里金插值方法分别建立各微相对应的离散变量概率体(图 2-2-5)。这种通过离散变量概率体整合多个输入数据和趋势的方法可更精细地控制各微相在平面、垂向上的展布及组合样式,使带的分布更加符合沉积模式和客观规律。此外,在离井较远的油藏边部可以适当增加地震资料所得趋势的权重比例,以减弱由于缺少井点数据控制而导致的不确定性增加,最终提高相模型的预测精度。

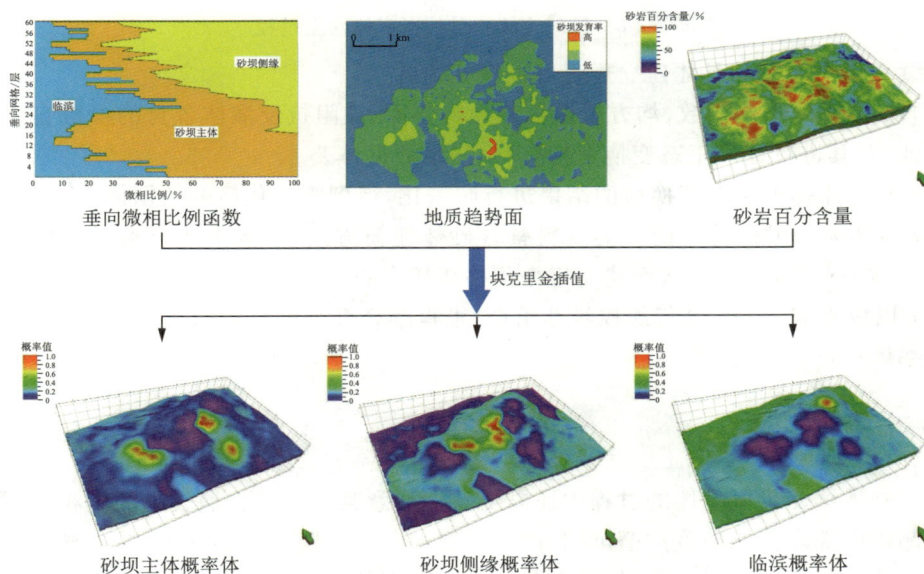

垂向微相比例函数　　　　地质趋势面　　　　砂岩百分含量

块克里金插值

砂坝主体概率体　　　　砂坝侧缘概率体　　　　临滨概率体

图 2-2-5　针对离散变量的概率体建立过程

2) 针对连续变量的概率体建立

对于孔隙度、渗透率等连续变量类型的储层参数,概率体的建立过程则有所不同:垂向比例函数由垂向均值函数代替,以控制垂向上各层网格的参数平均值大小;整合多个趋势的方法为基于位置的加权线性组合,各趋势所占权重可根据网格位置与井点的距离关系来确定。以孔隙度参数为例,构建概率体的过程中融合井点连续变量的垂向均值函数、均方根振幅属性趋势面、重采样后的地震波阻抗反演体等趋势,达到对多个约束条件进行整合和对模拟参数精细控制的目的(图 2-2-6)。

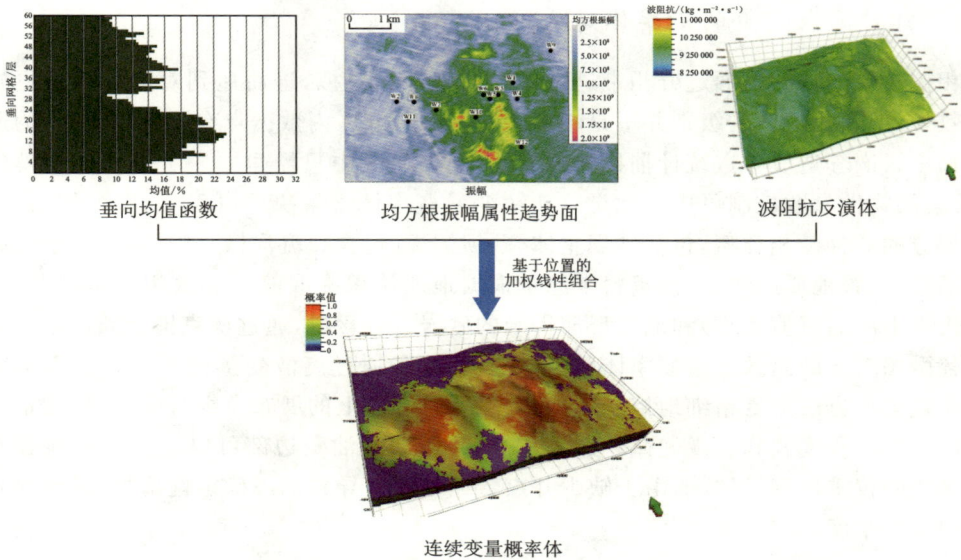

垂向均值函数     均方根振幅属性趋势面     波阻抗反演体

连续变量概率体

图 2-2-6　针对连续变量的概率体建立过程

连续变量概率体的具体建立过程可以概括为:

(1)根据垂向均值函数、均方根振幅属性趋势面、波阻抗反演体各自的参数直方分布统计特征,对其进行标准正态变换,得到多个三维数据体。

(2)对上述标准正态变换后的结果进行归一化,得到归一化后的数据体 $M_i$。

(3)利用基于井距分布的多类资料整合砂体建模方法,求取上述资料在待估网格点处的预测准确率加权平均,从而建立每个网格所用资料的权重 $R_i$。

(4)以权重 $R_i$ 对 $M_i$ 进行加权线性组合,求得融合多个资料后的连续变量概率体 $P$。

概率体计算公式为:

$$P = \frac{\sum M_i R_i}{\sum R_i}$$

在建立连续变量概率体的过程中还需要特别注意某些井点钻遇较少的微相类型。比如砂坝侧缘内部发育的裂流沟槽沉积,由于其展布范围有限且钻遇井点较少,导致该相带内包含的条件数据欠缺,如果再将其划分成一个独立的微相类型,则势必造成该单元对应的参数统计特征和变差函数难以成功求取。因此,针对井点数据较少的情况,离散变量概率体建立时需要将其划归到参数变化规律类似的微相之中,继而在具体研究过程中通过连续变量概率体对裂流沟槽处的物性参数分布予以刻画,借助地震趋势良好的平面响应特征,以周围井点的硬数据与地震趋势间的相关关系作为桥梁,求取与其对应的参数取值概率。

### 3）概率体约束下的地质模型建立

对于离散变量建模，在已获得各微相概率体的情况下，相模型的建立过程可以概括为：以各微相对应的概率体作为三维趋势，通过带趋势的序贯指示模拟方法对每个微相在网格中出现的概率直接进行控制，使最终相模型满足概率体趋势分布的要求。

对于连续变量建模，概率体在高斯随机函数模拟过程中也是作为三维趋势对待的，但是其作用方式与离散变量建模中的概率体有所差别，可以分为如下三步。

第一步，正变换，求取井点粗化值与经尺度变换后的概率体之差：

$$R_u = W_u - (aP + b)$$

式中，$R_u$ 为井点残差；$W_u$ 为井点粗化值；$a,b$ 为通过最小二乘方法得到的系数。

尺度变换的目的是保证变换后的概率体数值分布范围与井点值相吻合。

第二步，对井点残差 $R_u$ 进行高斯随机函数模拟，得到残差体 $R_s$。

第三步，反变换，在上一步模拟后的残差体基础上计算最终模型模拟结果 $M_s$。

$$M_s = R_s + (aP + b)$$

可见，在连续变量建模中，概率体主要作用于残差计算的正变换和模拟结果恢复的反变换。归纳起来，分别运用带趋势的序贯指示和高斯随机函数模拟方法构建研究区的沉积相及孔、渗模型，前者采用各微相对应的离散变量概率体分别加以约束得到，后者则通过连续变量概率体对孔、渗参数进行控制。

通常情况下，变差函数中的变程大小对模拟点之间的相关性具有重要影响，更大的变程往往会得到延伸范围更广、分布更加连续的模拟结果，但这样做的同时也容易掩盖概率体在模型局部体现的参数间变异性。因此，在应用概率体对储层地质模型进行约束的过程中，需要适当降低待模拟参数的变程，以避免过大的变差函数相关距离对趋势造成的屏蔽。最终，概率体约束后的相带和物性参数模拟结果将增强概率体在井间和油藏边部的控制效果。

## 2.2.4　模型检验方法

随机模拟可以产生一系列可选的、等可能的实现，各实现之间的差异反映出储层随机模拟的不确定性。在模型建立完毕后，需要对模型符合地质认识的程度加以验证，也就是对模型的准确度进行分析，以保证其预测的精度和可靠性。实际研究过程中主要用以下标准对模型进行检验：与地质概念模型对比、地质模型统计参数概率分布一致性检验、地质模型储量拟合精度分析、抽稀井检验。

（1）与地质概念模型进行对比。

一是连井剖面对比。在模型中截取剖面，与之前的地质认识进行全面比对，查看两者的吻合度，确定地质模型的可靠性。

二是砂体空间展布与地质认识结论对比。通过地质模型的三维可视化功能、模型建立的砂体接触关系、砂体间隔夹层分布等砂体分布特征与油藏描述揭示的地质规律进行对比,确定地质模型的合理性和可靠性。

（2）地质模型统计参数概率分布一致性检验。通过模型模拟参数的统计特征与原始井数据的统计特征是否一致验证地质模型的可靠性。如果二者分布趋势一致,则说明地质模型准确度较高。

（3）地质模型储量拟合精度分析。模型储量是油藏数值模拟中的关键问题,如果模型储量结果不符合实际,那么油藏数值模拟工作将无任何实际意义。三维地质模型的储量与实际储量误差大小很大程度上也反映了地质模型的精度。如果三维地质模型的储量与实际储量相差较小,则可以说明该模型比较可靠,精度较高;反之,模型可信度较低。

（4）抽稀井检验。抽稀井检验即在模拟过程中抽取一部分已知井数据,观察模拟方法对该井位处预测值和抽稀后总体图像的稳定性,这种预测误差应该越小越好。在抽稀操作中,综合考虑砂体的展布与井网间距,最好能做到在研究区内均匀抽取,减少由人为主观因素造成的误差。

## 2.3 油藏地质建模和数值模拟一体化的剩余油分布研究方法

油藏数值模拟作为一种定量的剩余油饱和度预测方法,在油田开发后期剩余油分布研究中起着越来越重要的作用,是进行油田开发设计、预测动态变化和开展机理研究的有效手段。目前我国绝大多数油田均应用该方法进行剩余油分布的定量研究。由于地质模型的多解性、相对渗透率曲线选取的不确定性、动态数据的不确定性和软件本身的局限性等诸多不确定性因素的存在,通过数值模拟技术确定的剩余油饱和度分布有时与实际情况大相径庭。因此,需要将油藏地质建模与油藏动态分析、油藏数值模拟充分综合,实现一体化剩余油分布研究,才能取得理想的效果。

油藏地质建模和数值模拟一体化的剩余油分布研究方法具有以下特点:

### 1) 地质模型中的非均质信息决定数值模拟中模拟层及网格的划分

对于高含水油藏,精细有效地提高采收率需要进行精细数值模拟工作,因此油藏数值模拟时需要把油藏精细地质模型中影响剩余油分布的非均质信息保留下来,这样模拟层与网格划分就十分重要。

模拟层划分的原则是:在能够说明问题的前提下,通常用尽量少的纵向网格,但是对层间有较厚隔层、分隔状况良好的生产层位,应适当进行分开划分,以准确描述其层内流体分布;对分隔不明显的隔层、分布较小的小砂体,不必细化模拟层;对层位较厚的大层,由于韵律性不同,层内流体分布不同,应将其分开,上下层之间的联系靠垂向渗透率来控制。

网格划分的原则是:在网格方向设置方面,网格边界应尽量与封闭的地质模型边界一致,如断层、砂体尖灭、油水边界等,减少无效网格数目,同时可以较精确地描述边界形态;网格取向还应考虑流体流动的方向和油藏内天然势梯度的方向,应与渗透率主轴平行。在网格尺寸大小设置方面,在考虑计算机所能承受的能力的前提下应使用足够多的网格,使其能准确反映油藏结构和参数在空间中的变化规律,不能以大网格掩盖油藏非均质,如隔夹层、小尖灭、小构造和小砂体,同时便于控制和跟踪流体界面的流动,避免网格饱和度变化平均化。

### 2)历史拟合结果检验油藏地质模型的准确性

历史拟合是用油藏地质模型中已有的油藏参数计算油田的开发历史,并将其计算的开发指标与油田开发的实际动态相对比。若计算结果和实测结果不一致,则说明对油田的认识还不清楚,输入参数与地下情况不符,必须对地质模型进行适当调整,修改后再计算,直到计算结果与实际动态相吻合或在允许的误差范围内为止。历史拟合的计算过程存在多解性,不同参数的不同组合会得到相同的计算结果。为避免参数修改的任意性,在历史拟合开始前必须确定各参数的可调范围,使修正后的地质模型是合理的。确定参数可调性需要综合多方面的知识,对数据来源有清楚的了解,具体应用时应根据实际情况而定。

历史拟合包括全油藏和单井的拟合,拟合的主要指标有储量、压力、产量、含水率和气油比。

油藏数值模拟的第一步是对油藏的地质储量进行拟合,因为地质储量是一个比较敏感的参数,一般上报储量会被确定下来,以后的各种开发指标均以此地质储量为准。如果数值模拟中输入的地质模型没有错,数值模拟计算出来的地质储量应该与地质模型提供的地质储量相一致。当地质储量有差别时,应先对输入的参数即对地质模型进行检查,看是否存在较大误差。

地层压力的拟合分为两步,即压力水平拟合和压力形式拟合。压力水平拟合是指计算的压力是否存在普遍偏大或普遍偏小的情况,压力形式拟合是指计算出的压力变化规律是否与实际生产动态的压力规律一致。一般情况下,都要先对地层的压力水平进行拟合,再对地层的压力形式进行拟合。

含水率的拟合包括区块综合含水率拟合和单井含水率拟合。从理论上讲,无论是定油量拟合还是定液量拟合,如果含水率拟合较好,那么产量也不会有问题,但对于高含水期的拟合,含水率相差很小时产油量和产水量相差也会很大,所以在拟合含水率的同时应对累产油、累产水进行拟合。

### 3)油藏地质模型动态变化决定分开发阶段进行油藏数值模拟

油藏地质模型在开发过程中会发生变化,根据重大开发方案调整的时期(如加密井网、调整注采系统、压裂)或开发阶段(如产量上升阶段、稳产阶段、产量下降阶段)划分油藏地质建模和数值模拟阶段,分阶段建立初始模型和动态模拟模型。分开发阶段数值模拟考虑了储层、流体的物性变化,使得模拟结果更符合生产实际。

(1)第一阶段初始模型和动态模拟模型的建立。地质模型来自油藏精细描述的建模结果,先建立第一阶段初始模型和动态模拟模型,这一点与常规模拟相同。进行初始化计算,拟合好储量和压力等指标,进入第一模拟阶段的历史拟合;通过参数调整,拟合产量、含水、压力等指标,直到拟合结果满意为止。

（2）第二阶段初始模型和动态模拟模型的建立。根据油藏地质建模动态实时跟踪结果，将第二阶段精细地质模型与第一阶段模拟的结果作为第二阶段建立模型的初始数据，从中抽取参数，建立第二阶段初始模拟模型。这个过程可以考虑流体、岩石参数（如孔隙度、渗透率及流体黏度等）的变化；在使用饱和度、压力参数时，可以重新参照其他有效方法（如 C/O 测井、取芯）解释得较可靠的参数，调整第二阶段初始模型，从而进入第二阶段的历史拟合。

以后各阶段的初始、动态模拟模型的建立都是在上一阶段的基础上进行的，其步骤与第二阶段相同。

### 4）低渗透油藏数值模拟方法需要突破

低渗透油藏流体渗流的典型特点是存在三段式：在突破最小启动压力梯度以前不发生渗流；突破启动压力梯度以后、达到最大启动压力梯度以前呈低速非达西渗流特征；在突破最大启动压力梯度以后呈拟线性渗流特征。随着人工裂缝逐渐闭合，流体在裂缝介质中的渗流特征也存在三段式：第一阶段符合高速非达西渗流特征；第二阶段符合达西渗流特征；第三阶段恢复到拟线性渗流特征。

对常规油水相对渗透率曲线的处理，一般是首先通过室内水驱油实验测定不同压差下油相和水相的流速，然后根据达西渗流方程来反算油水相对渗透率。但对低渗透油藏来说，这种算法显然不合理，不能反映突破启动压力梯度后非线性渗流特征和人工裂缝中流体的高速非达西渗流特征。因此，低渗透油藏历史拟合需要建立低速非达西渗流和高速非达西渗流的等效渗流模型。

常规油藏数值模拟软件建立在达西渗流的基础上，难以模拟低渗透油藏非线性渗流特征和人工裂缝中流体的高速非达西渗流特征，通常历史拟合精度较低，单井拟合结果精度仅能达到 72.5%，剩余油分布预测结果准确性较差。因此，低渗透油藏数值模拟方法还需突破。

# 第3章 ▶

# 剩余油形成机理

我国大多数油田已进入开发中后期,油藏含水率高,剩余油分布复杂,剩余油潜力远不止油藏内部零星的宏观剩余油富集区,水淹油层内也有规模可观的微观剩余油。目前明确剩余油形成机理、微观剩余油分布特征及潜力类型已成为提高采收率的关键。因此,从储层微观孔隙结构角度研究剩余油形成过程、数量、微观分布、富集样式,对于正确认识及揭示剩余油微观特性和科学开采剩余油具有重要意义。考虑到储层岩石类型及其储集空间类型的差异,本章将分别介绍基于剩余油物理模拟实验的砂岩油藏和碳酸盐岩油藏剩余油形成机理。

## 3.1 砂岩油藏剩余油形成机理

物理模拟实验是研究剩余油形成机理的重要手段,目前微观刻蚀模型驱替实验、真实砂岩微观模型驱替实验、高温高压岩芯驱替荧光分析、核磁共振和 CT 扫描实验是主要的模拟实验类型。每种实验模拟条件的侧重点不同,如何综合多种方法实现实验间模拟条件的互为补充、互相验证,是微观剩余油研究的关键所在。本节以塔中油田石炭系Ⅲ油组中孔中渗砂岩油藏为例,以岩芯-孔隙尺度剩余油物理模拟实验技术为主,介绍油藏真实温度和压力条件下不同储集性能的砂岩油藏剩余油形成机理与分布模式。

### 3.1.1 岩芯驱替实验及剩余油分布特征

在储层微观非均质研究基础上优选不同渗透率的中渗岩芯样品,开展高温高压(42 MPa,110 ℃)岩芯驱替荧光分析实验,同时为弥补荧光分析在岩芯尺度剩余油富集特征上的不足,补充开展岩芯 CT 扫描驱替实验和岩芯核磁共振驱替实验,以揭示岩芯尺度剩余油分布特征。

### 3.1.1.1　岩芯驱替 CT 扫描实验及剩余油分布特征

#### 1）CT 扫描原理及方法

CT 扫描成像技术可以通过岩石内部各成像单元的岩石密度差异以 256 个灰度等级可视化地将岩石内部的微观结构特征真实地反映出来，如裂缝、孔隙、微裂缝等。20 世纪 80 年代初，Ayral，Wang 和 Vinegar 等率先使用医用 CT 进行油层物理等方面的研究。在石油领域，CT 的研究工作涉及岩石物理的各方面，特别是在岩芯动态驱替、水驱残余油分布方面的研究。CT 扫描是对岩芯的无破坏三维扫描成像，精确度高。对水驱过程中或水驱结束后的岩芯进行 X 光照射扫描，可处理得到不同时刻岩芯横向剩余油饱和度分布曲线及剩余油饱和度分布彩色图像，真实反映水驱过程及剩余油分布特征。

岩芯 CT 扫描驱替实验可以在水驱油过程中实现对岩芯的轴向实时 CT 切片扫描，并记录注入量、采液量和采油量。实验结果有岩芯轴向孔隙度分布曲线、不同驱替时刻的岩芯轴向剩余油饱和度分布图像、岩芯轴向剩余油饱和度分布曲线等，可实现整个岩芯规模内水驱油过程的定量化和可视化，最终从定性与定量两个角度分析储层岩芯尺度剩余油的形成过程与分布特征。

#### 2）实验方案及实验结果

实验方案：考虑油藏真实温压条件和开发条件，饱和油时流速为 0.08～2 mL/min，水驱油时注入速度为 0.24 mL/min。实验中围压系统使用 ISCO 泵，围压设置为 800 psi（1 psi＝6 895 Pa），实验温度定为 50 ℃。

实验过程：

① 岩样抽真空并用模拟地层水饱和；

② 完全饱和模拟地层水，测定岩样水相渗透率；

③ 用白油驱替，逐渐升高流速造束缚水，驱替结束后利用水浴循环加热至 65 ℃，并老化 8 h，之后用原油逐渐升高流速，将白油替出（在 65 ℃下老化 8 h），扫描束缚水状态下夹持器内岩样；

④ 模拟地层水水驱，在不同时刻进行 CT 扫描，驱替至含水 99.5% 以上停止水驱。

实验结果：计算岩芯的驱油效率，获取岩芯轴向孔隙度分布曲线、不同注入倍数下剩余油饱和度曲线及剩余油饱和度图像（图 3-1-1 和图 3-1-2）。

#### 3）剩余油形成过程与分布特征

从岩芯 CT 扫描驱替实验过程观察发现，在水驱油过程中驱替液具有一定程度的指进作用。当注入倍数在 0.16～0.22 PV 之间时，岩芯 CT 切片中驱替液沿中部突破首先到达出口（图 3-1-2）。具体表现为岩芯内驱替液优先沿物性好、渗流阻力小的部分指进，而粒度细、物性差的部分多发生绕流，造成岩芯进口端下部、出口段上部形成大片剩余油滞留。分析认为受孔喉不均一分布的影响，水驱油过程中驱替液优先沿物性好、毛细管阻力小的储层部分形成指进，差物性和孔隙结构部分发生驱替液绕流（图 3-1-2）。驱替液突

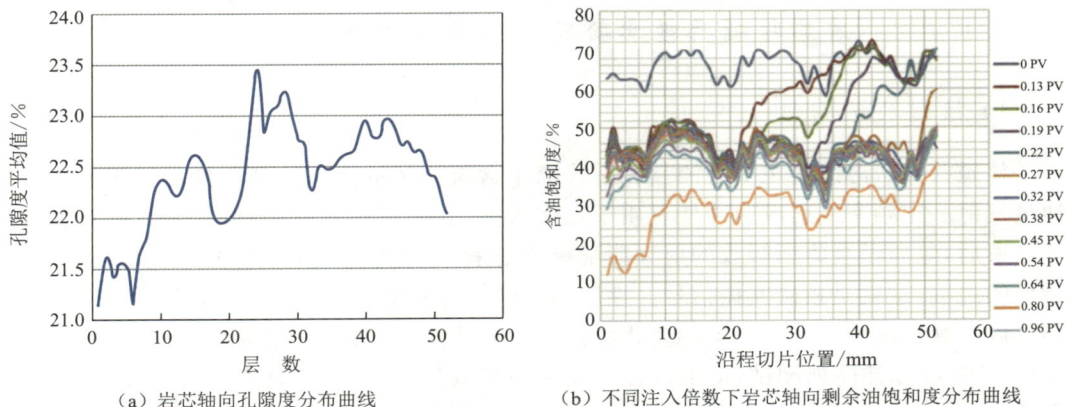

（a）岩芯轴向孔隙度分布曲线　　　　（b）不同注入倍数下岩芯轴向剩余油饱和度分布曲线

图 3-1-1　岩芯轴向孔隙度及不同注入倍数下剩余油饱和度曲线

破岩芯出口后，随着驱替液注入倍数增加，剩余油斑块状富集区范围逐渐减小或趋于分散化。

　　从剩余油分布图像看，剩余油整体分散分布，局部呈斑块状富集。剩余油分布形态主要分为 3 类：红色的原始饱和状态，剩余油饱和度超过 70％，呈局部连片状分布，占剩余油总量的 20％左右；蓝绿色的油水混相、半饱和状态，剩余油饱和度多在 20％～70％之间，占剩余油总量的 57％左右；大孔道部分残余油相，剩余油饱和度不足 20％，占剩余油总量的 23％左右（图 3-1-2）。从岩芯不同部位的剩余油饱和度与储层物性相关性上也发现，水驱结束后岩芯中大孔喉部分仍然具有相对较高的剩余油饱和度。

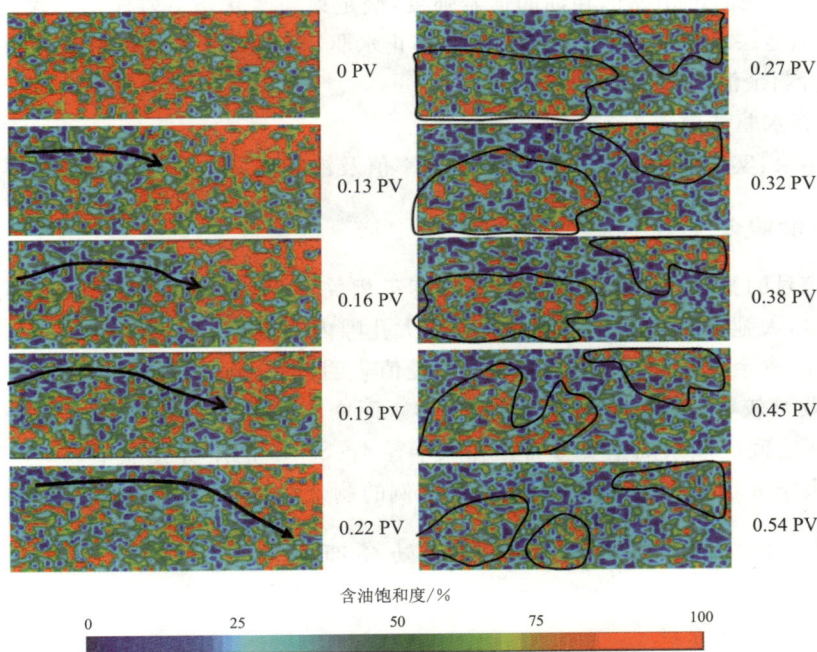

图 3-1-2　CT 扫描剩余油分布

### 3.1.1.2　岩芯核磁共振实验及剩余油分布特征

**1) 核磁共振原理**

核磁共振岩芯测量主要是测量岩石孔隙中含氢流体的弛豫特征。样品置于磁场中，通过发射一定频率的射频脉冲使氢质子发生共振，氢质子吸收射频脉冲能量。当射频脉冲结束后，氢质子会将所吸收的射频能量释放出来，通过专用线圈可以检测到氢质子释放能量的过程，这就是核磁共振信号。性质不同样品的能量释放速度不同，通过这些信号差别可以直观反映岩石孔隙结构的变化特征。核磁共振 $T_2$ 分布通过对完全饱和水的岩芯进行 CPMG 脉冲序列测试，得到自旋回波串的衰减信号，其信号是不同大小孔隙内水信号的叠加。自旋回波串衰减的幅度可以用一组指数衰减曲线之和来精确拟合，每个指数曲线都有不同的衰减常数，所有衰减常数的集合就形成了横向弛豫时间 $T_2$ 分布。

**2) 实验方案及实验结果**

实验方案：实验温度 65 ℃，原油黏度 5.5 mPa·s，原油密度 0.819 g/cm³；驱替液为模拟地层水的 $MnCl_2 \cdot 4H_2O$ 盐水，矿化度 $1.14 \times 10^5$ mg/L，盐水黏度 0.579 9 mPa·s，盐水密度 1.034 g/cm³。

实验流程：

① 岩样抽真空并用模拟地层水完全饱和；

② 用实验原油驱替，逐渐升高流速造束缚水，驱替结束后利用水浴循环加热至 65 ℃并老化 8 h，核磁测试初始饱和油的信号强度，确定束缚水状态下岩样初始含油饱和度；

③ 模拟地层水水驱，驱替至不出油后停止水驱，核磁测试水驱后剩余油的信号强度，确定水驱后剩余油饱和度；

④ 计算水驱油效率。

实验结果：实验结束后获得岩芯驱油效率值及饱和油、剩余油 $T_2$ 谱线。

**3) 剩余油分布特征**

核磁信号的弛豫时间与孔隙的大小具有正相关性，小弛豫时间的核磁信号值反映小孔隙内油量，大弛豫时间的核磁信号值反映大孔隙内油量。

饱和油、剩余油 $T_2$ 谱线及对应孔喉半径值表明（图 3-1-3），孔喉半径大于 8 μm 的大孔喉驱替效果较好，油相驱替比例大于 60%，而中小孔隙中油相驱替比例相对较小，在 30%～40% 之间。剩余油主要分布在孔喉半径 4～8 μm 的中等孔喉中（60%～70%），而孔喉半径大于 8 μm 的大孔喉中也有相当比例的剩余油量（30%～40%）。

### 3.1.1.3　岩芯荧光实验及剩余油分布特征

**1) 荧光分析原理**

荧光是物质受激光辐射产生的一种发光现象。当物质分子受到特殊光源照射吸收光

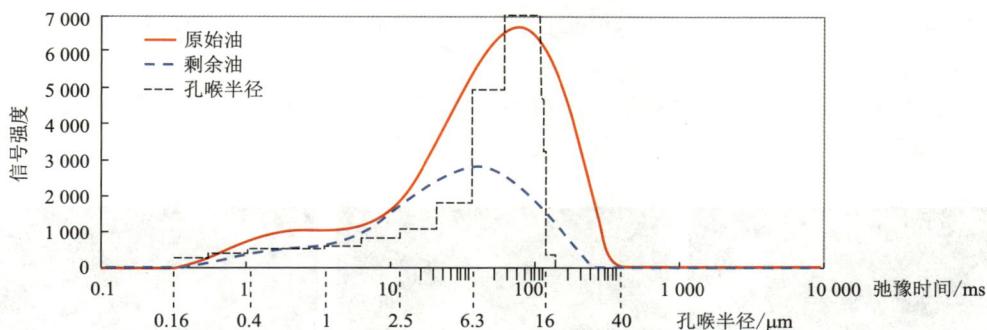

图 3-1-3　岩芯核磁共振实验 $T_2$ 谱线图

子后,基态电子便受激跃迁,这些受激跃迁的电子再返回基态时就发出荧光。实验中利用岩芯驱替实验中的岩芯、水、油 3 种物质在荧光下颜色的明显差异性来进行剩余油的鉴别,研究水驱油后剩余油的分布。

(1)颗粒的荧光性。经多个视域的单偏光与荧光显微镜下的图像对比发现,岩石矿物在荧光下多为灰色、深灰色。部分颗粒表面因吸附部分油相而呈现一定的荧光性,多为蓝色或浅绿色。当吸附油量大时则认定为一种膜状的残余油。

(2)驱替液的荧光性。理论上讲,水在荧光显微镜下不发光。实验研究发现,水驱油过程中,驱替液(水)中溶解了部分轻质烃类,在荧光显微镜下也会发荧光,呈现出一种浅蓝、蓝色。

(3)油的荧光性。石油的荧光颜色主要取决于发光物质的组分及分子结构。石油中具有荧光的组分只是其中一部分。在紫外光下,相对分子质量较低的轻烃荧光颜色较强。其中,二环芳烃呈蓝紫色,三环芳烃呈浅绿色,稠环芳烃呈黄或棕黄色,非烃呈棕色,油质、胶质和沥青质沥青分别呈浅黄、棕褐及黑褐色。实验研究发现,荧光镜下油相多为一种黄色、橘黄色和黄褐色。

(4)判断水洗程度。在荧光图像技术判断水淹状况的研究中,弱水洗情况下孔喉中油相饱和度高,荧光下呈现油的颜色,为黄—棕黄—褐色,发光强度为中—弱。中水洗情况下孔隙中呈油水混相,油水分界面比较清楚,表现为蓝色与黄/棕黄/亮黄色相间,孔隙中心到颗粒边缘颜色为过渡色,发光强度中等。强水洗情况下孔隙中多为驱替液,荧光颜色呈蓝色,局部星点状的绿色或浅黄色油珠,具有较强的发光强度。剩余油以孔壁油膜型、角隅型存在,少量呈薄膜型存在。

2)实验方案

岩芯水驱油实验采用复配油,模拟开发历程在地层压力由 42 MPa 到 34 MPa 再到 38 MPa 的变化,温度 110 ℃下的变压、恒速水驱油实验。实验速度根据塔中油田石炭系Ⅲ油组下部油层示踪剂速度换算得来。示踪剂平均速度为 3.51 m/d,换算后的线速度为 0.24 cm/min。实验后可获得不同放大倍数下的荧光照片。

3)剩余油分布特征

含油岩芯实际荧光观察结果表明,镜下主要显示深灰色、蓝色、黄色、橙黄色/橙红色等几种颜色。其中,深灰色为颗粒,橙黄色/橙红色、黄色为油相,驱替液溶解一定的轻质油相组分而呈蓝色。

岩芯中不同部位的水驱油效果及微观剩余油分布特征具有较大差异性,主要分弱水洗(片状富集)、中水洗(分散分布)、强水洗(零星分布)3种特征(图3-1-4)。

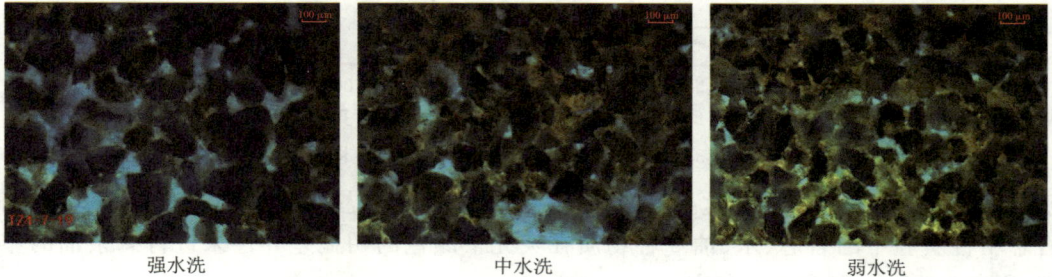

强水洗    中水洗    弱水洗

图3-1-4　不同水洗程度荧光实验照片

(1)强水洗部位所占比例较大,孔喉粗大,连通性好,渗流过程中驱替液波及效率高,剩余油分布高度分散,无明显大片剩余油富集区。剩余油在孔喉中呈乳状的分散油滴/油珠、油膜、喉道内滞留形态分布,个别呈半饱和状,荧光下整体呈绿色、蓝色,油相少。

(2)中水洗部位所占比例最大,孔喉中等,驱替液波及效率较高,剩余油不均一性强,呈油水混相,荧光下多呈蓝色—黄色、蓝色—黄绿色相间。其中,一种是连通性好的孔喉组合,仅残留油膜型、角隅型剩余油;另一种是连通性差的孔喉组合,为大量孔喉充填型、孔内半充填型剩余油。

(3)弱水洗部位所占比例较大,孔喉细小,驱替液渗流过程中毛细管阻力大,波及效率低,孔内剩余油多呈原始饱和状态,连片或斑状富集,荧光下呈黄色、橘黄色。个别孔隙中油相发生驱替,呈蓝色。

## 3.1.2　微观驱替实验及剩余油形成机理

储层岩芯驱替实验表明,石炭系Ⅲ油组下部油层剩余油整体分散,局部斑块状富集,以驱替液波及范围内的孔内半饱和、分散油滴和未波及区域内的饱和状态两种类型为主。为揭示微观剩余油形成机理,总结剩余油微观分布模式,下面介绍用高温高压条件下的可视化微观刻蚀模型水驱油实验、真实砂岩微观模型可视化水驱油实验,研究剩余油形成与分布,将荧光分析结果、微观刻蚀模型和真实砂岩模型实验结果相结合,阐述剩余油形成机理及分布模式。实验设备来源于山东省油藏地质重点实验室。

### 3.1.2.1　真实砂岩微观模型驱替实验及剩余油形成机理

真实砂岩微观模型采用真实钻井取芯经过复杂工序制作而成,具有一定厚度,也具有一定的三维性。这种模型在反映剩余油形成机理方面具有真实储层和可视化两大优点,具有一定优势。同时受模型制作工艺限制,耐压能力差,适合于常温常压环境下的驱替实验,模型内部最大耐压2 atm(1 atm=101.325 kPa)。

## 1）实验设备及实验流程

实验设备为真实砂岩微观模型驱替装置，包括驱替系统、中间容器、照明系统和图像采集系统。主要仪器有恒压/恒速计量泵、体显微镜和计算机（图 3-1-5）。驱替系统为一个恒压/恒速计量泵，外加一个驱替液和实验用油的中间容器。照明系统为一个冷光源，光线强，光源伸出两根玻璃纤维管，实现冷光传输。图像采集系统由一个体显微镜和计算机组成，可以实现高分辨率图像采集。

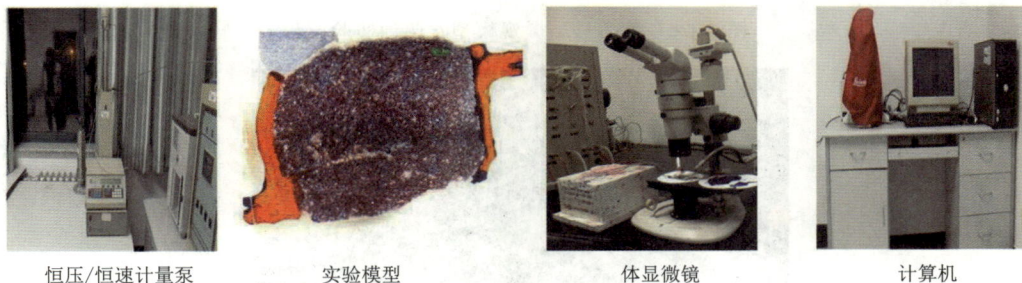

恒压/恒速计量泵　　　　实验模型　　　　　　体显微镜　　　　　　计算机

图 3-1-5　真实砂岩微观模型水驱油实验设备

## 2）实验方案及实验结果

模型制作：优选研究区最发育的两种孔隙结构类型，即中孔细喉Ⅱz 型和小孔细喉Ⅲz型制作真实砂岩模型。将岩芯样品洗油后，切为长 6 cm、宽 4 cm、厚 0.3～0.5 mm 的岩芯薄片后，经单面磨平、抛光、单面玻璃粘贴、岩样厚度切割、抛光、玻璃粘贴、四周封胶和阴干等步骤制作而成。该模型具有真实性、可视化的优点。模型的整个制作周期长，岩样的磨平、抛光、与玻璃粘贴需要的精度高。

实验流程（图 3-1-6）：由于模型抗高压、高温能力有限，所以实验在近似常温常压下完成。选用驱替速度为 0.24 cm/min。实验用油是地面采集原油后经黏度配比，配出接近实际地面、地下黏度的油样；实验用水为过滤后地层水。停止实验标志是出口端含水率稳定在 90% 以上。

实验结果：实验结束后得到模型饱和油、剩余油及部分实验过程录像。

## 3）剩余油形成机理

宏观指进和绕流现象对微观剩余油分布造成重要影响。如图 3-1-7 所示，驱替液由左侧进入模型后，驱替液优先从压降最大的进口一侧迅速突破至出口槽。随着进口槽驱替液充满度的升高，驱替液开始转向进口与出口的对角线方向驱替，且驱替过程中发生不同程度的指进现象，驱替前缘呈舌状或指状。驱替液推进到中部后，由于局部孔隙结构差，毛细管阻力大，驱替液发生绕流作用，在模型的出口一侧中部形成剩余油富集。

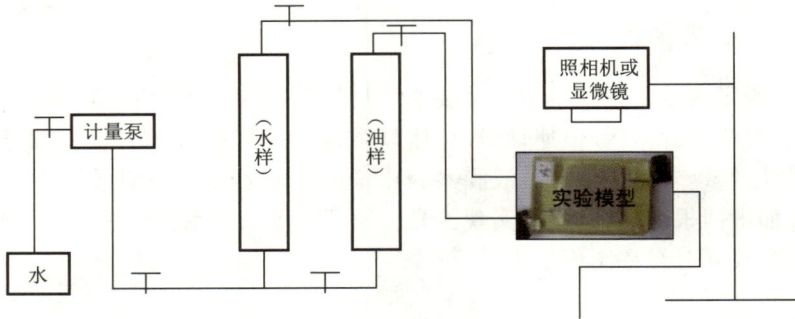

图 3-1-6 真实砂岩微观模型水驱油实验流程

图 3-1-7 真实砂岩微观模型微观剩余油分布

### 3.1.2.2 微观刻蚀模型实验及剩余油形成机理

微观刻蚀模型剩余油物理模拟采用一套高温高压实验设备,通过长时间的探索与尝试,实现了高温高压条件下的微观刻蚀模型水驱油稳定实验(压力太高,驱替过程不稳定,且模型损失率高,设备损坏概率大),并很大程度上实现了模拟实验条件的突破。同时,利用高分辨率摄像头对饱和油、剩余油分布拍照,并对驱替过程进行全程录像。通过驱替过程观察,分析水驱油过程,总结剩余油形成机理。根据剩余油分布特征分析,总结微观剩余油分布模式。该实验目前可以实现高温高压过程,且模拟储层孔喉网络和润湿性,可视化程度高,是剩余油形成机理研究的重要手段。

1) 实验设备

实验设备为剩余油微观形成机理实验装置,可以实现高温高压下微观水驱油过程及水驱油过程的可视化,并对驱替过程进行全程录像。实验系统包括驱替系统、围压系统、回压系统、升温系统、恒温系统和图像收集系统(图 3-1-8)。

2) 实验方案及实验结果

实验方案:以研究区不同孔隙结构类型的储层为原型模型,选用研究区储集性能最好的Ⅰg型(大孔粗喉型)和三类最发育的Ⅱz型(中孔细喉型)、Ⅲz型(小孔细喉型)和Ⅲd型(小孔细喉型)储层分别制作微观刻蚀模型。经过多轮实验验证,在液态油和液态驱替液的情况下,环境温度、围压对驱替的结果影响不大。因此,选取65 ℃和20 MPa的实验

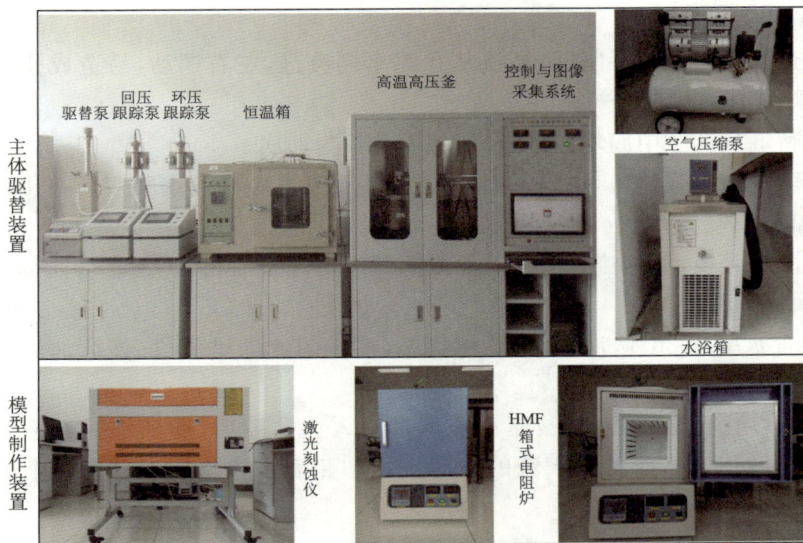

图 3-1-8　剩余油微观形成机理实验装置

条件可近似等效于真实地层的温压条件。针对每个模型设计不同的驱替速度并进行水驱油实验,驱替剂采用过滤的地层水,分析不同孔隙结构中微观剩余油分布特征。

实验流程:首先将高压釜温度加热至实验温度,然后将模型固定在高压釜中,进行抽真空饱和油处理。饱和油的同时,将回压与驱替压力交替上升。待饱和油稳定后,设定好驱替速度并进行水驱油实验。待出口持续高含水,油相变化不大时,停止实验。在实验过程中,对实验过程进行全程录像(图 3-1-9)。

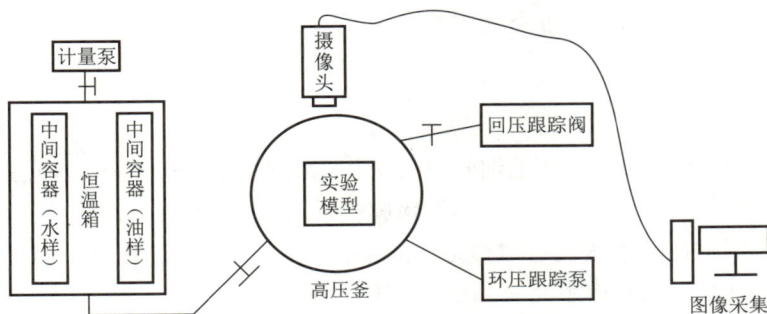

图 3-1-9　微观刻蚀模型实验流程

实验结果:实验结束后获得饱和油图像、剩余油图像及各模型水驱油过程全程录像。

3)水驱油过程

A. 无水采油阶段

该阶段含水率小于 5%,受孔隙结构影响,模型中广泛发育小规模的绕流现象,初期呈枝状,后期逐渐演变为网状。水驱油方式包括:

(1)驱替液从孔隙中间突进,由于流速大,来不及与水膜衔接而从油相中间突进,在突进水流两侧形成剩余油；

（2）受到孔隙形态的限制，驱替液从孔隙单侧突进，左右摆动，易造成孔隙单侧原油滞留，形成剩余油；

（3）驱替液从孔隙中间均匀推进，油相驱替较为彻底；

（4）孔隙两侧水膜挤压，水膜厚度增加，油相受到孔隙两侧水膜双向挤压，体积缩小，局部减薄截断后，变为丝状或油滴状；

（5）弱流动置换，油相流入后从对面或两侧流出等量油相。

B. 含水上升阶段

该阶段含水率达 80%，油、水呈混相状态，油相的流动呈油段、连续油流、油滴形态。水驱油方式包括：

（1）油滴吞吐状流动，油相被驱替液携带进入大孔隙后，受到细喉道毛细管阻力作用，无法完全通过喉道，而是在水流的正面挤压和侧面拖拽作用下分为多个油滴依次通过，形成吞吐流；

（2）驱替液的摩擦拖拽方式，驱替液流速随孔隙结构而不断变化，造成油相的正面或侧向受力具有强弱变化，部分油相被剥离，发生驱替；

（3）驱替液的冲刷作用，孔隙内小油滴由于受力面积小，仅有少量在水流冲刷下发生驱替。

C. 高含水阶段

该阶段含水率高于 80%。该阶段模型中含水饱和度大且水膜较厚，驱替液在模型中形成固定的通路。油相的流动多呈油滴或油珠形态，局部呈油段，无大段连续油流形成。驱替液对油相的驱替方式多基于水动力强弱变化及两相摩擦力的拖拽和冲刷两种作用。

### 3.1.2.3 微观水驱油机理

**1）剥离作用**

当孔隙中的驱动力 $P_1$ 大于毛细管阻力 $P_{c1}-P_{c2}$ 时，驱替速度 $v_1$ 小于驱替液连接水膜速度 $v_2$，驱替液连接水膜后首先沿两侧水膜推进，沿水膜突进速度快，孔隙中央推进速度较慢。当两侧驱替液到达出口喉道后，水相厚度增加，在毛细管力作用下油相发生卡断，滞留在孔隙中，形成孔内半充填剩余油（图 3-1-10a）。

**2）突进分隔作用**

当孔隙中的驱动力 $P_1$ 远大于毛细管阻力 $P_{c1}-P_{c2}$ 时，驱替速度 $v_1$ 远大于驱替液连接水膜速度 $v_2$，驱替液从孔隙中央迅速突破至喉道出口，形成通道，造成孔隙两侧油相发生卡断，在孔隙内发生滞留（图 3-1-10b），形成孔内油滴状、分散油滴状剩余油。

**3）毛细管绕流作用**

该作用多发生在孔喉分布不均一的非均质孔隙结构中。如图 3-1-10（c）所示，驱替液优先从喉道粗、毛细管阻力小的孔道中驱替。在中部的小孔细喉中，由于毛细管阻力大，驱替液难以对油相形成有效驱替,形成毛细管力封堵的小规模剩余油富集。

4)捕获作用

在驱动力大于毛细管阻力的条件下,受孔隙、喉道形态、结构或孔壁性质的影响而发生油相被动滞留,包括孔壁油润湿捕获、孔隙角隅捕获和细喉道捕获 3 种捕获作用。

孔壁油润湿捕获作用:在水驱油过程中,驱替压力大于毛细管阻力,孔内油相大部分会被驱走,孔壁附着的油相受到孔壁的附着力影响而难以驱替,沿孔壁呈薄膜型分布(图 3-1-10d)。

孔隙角隅捕获作用:主要发生在形态复杂的孔隙中,局部的边角远离孔内流体渗流主流线。在驱替过程中,驱替液波及不到边角区域而形成剩余油(图 3-1-10e)。

喉道捕获作用:在较大驱替速度下,驱替力较大,黏滞力较大,从而成为主要的驱动力类型。在粗喉道中毛细管力小,驱替液在驱替力作用下快速推进;在细喉道中毛细管力大,流速较慢。当粗喉道中驱替液到达出口后,细喉道的油相被卡断,残留在细喉道中(图 3-1-10f)。该作用在研究区较为常见,多发生在喉道半径大小不一的孔隙结构中,剩余油规模较小,多为小油珠或油段。

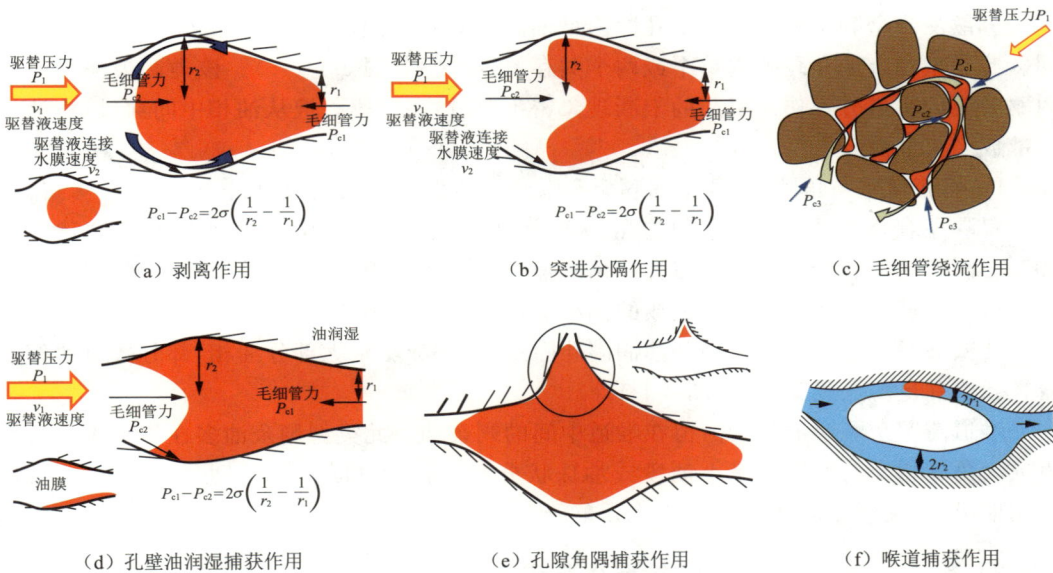

图 3-1-10　微观剩余油形成机理分析

### 3.1.2.4　微观剩余油分布模式

1)微观剩余油发育模式

在剥离作用、突进分隔作用、绕流作用和捕获作用 4 类剩余油形成机理分析的基础上,综合微观刻蚀模型、真实砂岩模型和岩芯驱替实验结果,总结出 6 种微观剩余油发育模式,即孔喉充填型、孔内半充填型、分散油滴型、角隅型、孔壁油膜型和喉道滞留型。

A. 绕流作用与孔喉充填型剩余油发育模式

对于绕流作用,在给定驱替压差下,水驱油动力起主要作用,注入水优先进入较大孔喉,驱替孔喉中央的油,被驱替油呈连续油相或油珠状前进,注入水很快在模型出口处突破;在小孔道或垂直水流方向的孔喉中,渗流阻力较大,注入水渗流速度较慢。模型出口见水后,这些区域的油被封闭起来,且后续恒速水驱油过程中采出难度大。

孔喉充填型剩余油是指单个孔隙或多个连续孔隙、喉道组合内的饱和油。此类剩余油规模大,形态规则,边界圆滑,孔壁存在薄层水膜。由于大孔道绕流作用,孔喉充填型剩余油多分布在注水波及程度低的低渗部位以及微观上的相对小孔细喉部位(图 3-1-11a)。

B. 剥离作用与孔内半充填型剩余油发育模式

由于孔内的剥离作用而造成的细喉道卡断现象,往往使孔内大部分油相残留在孔隙中而形成孔内半充填型剩余油。这种现象在实验中普遍存在。

孔内半充填型剩余油是指单个孔隙内呈半饱和状态的剩余油。此类型剩余油位于孔隙中央或邻近孔壁分布,呈不规则状、油斑状(图 3-1-11b),孔内饱和度在 $40\%\sim80\%$ 之间,其形成与剥离作用密切相关,驱替液沿孔壁迅速突破至喉道出口,形成优势通路,油相受毛细管阻力影响而被限制在孔隙内。

C. 突进分隔作用与分散油滴型剩余油发育模式

分散油滴型剩余油是指单个孔隙内呈油滴状的剩余油,孔内饱和度在 $10\%\sim40\%$ 之间。此类型剩余油在孔隙内单个或两个共存,边缘规则(图 3-1-11c)。该类剩余油与由孔内驱替液的突进分隔作用引起的卡断现象密不可分,高速驱替液从油相中间穿过,将油相打散成多个油滴。

D. 捕获作用与角隅型、孔壁油膜型和喉道滞留型剩余油发育模式

角隅型剩余油是指位于孔隙边角的剩余油(图 3-1-11d),孔内油相饱和度在 $10\%\sim20\%$ 之间。该类剩余油的形成与孔隙角隅捕获作用密切相关,受孔隙形态控制,偏离主流线的边角区域对油相的挟持而造成的油相滞留。

孔壁油膜型剩余油是在局部油润湿孔隙中,驱替液驱走大部分油相,部分残留油相附着在孔壁并呈薄层膜状分布(图 3-1-11e)。

喉道滞留型剩余油是指滞留在喉道中间的剩余油。此类型剩余油多在与水流方向垂直或大角度相交的喉道中呈小油段或油珠状分布(图 3-1-11f)。剩余油多是由喉道捕获作用形成的,呈规则的油段或油珠状分布。

2) 不同孔隙结构微观剩余油分布模式

(1) Ⅰg 型孔隙结构。孔内半充填型所占比例最高,超过 $40\%$;分散油滴型所占比例次之,接近 $40\%$;孔喉充填型所占比例小,孔壁油膜型、喉道滞留型和角隅型所占比例较低。

(2) Ⅱz 型孔隙结构。孔内半充填型所占比例最高,大于 $50\%$;其次为孔喉充填型,超过 $20\%$;孔壁油膜型、喉道滞留型和分散油滴型所占比例较低。

(3) Ⅲz 型孔隙结构。孔内半充填型所占比例最高,大于 $40\%$;孔喉充填型所占比例次之,接近 $40\%$,略低于孔内半充填型;其他各类型剩余油所占比例低。

（a）孔喉充填型剩余油

（b）孔内半充填型剩余油

（c）分散油滴型剩余油

（d）角隅型剩余油

（e）孔壁油膜型剩余油

（f）喉道滞留型剩余油

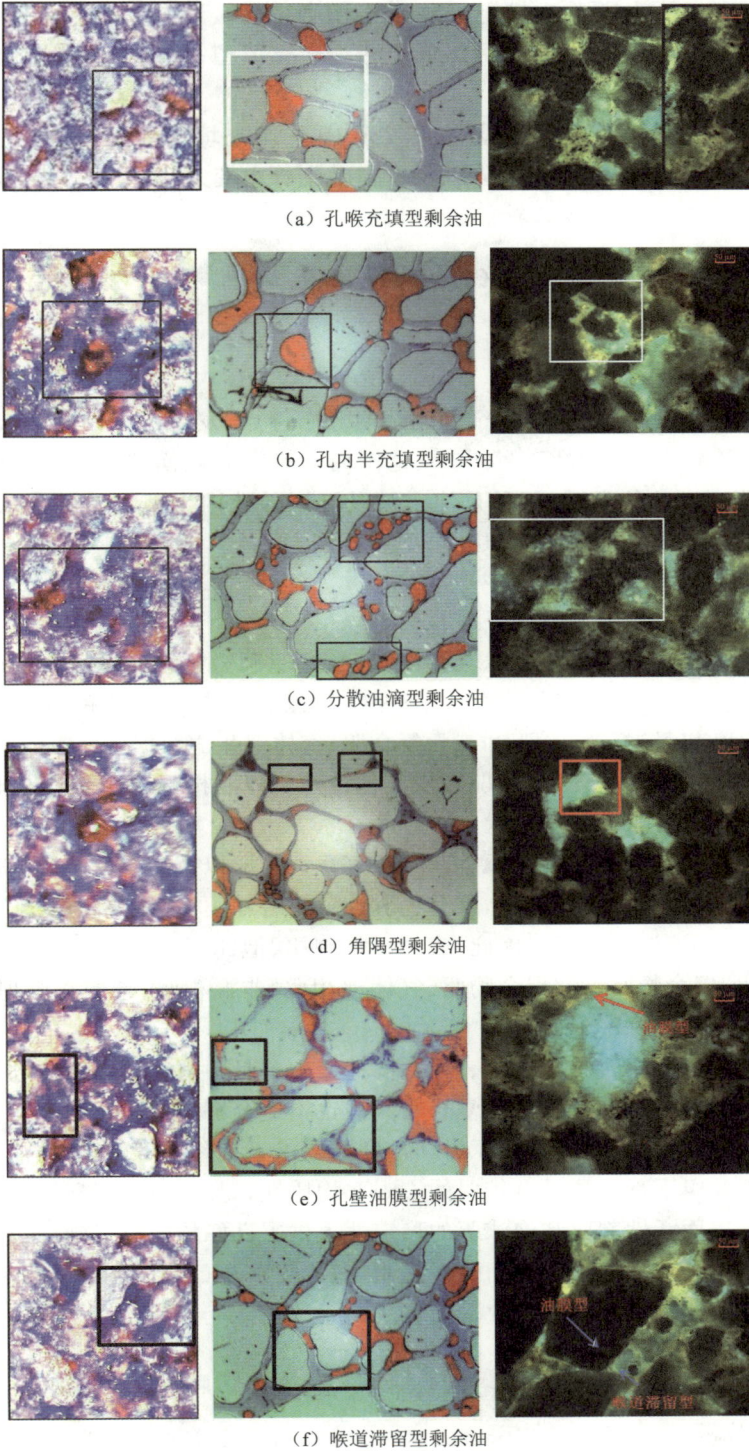

图 3-1-11　微观剩余油发育模式

（4）Ⅲd型孔隙结构。孔内半充填型所占比例最高,接近40%;孔喉充填型所占比例次之,大于20%;再次为分散油滴型,略低于孔内半充填型;其他各类型剩余油所占比例低。

综合各类微观刻蚀模型实验研究结果发现,孔内半充填型剩余油是研究区的主要剩余油类型。随着孔隙结构变差,喉道半径变小,毛细管力变大,孔喉比变大,模型中驱替液的波及程度减小,孔喉充填型剩余油比例升高。

### 3.1.2.5　三次采油方式优选及提高采收率建议

#### 1）剩余油潜力类型

综合考虑宏观及微观水驱油特征和剩余油分布特点,发现塔中油田石炭系Ⅲ油组下部油层剩余油饱和度大于30%,微观波及范围内具有较大规模的可动剩余油,剩余油开采潜力大,主要存在两种类型:一种是注水波及区内的孔内半充填型和分散油滴型剩余油;另一种是注水未波及区内的孔喉充填型剩余油。

#### 2）三次采油适用性分析

三次采油方法主要包括化学驱、气体混相驱、热驱和微生物驱等。目前研究较多、运用比较成熟的有化学驱、气体混相驱。化学驱又可以进一步分为碱驱、聚合物驱、表面活性剂驱和泡沫驱,以及二元复合驱和三元复合驱;气体混相驱根据气体类型分为溶剂混相驱、烃混相驱、$CO_2$混相驱、$N_2$混相驱以及其他惰性气体混相驱。近年来还开发出了非混相驱、气水交替驱等方法。

从驱油机理上讲,表面活性剂驱、泡沫驱、气体混相驱以及二元复合驱、三元复合驱有利于提高注水波及范围内驱替效率,聚合物驱、碱/聚合物驱、气体混相驱/非混相驱、碳酸水驱可以提高驱替液波及效率。因此,表面活性剂驱、泡沫驱、气体混相驱以及二元复合驱、三元复合驱、聚合物驱、碱/聚合物驱、气体混相驱/非混相驱、碳酸水驱理论上都可以作为有效的三次采油方式。

从油藏条件上看,聚合物耐高温、高压、高盐能力差且不适合底水油藏,因此聚合物驱及以聚合物为主的二元复合驱、三元复合驱同样也不适合塔中油田。相对而言,表面活性剂驱、泡沫驱和气体混相驱对温度、压力和盐度的要求不苛刻,可以在塔中油田进行试验。同时,石炭系Ⅲ油组下部油层具有较弱的宏观非均质性,泥质含量、碳酸盐含量低,且裂缝基本不发育,为表面活性剂驱和泡沫驱的稳定性提供了良好的地质基础。

因此,具有洗油效率优势的表面活性剂驱、泡沫驱以及具有提高波及效率的气体混相驱/非混相驱是适合油藏条件的三次采油方式。

#### 3）提高采收率建议

根据前文分析,建议两种三次采油方式:一种是利用化学驱提高采收率,即利用提高洗油效率的表面活性剂、泡沫驱开采波及区域内的孔内半充填型和分散油滴型剩余油;另一种是利用气体混相驱提高采收率。

## 3.2　碳酸盐岩油藏剩余油形成机理

与砂岩油藏相比,碳酸盐岩油藏具有缝、洞、孔多重介质特性,储集成因类型多样,非均质性强;储集体连通方式复杂,在空间分布上具有不连续性以及流体流动规律复杂等特征。该类油藏剩余油微观形成机理研究依然处于探索阶段,近年来许多学者主要采用物理模拟实验的方法探索缝洞型碳酸盐岩油藏剩余油形成机理与分布模式,为油藏开发及提高采收率提供指导。

### 3.2.1　物理模拟模型

目前的剩余油物理模拟实验主要采用仿真模型,其原型模型主要来自成像测井解释的缝洞组合关系和实际地质模型描述的储集体特征。常见的模型类型有细观缝洞网络模型、二维剖面可视化模型、大型三维立体模型、全直径岩芯模型、三维可视化立体模型。其中,全直径岩芯模型、二维剖面可视化模型以及三维可视化立体模型可以正确反映裂缝、溶洞空间分布,具有较好的可操作性,受到诸多学者青睐。下面着重介绍这 3 种模型的实验条件、实验装置、实验流程、剩余油形成机理及分布模式。

### 3.2.2　物理模拟实验方案

1) 全直径岩芯模型驱油实验

全直径岩芯模型可以正确反映裂缝、溶洞空间分布特征,其矿物组成与真实储层有较好的一致性,可有效地研究缝洞型碳酸盐岩储层的剩余油形成机理和分布规律。王敬、李俊、郑小敏等多位学者通过全直径岩芯驱替实验开展了剩余油形成机理及分布模式研究。王敬等(2012)采用钻孔和熔蜡的方法分别制备了缝洞型碳酸盐岩油藏定量模型和随机模型,并用两种模型在 25 ℃和 1.2 MPa 条件下进行全直径岩芯模型驱油实验。实验用原油黏度 23.8 mPa·s(25 ℃),密度 0.815 g/cm³;注入水黏度 1.2 mPa·s,矿化度 500 mg/L。实验装置由注入系统、驱替系统、计量系统等组成(图 3-2-1)。

实验流程:

① 向岩芯注入 2~3 倍孔隙体积原油,根据体积平衡法计算模型孔隙体积;

② 老化 15 h 后由底部一次注水(一次水驱),驱替至出口端含水 100%,计量产液、产油体积;

③ 停止驱替,静置 15 h 后再次由底部注水(二次水驱),驱替至出口端含水 100%,计量产液、产油体积;

④ 停止水驱,从顶部注气,驱替至锥形瓶内质量基本不再增加后,计量产液、产油体积。

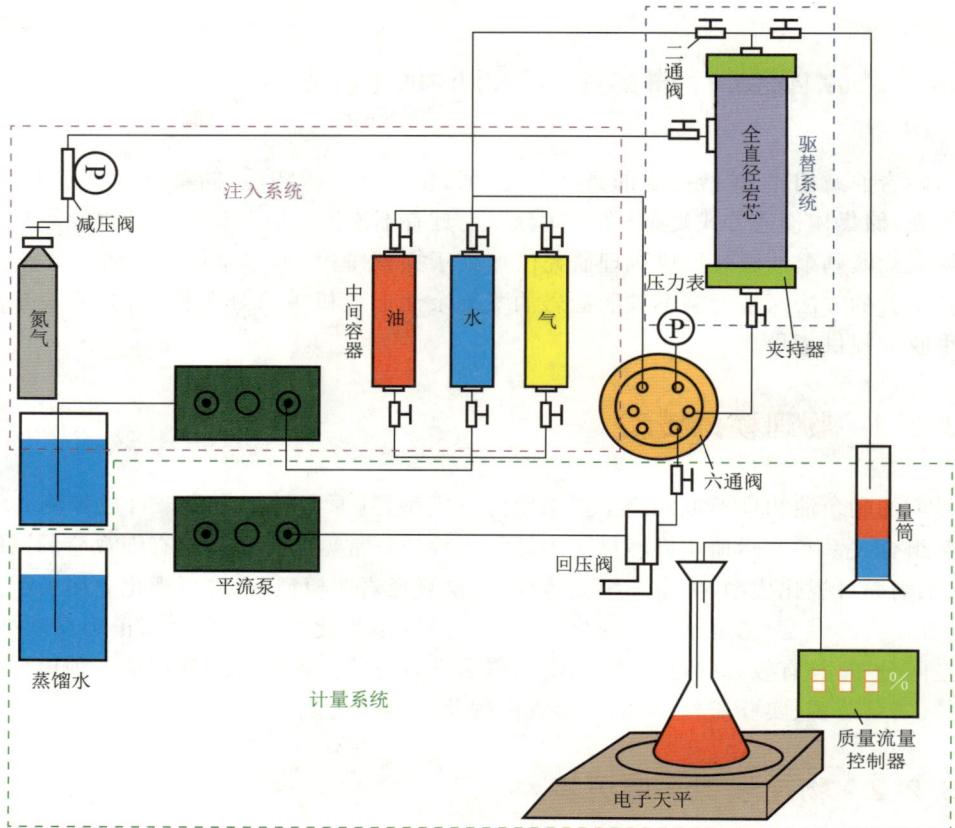

图 3-2-1　全直径岩芯模型驱油实验装置示意图（王敬等，2012）

### 2）二维剖面可视化模型驱油实验

二维剖面可视化模型可以直观表示缝洞型碳酸盐岩油藏特殊的储集空间、复杂的连接方式及流体流动规律，还可直观研究驱油过程、剩余油形成机理及分布模式。刘中春、李巍、王雷、苑登御等多位学者开展了可视化物理驱替实验。苑登御（2016）根据油藏实际地层缝洞结构，制作了二维剖面可视化模型，在 45 ℃ 及常压条件下进行水驱油实验。实验用油为液状石蜡与航空煤油按比例混合配制的模拟油（45 ℃ 下黏度为 23.9 mPa·s），并加入少量苏丹红染色剂；实验用水为模拟地层水（矿化度 200 000 mg/L，45 ℃ 条件下模拟水黏度 0.93 mPa·s，密度 1.032 g/mL），并加入适量亚甲基蓝染色剂。实验装置由物理模型系统、驱替及注入系统、油水计量及图像监测系统、数据采集系统等组成（图 3-2-2）。

实验流程：

① 装配设备，进行压力排空和驱替及注入系统、图像监测系统、数据采集系统调试；

② 将模型抽真空 30 min，以 0.1 mL/min 的注入速度对其饱和水，测量模型孔隙体积；

③ 对模型饱和油，从模型顶部采用油驱水的方式进行饱和，注入速度 0.1 mL/min，

直至模型底部井采出液不再含水,构建束缚水饱和度;

④ 进行底水驱油实验,从模型底部井注水,注入速度 2 mL/min,直至两口井含水率均达到 98% 以上,底水驱替实验结束。

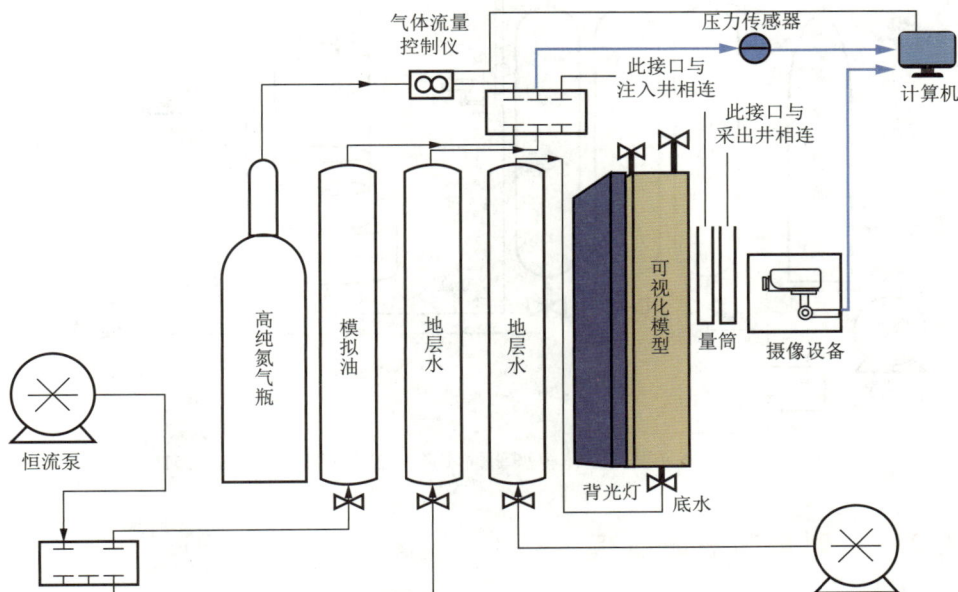

图 3-2-2　二维剖面可视化模型驱油实验装置示意图(苑登御,2016)

### 3) 三维可视化立体模型驱油实验

三维可视化立体模型可以模拟真实地层结构特征及井间干扰的流动规律,更真实地反映各阶段流体的流动形态、剩余油分布及启动情况、驱替介质动态窜流等。苑登御(2016)将研究区地质建模研究结果作为模型设计的原型模型,选用具有良好透明性、化学稳定性的亚克力材料(聚甲基丙烯酸甲酯),经激光刻蚀、组装、粘接、固定模型井筒制成三维可视化立体模型。在 25 ℃ 及常压条件下进行水驱油实验。实验用油为液状石蜡与航空煤油按比例混合配制的模拟油(25 ℃ 下黏度为 23.9 mPa·s),并加入少量苏丹红染色剂;实验用水为模拟地层水(矿化度 200 000 mg/L,25 ℃ 条件下黏度 0.93 mPa·s、密度 1.032 g/mL),并加入适量亚甲基蓝染色剂。实验装置由物理模型系统、驱替及注入系统、油水计量及图像监测系统、数据采集系统等组成(图 3-2-3)。

实验流程:

① 装配设备,进行压力排空和驱替及注入系统、图像监测系统、数据采集系统调试;

② 将模型抽真空 1 h,然后对其饱和水,测出缝洞体积,注入速度 1 mL/min;

③ 对模型饱和油,从模型顶部采用油驱水的方式进行饱和,注入速度 1 mL/min,直至模型底部井采出液不再含水,构建束缚水饱和度;

④ 进行底水驱油实验,从模型底部井注水,以 4 mL/min 进行底水驱替,5 口井全部处于开启状态,直至其中一口井含水率达到 98% 关井,底水驱替实验结束。

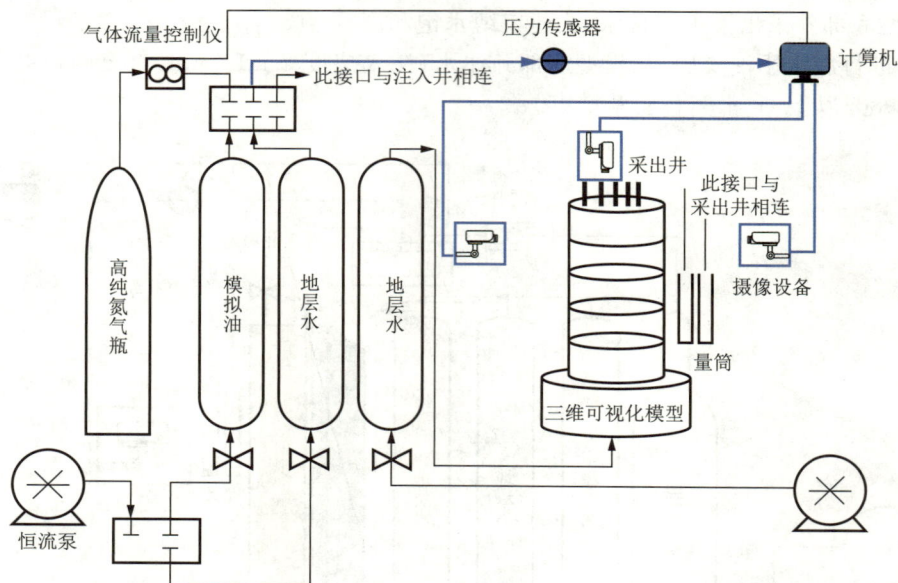

图 3-2-3　三维可视化立体模型驱油实验装置示意图(苑登御,2016)

## 3.2.3　剩余油形成机理

缝洞型碳酸盐岩油藏不同尺度储集空间中油水流动的作用力不同。在微裂缝中,驱动力、流体流动产生的黏滞阻力及相界面产生的毛管力为主要作用力,油水重力分异作用不明显;在大尺度溶洞及裂缝中,重力分异作用大于毛管力作用。

### 1) 未充填溶洞、溶孔

未充填溶洞、溶孔中通过裂缝进入的底水驱替前缘分突进型、舌进型和活塞型 3 种。驱替前缘形态主要取决于驱替动力、重力及毛管力。

在高流速(底水压力 25.1 kPa)条件下,底水从入口直接突破到出口,出口快速见水,形成突进型驱替前缘;在中流速(底水压力 7.5 kPa)条件下,底水在入口不远处分散于油中,随后聚集并以舌进方式驱替,形成舌进型驱替前缘;在低流速(底水压力 2.9 kPa)条件下,底水在入口直接聚集,重力作用明显,形成活塞型均匀驱替前缘。

当驱替动力远大于油水重力分异作用及油水界面张力产生的毛管力时,产生底水水窜,形成突进型驱替前缘,底水波及程度低;舌进型驱替前缘是在驱替动力接近油水重力分异作用时产生的;产生活塞型驱替前缘时因驱替动力远小于重力分异作用,所以底水驱替效率最高。

在大尺度未充填溶洞中,流动阻力小,压力梯度小,油水界面近似均匀抬升,油水受重力分异作用控制,只在近井地带产生小的锥进,等势线形状缓。

### 2）半充填溶洞

在构造运动中溶洞会由于垮塌、沉积等原因导致下部充填、上部未充填，形成半充填溶洞。对于这种半充填溶洞，因充填介质的孔隙半径小于 4 mm，毛管力不可忽略，它控制着油水流动，而上部未充填部分重力分异起主要作用。

在天然能量开发阶段，底水自下而上驱油。由于上部存在未充填区域，流动的黏滞阻力几乎为 0，重力准数几乎为 0。未充填区域无剩余油（洞顶有圈闭时会形成阁楼油）；充填介质虽然被水波及，但是由于毛管力存在，多孔介质内会存在水驱残余油。

### 3）充填溶洞

充填溶洞是溶洞在历次构造运动中由于垮塌、沉积、化学等原因被完全充填形成的。不同充填介质的渗透率差别很大，其中垮塌充填渗透率最高，化学充填渗透率最低。物理模拟实验设定被充填介质渗透率范围为 $(10 \sim 1\,000) \times 10^{-3}\ \mu m^2$。

根据重力准数和毛管力准数，假定流速小于 1 cm/d，充填渗透率为 $(10 \sim 1\,000) \times 10^{-3}\ \mu m^2$，水相流动压力梯度大致介于 $0.55 \sim 50$ kPa/m 之间，重力差异梯度一般为 1.2 kPa/m，产量较大时容易形成水锥，油井水淹，进而导致溶洞内存在水锥屏蔽剩余油。

### 4）缝洞网络

对于缝洞网络，由于大裂缝的存在，在底水或注水开发过程中水会优先选择流动通道快速锥进，且速度越高，波及范围越小。

在高速条件下，底水沿着阻力最小的优势通道快速突进，出现洞顶阁楼剩余油和高导流通道屏蔽剩余油；在低速条件下，没有出现明显的底水突进过程，以近活塞式驱替为主，剩余油多是因缝洞配置关系产生的。

### 5）裂缝网络

底水进入裂缝网络后，底水能量越强，驱替速度越大，波及效率越低。剩余油主要为高导流通道屏蔽剩余油和油膜。高导流通道屏蔽剩余油主要存在于水平或低角度裂缝中以及水窜通道两侧，占剩余油的比例较大；油膜主要存在于裂缝的壁面上，占剩余油的比例小。

## 3.2.4　剩余油分布模式

剩余油分布模式主要受储集体类型、重力、毛管力（润湿性）、开采方式等因素的影响。不同学者基于物理驱替实验结果提出的剩余油分布模式见表 3-2-1。上述各驱油实验的剩余油分布模式如图 3-2-4 至图 3-2-6 所示。

表 3-2-1　剩余油分布模式划分方法

| 物理模拟实验类型 | 剩余油分布模式 | 特征描述 |
| --- | --- | --- |
| 全直径岩芯模型驱油实验 | 封存油 | 位于溶洞底部,由底水沿优势通道快速窜进造成,注入速度越低、原油黏度越小,含量越少 |
| | 阁楼油 | 储存于溶洞顶部,由油水密度差造成,缝洞最上部连接点位置越高,含量越少 |
| | 油膜油 | 吸附于溶洞、裂缝表面,其含量取决于岩石表面润湿性 |
| | 角隅油 | 残留在溶洞不规则的角隅处,溶洞的形状越规则,溶洞中角隅油含量越少 |
| | 盲洞油 | 位于复杂连接关系或较低连通度的溶洞中,连接关系越简单、缝洞连通程度越高,含量越小 |
| 二维剖面可视化模型驱油实验 | 阁楼油 | 分布在溶洞上方,由于油水密度差(重力因素)及井、缝、洞的配置关系产生底水无法进入溶洞的顶部区域 |
| | 油膜油 | 通常呈零星膜状分布,位于裂缝的壁面,受岩石表面润湿性、原油黏度和温度等影响 |
| | 充填部分剩余油 | 因充填介质孔隙结构的非均质性及毛管力的作用引起,分布在底水未波及区和已波及区的充填介质中 |
| | 绕流油 | 底水沿高导流通道窜入井底形成的剩余油,主要分布在油水界面之下,水窜通道附近,受油水黏度及密度的影响 |
| | 封闭孔洞内剩余油 | 因储集体连通性差而产生,如配位数低、流场未控制的溶洞和裂缝 |
| 三维可视化立体模型驱油实验 | 阁楼油 | 分布在缝洞单元顶部,受油水密度差的影响,油水无法进行置换而形成剩余油 |
| | 封闭孔洞内剩余油 | 分布在配位数低的溶洞中,单井上部的缝洞与其他缝洞单元连通性差,底水沿最低阻力方向暴性水淹后形成剩余油 |
| | 绕流油 | 水沿最低阻力方向流动,裂缝中油润湿产生凹液面的附加压力,使得水在洞中的流动阻力小于在缝中流动阻力,受重力分异作用和水体动量的影响,水从缝的下部进入,逐渐形成水流通道,裂缝中上部形成绕流剩余油 |
| | 油膜油 | 油与溶洞和裂缝壁面的黏滞力形成油膜,油膜的厚度受润湿性、油的黏度和温度的影响 |

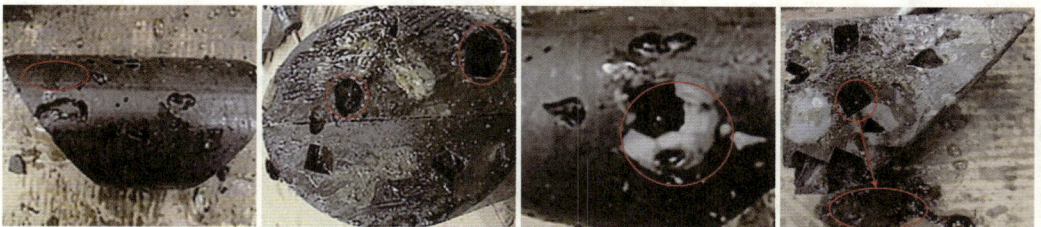

（a）裂缝溶洞表面油膜油　　（b）不规则溶洞角隅油　　（c）复杂连接关系下盲洞油　　（d）低连通下盲洞油

图 3-2-4　全直径岩芯模型驱油实验剩余油分布图(王敬等,2012)

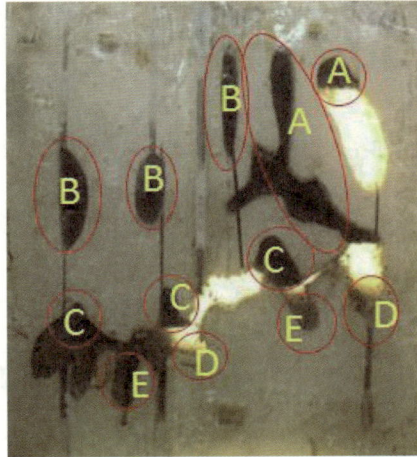

图 3-2-5　二维剖面可视化模型驱油实验剩余油分布图(苑登御,2016)
A—阁楼油;B—封闭孔洞内剩余油;C—绕流油;D—油膜油;E—充填部分剩余油

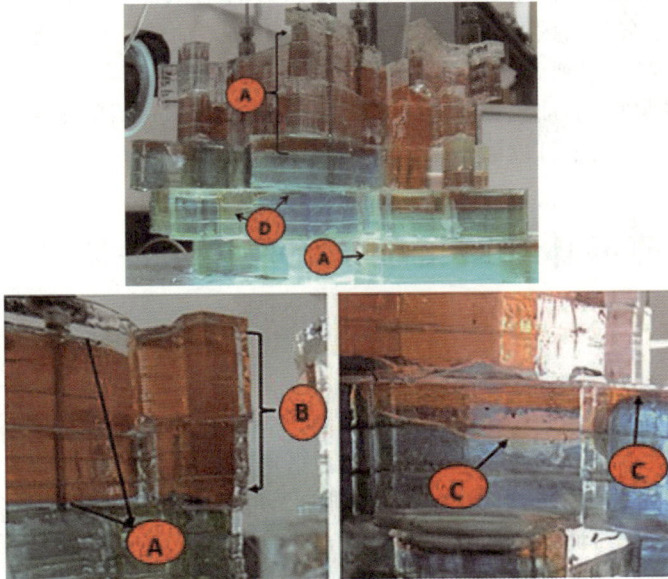

图 3-2-6　三维可视化立体模型驱油实验剩余油分布图(苑登御,2016)
A—阁楼油;B—封闭孔洞内剩余油;C—绕流油;D—油膜

# 第4章 ▶

# 砂岩油藏精细描述及
# 剩余油研究实例

　　窄薄砂体、复杂断块、低渗透等不同类型复杂砂岩油藏都有其自身的特点,制约各类复杂油藏剩余油分布和高效开发的关键地质因素不同。油藏描述既要从油藏共性出发找到指导性的一般规律,又要针对具体油藏的特点以及在开发中存在的关键问题,形成"因油藏而异,因油藏制宜"的油藏描述方法和技术。这在本章介绍的葡萄花油田、高尚堡油田和渤南油田3个实例中可以清楚地体现出来。

## 4.1　窄薄砂体油藏精细描述及剩余油研究实例

### 4.1.1　窄薄砂体油藏特点

　　葡萄花油田构造是一个隆起幅度高、构造面积大、倾角平缓的穹隆状背斜,是大庆长垣二级构造带南部最大的构造。下白垩统姚家组葡萄花油层葡 I 油组是葡萄花油田的主要开发层系之一,储集砂体沉积类型为浅水湖泊三角洲水下分流河道砂体和席状砂,砂体宽度介于 50～200 m 之间,单砂体平均厚度 0.85 m,具典型的窄、薄特征,相对于大庆长垣北部油田和我国东部其他油田而言具有明显的地质特殊性。

　　自 1979 年投产至今,窄薄砂体的非均质性造成单砂层钻遇率低,生产上出现水驱控制程度低、单向连通比例大、井间开采差异大、层间矛盾大、薄差油层动用差,且局部井区注采关系不完善等问题,影响了区块的整体开发水平,同时高关井、高含水低效井较多。目前全油田仍有大量的剩余油未开采出来,控制含水、降低递减的矛盾越来越突出,挖潜的难度越来越大。

　　开发实践已经证实,油田表现为典型"三高两低"的特点,在错综复杂的油水关系条件下,葡 I 油组内部的剩余油分布总体零散,但局部相对富集。深入开展窄薄砂体油藏精细地质研究,紧密结合油田开发动态特征,落实剩余油分布规律和富集特点,对处于高含水期的葡萄花油田剩余油挖潜和提高采收率具有重要意义。

该类油藏的特点是:窄薄砂体内部结构复杂,储层非均质性强;开发中后期油水关系复杂,剩余油分布规律认识陷入瓶颈。

## 4.1.2　储层构型表征

从密闭取芯井资料中发现,与注水井连通较好的厚油层的水洗厚度比例普遍较高,但就驱油效率而言,厚油层的驱油效率明显偏低,这表明原始储量较大的厚油层仍有可观的剩余油潜力。因此,揭示厚油层的内部结构特征是研究葡萄花油田剩余油分布的重要前提和基础。由于葡萄花油层砂体较薄,故本节所称"厚油层"指砂岩厚度大于 1.5 m 的油层,具有"相对"含义。

### 4.1.2.1　厚油层内部结构层次划分及结构面类型

在 Miall 的储层结构层次划分方案中,级次越高,所对应的地质体规模越大,如一级结构体对应于层理系,而五级结构体对应于河道。Allen 的储层结构层次划分同样存在这样的特点。以上"倒序"划分方案既不符合层序划分习惯(级次越高,对应地质体规模越小),也不利于在油田勘探开发过程中与地层划分方案接轨。进行葡萄花油田葡Ⅰ油组储层构型研究时,在参考前人大量研究的基础上,结合油田应用实际,制定了一套既与本地区地层及砂体划分方案相适应,又符合日常应用习惯的九级划分方案(表 4-1-1),以指导葡Ⅰ油组的储层构型分析。

表 4-1-1　厚油层内部结构层次划分方案

| 级　次 | 一　级 | 二　级 | 三　级 | 四　级 | 五　级 | 六　级 | 七　级 | 八　级 | 九　级 |
|---|---|---|---|---|---|---|---|---|---|
| 所指对象 | 葡Ⅰ油层组 | 砂岩组 | 亚砂组 | 小　层 | 沉积单元 | 单成因砂体 | 加积体 | 层系组 | 交错层系 |

一级至五级结构体通过测井曲线精细对比比较容易确定,而六级和七级结构体的识别及划分则需要通过重建地下储层建筑结构,即需要通过储层精细解剖方可确定。这些结构体的识别与划分也是储层精细描述的重点。限于目前所能获取的不同类型地球物理资料分辨率的限制,八级和九级的层系组、交错层系级别结构体只能通过岩芯观察来划分(图 4-1-1)。

早期开发阶段的精细地质研究已经达到沉积单元,即五级结构体层次。随着开发的深入,基于沉积单元建立的油藏地质模型已经不能满足当前开发的需要,尤其是高含水期剩余油研究及后续的三次采油,必须基于高密度的井网条件和丰富的测井、钻井资料建立更精准的储层地质模型,才能使开发水平更加精细。

厚油层内部结构面是指在纵向沉积层序中一期连续稳定沉积结束到下一期连续稳定沉积开始之间形成的、在岩性和测井响应特征上有别于上下邻层的特征岩性面。单成因砂体是指单个沉积事件期间在相同或相似的沉积环境中形成的沉积体,具有成因相同和特征相似两方面的含义,介于岩石相和沉积微相范畴之间,是在油田开发后期密井网条件下能够实现井间研究的最小砂体单元。空间构型研究的关键是确定单成因砂体的边界结构面和单成因砂体内部的加积面(一般以夹层形式产出),即六级和七级结构面。葡Ⅰ油

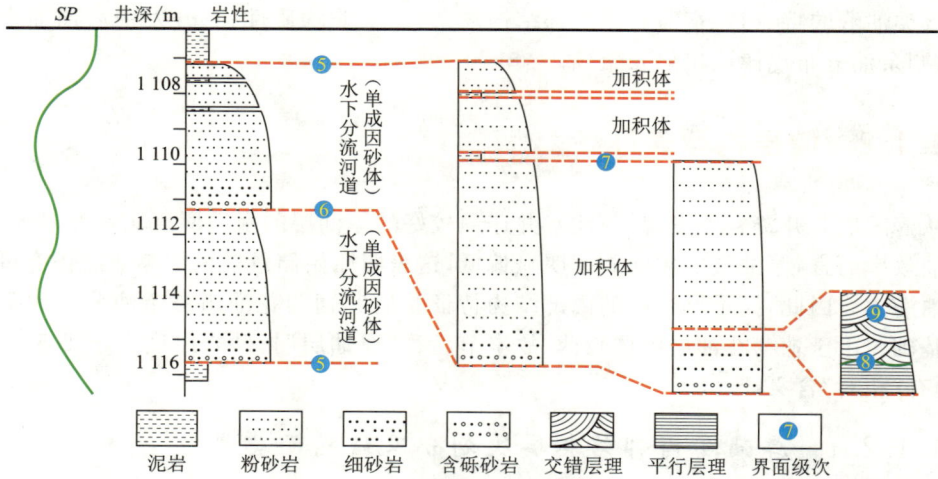

图 4-1-1 厚油层层次结构划分图解

组内部的六级结构面主要有泥质层、含砾砂岩层和钙质砂岩层 3 种类型。七级结构面主要是单成因砂体内部的泥岩、粉砂质泥岩或泥质粉砂岩薄夹层。

### 4.1.2.2 厚油层单成因砂体识别方法

岩芯观察和测井相分析的结果均表明葡 I 油组厚油层砂体的成因只有两种,即水下分流主河道和主体席状砂,但空间展布形式多样。水下分流主河道砂体始终是三角洲内前缘亚相储层的骨架砂体,受河道的侧向摆动、分流改道、迁移侵蚀和垂向叠加作用的影响,其空间结构特征相对最复杂,因而水下分流主河道单成因砂体的识别是三角洲内前缘储层空间结构研究的主要内容。

三角洲内前缘平面上大面积分布的厚油层,往往是由众多的单一窄条带砂体复合而成。不同单一水下分流主河道之间由于其连通方式的复杂性,加之单成因砂体自身的岩性和物性的空间差异,导致储层复杂的结构非均质性。单一水下分流主河道边界的识别及其分布规模的确定是表征其空间非均质性的关键。三角洲外前缘席状砂体由于空间分布较广、横向连续性强、变化比较简单,因而单成因砂体的识别相对简单。

下面以水下分流主河道为例,讨论单成因砂体识别的途径和方法。

#### 4.1.2.2.1 水下分流主河道测井相类型划分

以岩芯观察划分为基础,结合测井响应特征,将水下分流主河道测井相划分为叠置型和非叠置型两大类。进一步依据六级结构面类型和砂体叠置特征的差异,将前者划分为 4 个亚类,将后者划分为突弃型和渐弃型 2 个亚类,共 12 种类型。

#### 1）叠置型河道

由多期河道纵向叠置而成,不同期次河道之间由泥岩、含砾砂岩或钙质砂岩分隔(图 4-1-2a～d)。

2）非叠置型河道

不具备多期河道叠置特征，但在河道内部可以不同程度地发育七级结构面，即泥岩夹层。根据纵向上测井响应特征所表现出来的河道砂体与上下地层的接触关系及水动力特征的不同，进一步将其分为突弃型（图 4-1-2e～h）和渐弃型（图 4-1-2i～p）。

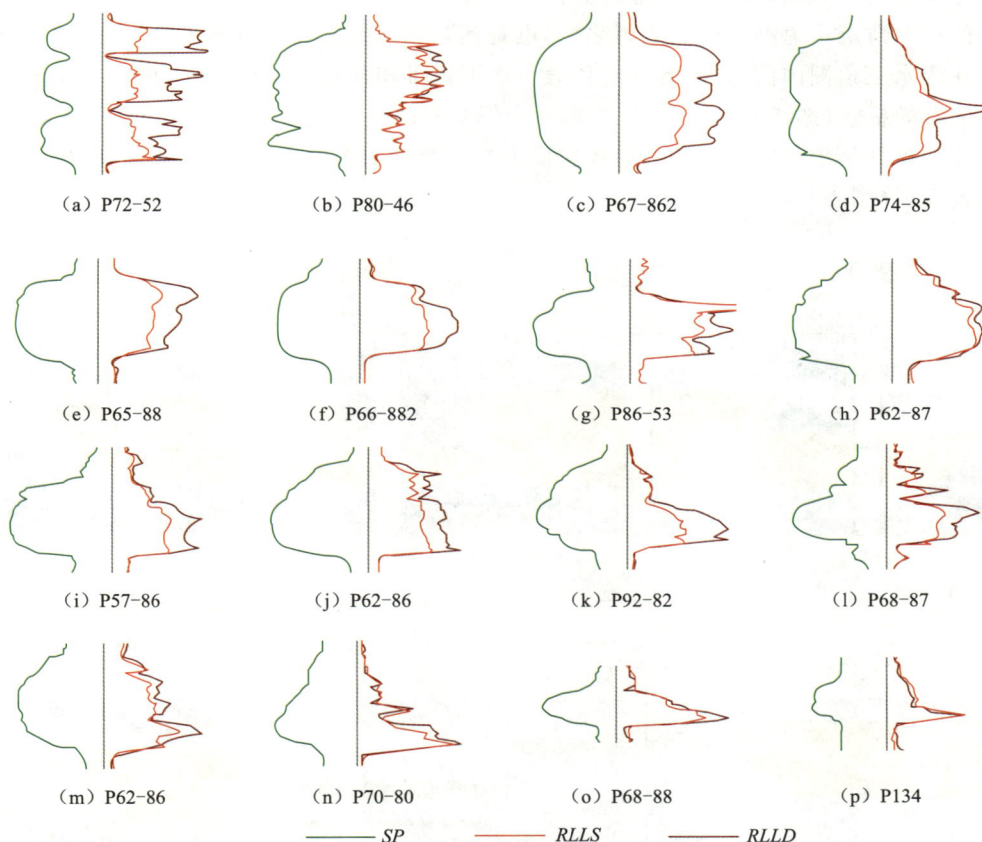

(a) P72-52　　(b) P80-46　　(c) P67-862　　(d) P74-85

(e) P65-88　　(f) P66-882　　(g) P86-53　　(h) P62-87

(i) P57-86　　(j) P62-86　　(k) P92-82　　(l) P68-87

(m) P62-86　　(n) P70-80　　(o) P68-88　　(p) P134

——— SP　　——— RLLS　　——— RLLD

图 4-1-2　葡 I 油组水下分流河道测井相模式

### 4.1.2.2.2　单成因砂体的识别方法

前人对储层空间结构的研究和探讨主要集中在曲流河点坝砂体构型的分析上，对三角洲前缘水下分流河道砂体的空间构型研究甚少，尤其是针对三角洲前缘窄薄砂体空间构型的研究基本上还是空白。在葡 I 油组窄薄砂体油藏空间构型研究中，借鉴前人对曲流河点坝空间构型分析方面的研究成果，在结合本区具体沉积环境和砂体特征的基础上，确定水下分流主河道单成因砂体的识别标志。

1）废弃河道沉积物是单成因砂体边界的重要标志

为什么在葡萄花浅水三角洲内前缘会发育废弃河道呢？根据浅水三角洲的独特特

征,另从岩芯上可以发现灰绿色泥岩中多处可见紫红色泥岩条带或紫红色泥岩层等典型暴露氧化特征,这表明葡萄花油田浅水三角洲前缘部分在形成过程中时而露出水面,时而没于水面之下的事实,具备类似陆上废弃河道沉积体的形成条件。研究表明,葡萄花油田的废弃河道主要有两种成因:一是流槽取直;二是决口改道。流槽取直型是在流槽进一步发展成为主河道的基础上,原主河道的水流被夺走而成为废弃河道;决口改道型则是因决口水道发展为主河道,致使原河道废弃而形成的。这是葡萄花地区一部分纵向延展范围较小的相对薄层水道型砂体的成因之一,也是葡萄花地区废弃河道的主要成因类型。

在浅水三角洲内前缘,废弃河道代表一次河道沉积作用的结果,同时也是单成因砂体边界的有效标志(图4-1-3a)。在沉积单元内部发育的一定数量的废弃河道证明了原来认为连片的被划为单一河道沉积的砂体实质上是由数量不等的水下分流河道侧向拼接和垂向叠置而成(图4-1-4)。

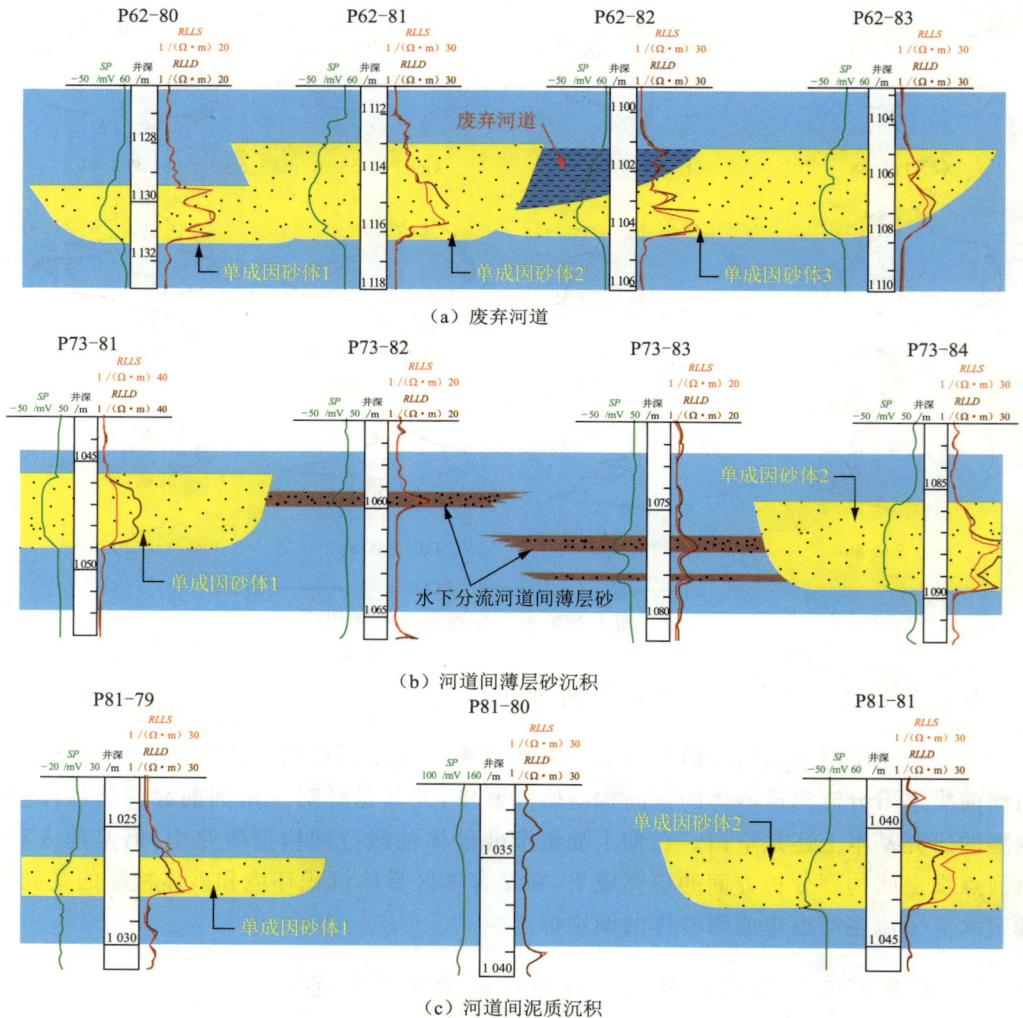

（a）废弃河道

（b）河道间薄层砂沉积

（c）河道间泥质沉积

图 4-1-3　单一河道识别标志

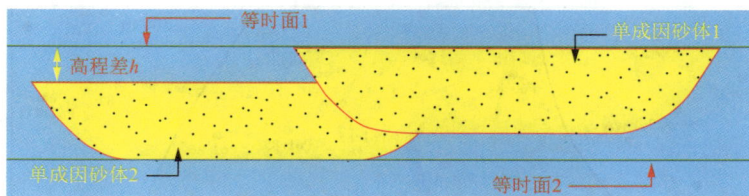

（d）同时期河道砂体顶面高程差异

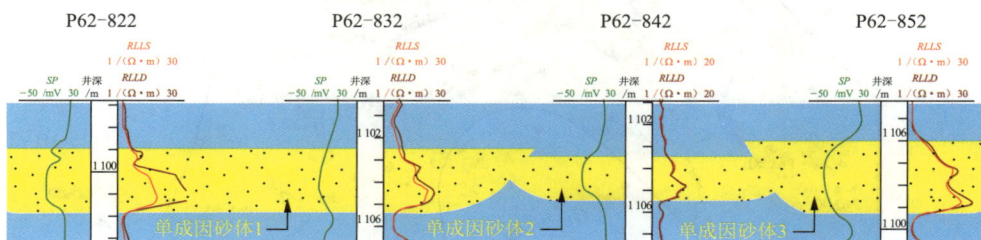

（e）水下分流河道砂体厚度差异

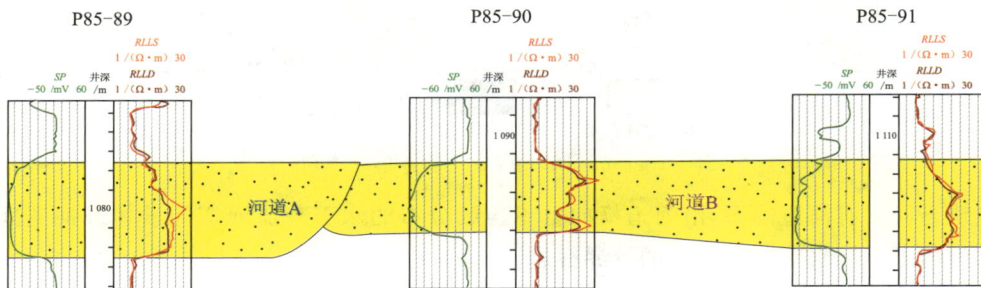

（f）厚砂体水淹特征差异

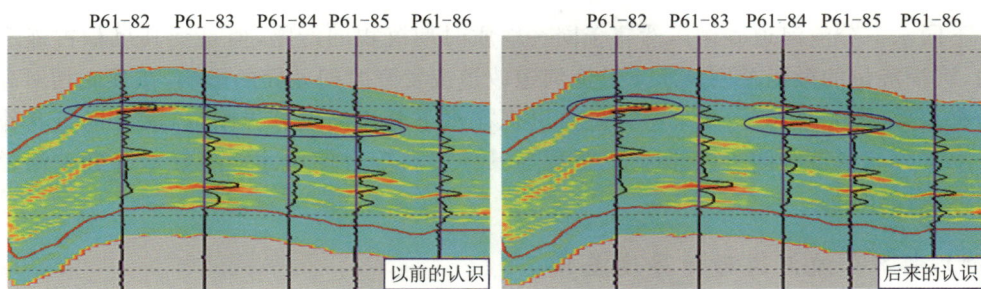

（g）地震反演砂体特征变化

续图 4-1-3   单一河道识别标志

### 2）不连续水下分流河道间砂体和河道间泥的出现

不连续水下分流河道间砂体（图 4-1-3b）和河道间泥（图 4-1-3c）的出现代表两条不同河道的边界。

大面积分布的水下分流河道砂体多为多条河道侧向拼合的结果。一般情况下，如果河道出现分岔，则在河道间会因为漫溢作用形成不连续的水下分流河道间砂，或因为砂质

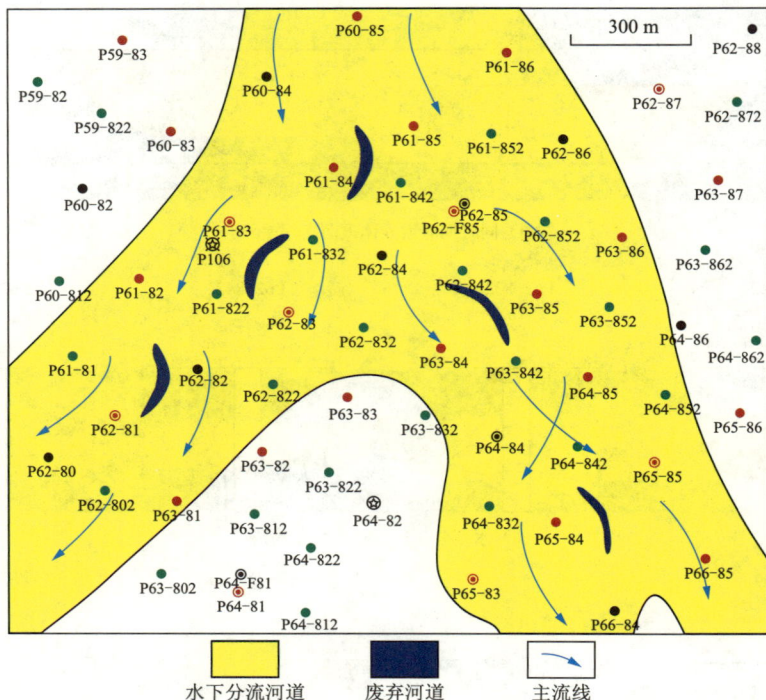

图 4-1-4　沉积单元内成片砂体单河道划分

沉积缺乏而只有河道间泥，沿河道横向上不连续分布的水下分流河道间砂体或河道间泥便成为两条不同水下分流河道的分界标志。

### 3）同时期水下分流河道砂体顶底面高程差异

不同水下分流河道砂体虽然属于同一地质时期沉积的产物，但是受其沉积古地形的影响，沉积能量的微弱差别及水下分流河道改道或发育时间差异的影响，在顶底相对高程上会有差异（图 4-1-3d）。如果这种差异出现在水下分流河道分界附近，就可以将其作为两条水下分流河道砂体边界的标志，需要与其他资料配合使用才能更好地起到单河道划分的标志性作用。

### 4）水下分流河道砂体厚度差异

不同水下分流河道砂体，由于分流能力受到多种因素的影响而必然会出现差异，并会通过沉积砂体厚度上的差异表现出来（图 4-1-3e）。如果这种差异性的边界可以在较大范围内追溯，就可以认为是不同水下分流河道单元的指示。

### 5）水淹特征差异

由于不同的水下分流河道单元形成、演化具有相对的独立性，发育的水下分流河道砂体单元之间不拼合或者拼合但存在渗流屏障，这些地质特征必将会在开发动态上体现出来。P85-89 井、P85-90 井和 P85-91 井完钻后，分别对 062 沉积单元厚油层进行了水淹解释，结果

P85-90 井和 P85-91 井为中度水淹,而 P85-89 井未水淹,这说明 P85-89 井与 P85-90 井和 P85-91 井的 062 沉积单元有相对独立性,在 P85-89 井与 P85-90 井之间存在渗流屏障,因此可以推断 P85-89 井为一个单河道,而 P85-90 井和 P85-91 井同属一个单河道(图 4-1-3f)。

6) 井震联合反演资料综合判别

由井资料制作的砂体平面分布图看似连片,属于同一河道的砂体,实质上并非如此,通过井震结合的高分辨率反演资料可以将单河道明显划分开来(图 4-1-3g)。一般地震资料可作为单河道划分的重要参考资料,但往往因其分辨率的限制而使应用范围有较大的局限性。在类似葡萄花油田葡 I 油组这样的窄薄砂体发育区,地震资料用于判断单成因砂体就更加局限,应谨慎使用。

### 4.1.2.3　厚油层空间结构特征

储层结构模型包括单井结构模型、剖面结构模型、平面结构模型和空间三维结构模型。通过对储层沉积单元的细分与对比,进行砂体骨架精细解剖,建立砂体精细划分与对比剖面。在此基础上,充分认识砂体可能成因类型、组合样式,并结合砂体的平面组合样式,在现代河流沉积模式的指导下,按照地质思维合理建立砂体的剖面和平面结构模型。

#### 4.1.2.3.1　取芯井厚油层结构特征分析

对取芯井的岩芯观察和描述着眼于 3 个方面的问题,即取芯井厚油层内部各级结构面的识别、取芯井厚油层内部结构面的产状特征、取芯井厚油层单成因砂体的划分。

对所有取芯井(包括密闭取芯井)的葡 I 油组岩芯观察结果表明,以沉积单元划分的大多数厚油层本身就是一个单成因砂体,即六级结构体;当砂体厚度较大,存在冲刷-充填构造等新一期河道沉积标志时,可以将厚砂体进一步细分出来。在六级结构体基础上,砂层内的夹层可以将其进一步分为若干七级结构体。

#### 4.1.2.3.2　对子井厚油层结构分析

对子井是相距较近且成对出现的井,一般为报废井及其相应的更新井。研究区对子井的井距最小为 16 m,最大为 102 m,平均为 52 m。下面对厚油层较发育的 19 对对子井开展研究。一般而言,薄夹层的横向延展范围难于确定,但对子井小井距的特点正好为研究不同级次结构面的空间特征提供良好契机;另外,这种小井距的特点也便于研究砂体的横向变化特征。

对对子井的研究着重在 3 个方面:一是结构面的横向展布范围和产状;二是厚油层单成因砂体的横向变化特点;三是单成因砂体的空间组合方式。

1) 夹层空间模式及单成因砂体横向变化

从测井解释结果和岩芯观察结果来看,沉积单元内夹层厚度平均为 20 cm 左右,且夹层的空间形态以随机型分布为主,产状基本呈水平状,少数为低角度状,井间延展范围非常有限,一般在 50 m 左右,少数可达 1 个井距,鲜见延伸范围达 2 个井距以上的夹层。一般来说,席状砂单成因砂体内部的夹层横向延伸范围比水下分流主河道单成因砂体夹层的横向连续性好,延伸范围广(图 4-1-5)。

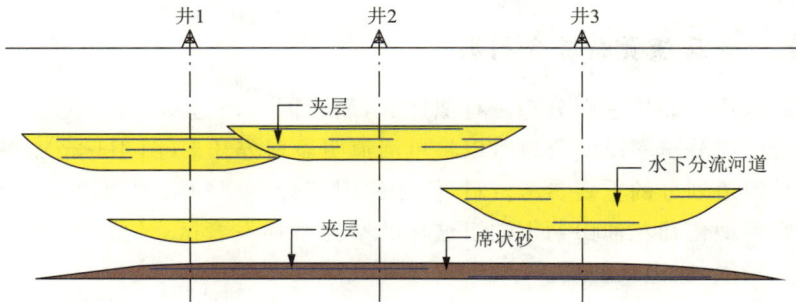

图 4-1-5　厚油层内部夹层模式

厚油层砂体横向变化是较快的,19 对对子井中厚油层砂体横向延展范围达 1 个小井距以上的占 62%。在平均 52 m 的小井距条件下,尚有 38% 的砂体只有对子井中的 1 口井钻遇,可见砂体之窄,由此导致井网难以控制和钻遇率低(图 4-1-6)。

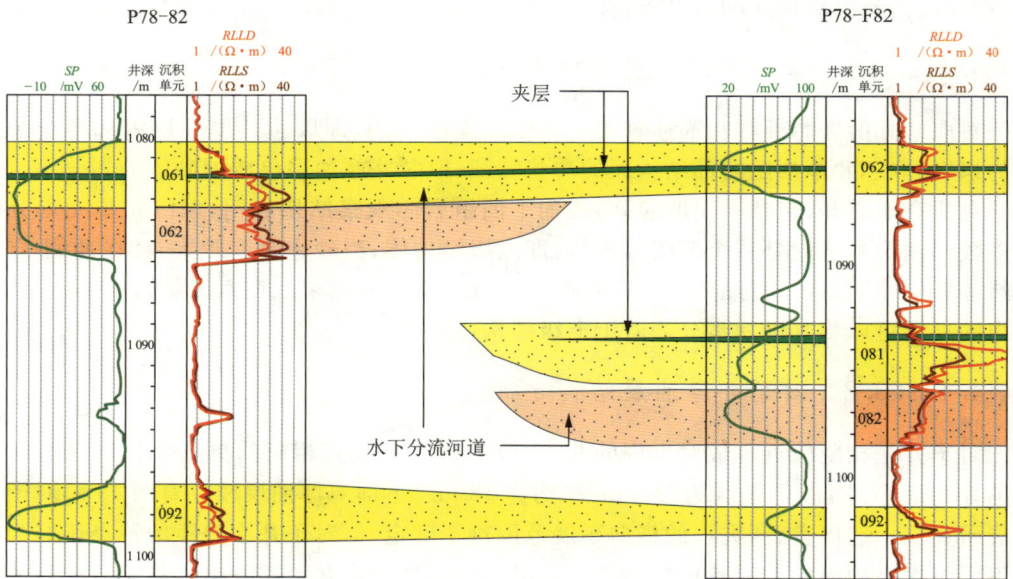

图 4-1-6　厚油层单成因砂体横向变化特征

## 2) 单成因砂体组合方式

在对子井厚油层单成因砂体识别的基础上,充分利用井距小的特点,较好地完成单成因砂体纵、横向组合。空间组合方式主要分为:

(1) 垂向侵蚀切叠型。由于后期水下分流河道下切至前期河道沉积的砂体部位,在两期河道砂体之间并没有明显的非渗透层遮挡,但之间的河床滞留沉积层渗透性一般略偏低,属低渗缓冲层,形成对不同期次河道沉积之间的流体流动和流体交换的阻碍作用弱的垂向侵蚀切叠型。

　　（2）泥质隔挡型。在两期河道之间有泥质层遮挡的泥质隔挡型。

　　（3）嵌入型。单河道呈一种嵌入状产出于泥质沉积之中的嵌入型（图 4-1-7）。

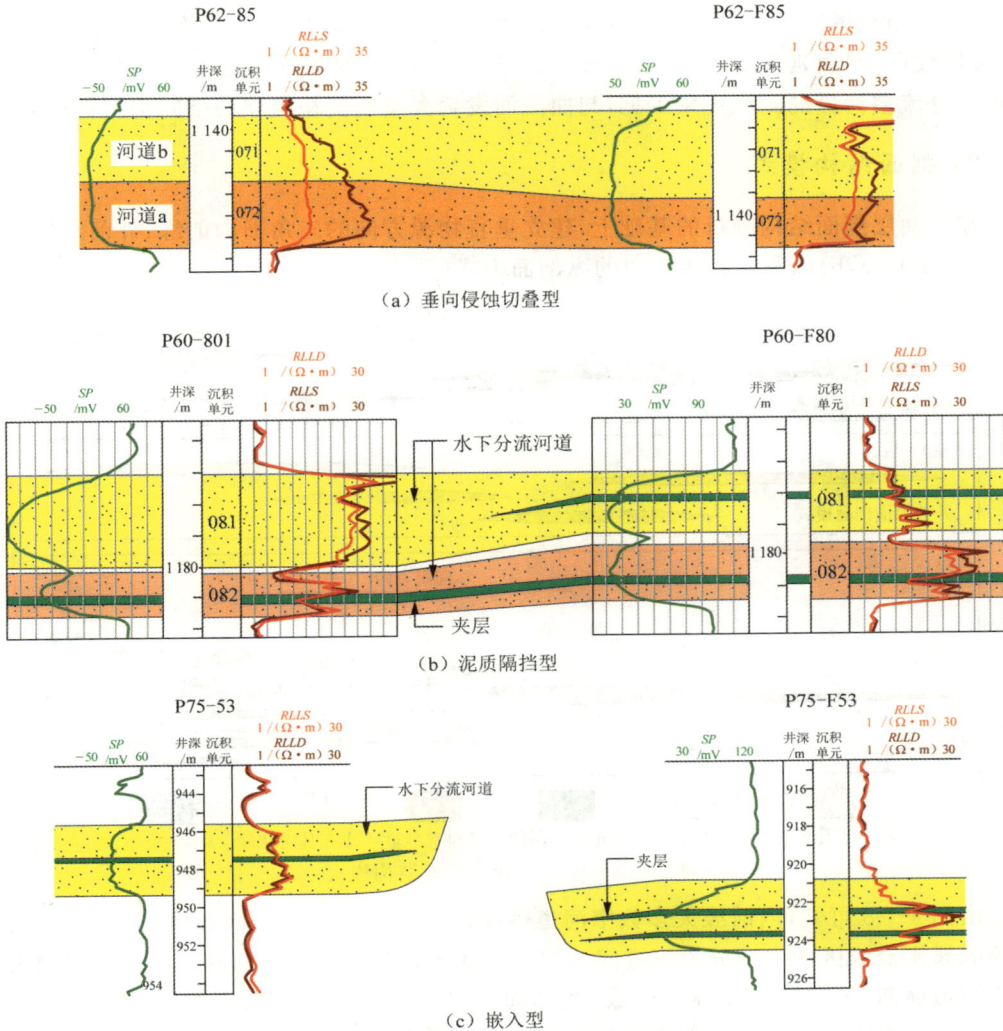

（a）垂向侵蚀切叠型

（b）泥质隔挡型

（c）嵌入型

图 4-1-7　单成因砂体组合方式

### 4.1.2.3.3　厚油层剖面结构分析

　　在沉积单元储层对比格架内和地层构造、沉积展布等约束下,充分考虑不同类型沉积体的韵律变化规律和横向变化特点,在相控条件下进行不同单成因砂体识别、对比和划分。

### 1）厚油层单成因砂体剖面结构的建立

　　厚油层单成因砂体剖面结构的建立过程主要包括 3 部分内容:单成因砂体的空间组

合；单成因砂体内的夹层空间组合分析；单成因砂体空间结构组合结果的检验。

分析研究区结构剖面发现：南北向剖面的油层砂体横向连续性好于东西向剖面；水下分流河道单成因砂体横向延展范围小，具窄、薄的典型特征，席状砂虽薄，但横向延展范围较广；大多数平面呈窄条带状的厚油层砂体本身就是独立的单成因厚砂体，一部分厚度较大、平面分布范围广的砂体实质上是由多条水下分流主河道相互切割及叠置连片而形成的；夹层较薄，平面延伸范围较小，一般不超过1个井距，少数可以达1个井距以上；厚油层水下分流主河道的侧积现象少见，与曲流河发育大量的侧积点坝的空间构型特征迥异。

2）剖面结构模式

在厚油层剖面结构分析的基础上，建立垂直物源方向的三角洲内前缘、外前缘横剖面模式（图4-1-8a,b）以及顺物源方向的纵剖面模式（图4-1-8c）。

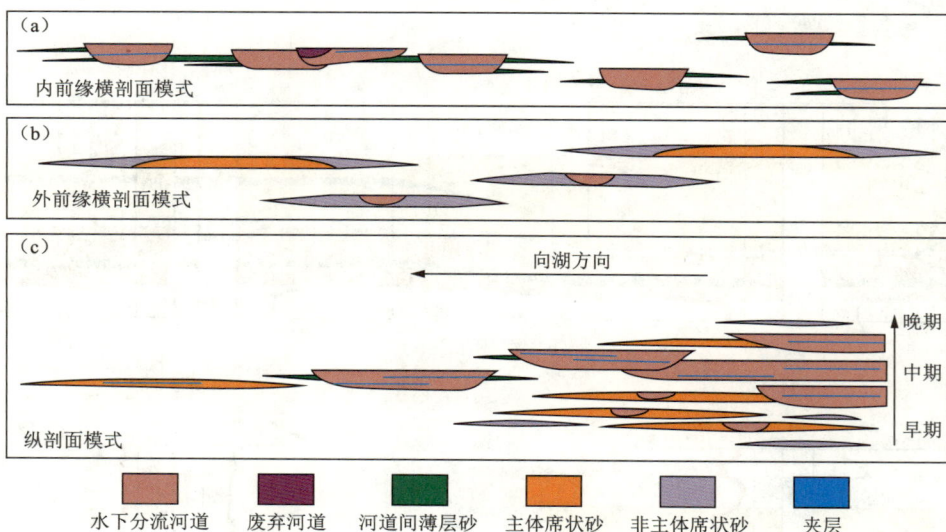

图4-1-8  单成因砂体剖面结构模式

由图4-1-8可知，内前缘大多数窄河道砂体是独立的六级单成因砂体，其间分布数量不等的属漫溢成因的水下分流河道间薄层砂。横向延展范围较广的砂体往往是多期水下分流河道横向摆动、切割和叠置而成，在其间可以识别出一定量的废弃河道成因砂体类型。内前缘水下分流主河道砂体是葡Ⅰ油组最主要的储层。

外前缘主要油层砂体只有主体席状砂一种，其侧缘和其间分布数量不等的非主体席状砂。另外，由于有少量内前缘水下分流河道向湖延伸较远，所以在此带可见部分水下分流河道切割席状砂的现象。

在葡Ⅰ油组沉积早期，研究区主要发育席状砂沉积，厚油层砂体——主体席状砂主要分布在向岸一侧，在其向湖一侧发育一定量的非主体席状砂体；在葡Ⅰ油组沉积中期，厚油层单成因砂体主要为水下分流主河道成因，在距岸较远的向湖区域有一定数量的席状砂发育，但这个区域已经出葡萄花地区；在葡Ⅰ油组沉积晚期，由于快速的湖进作用，研究区砂体并不十分发育，仅见少量的水下分流河道和席状砂单成因砂体。

#### 4.1.2.3.4　厚油层平面结构分析

##### 1）单成因砂体的平面几何分类

不同沉积环境下形成的砂体一般都有其相应的几何形态,是砂体各向异性大小的相对反映,是表征储层平面非均质特征的重要方面,具体表现在沉积走向、形态和岩石物理特性等,对剩余油的分布有重要影响。研究中描述砂体平面形态采用长宽比、宽厚比和分布范围等参数。厚油层单成因砂体按照平面特征大致包括条带状单成因砂体、枝状单成因砂体、透镜状单成因砂体、席状单成因砂体、横向叠置连片状单成因砂体等类型。

##### 2）不同单成因砂体的连通特征

各种成因单元砂体在垂向和平面相互接触连通所形成的复合体称为连通体。根据同时期厚油层单成因砂体的接触特点,可以将不同单成因砂体的连通性质主要分为 3 种类型,即水下分流主河道单成因砂体间连通、水下分流主河道和主体席状砂单成因砂体间连通以及不同厚油层单成因砂体间通过薄层砂体连通。

##### 3）不同厚度单成因砂体连通状况

对不同砂岩组和不同厚度储层统计发现,目前开发井网适应性仍较差,主要体现在两方面:一方面,单向和不连通厚度比例合计较高,所占比例达 45％,表现在储层动用情况上,无水驱方向和单向受效比例较高,要提高油田开发效果,需要提高储层多向水驱方向;另一方面,平面矛盾和层间矛盾较突出,薄层连通状况较差,这表明在油田已经整体上进入特高含水开发期后,为进一步提高油田开发效果,客观上需要开展开发综合调整。

#### 4.1.2.4　厚油层结构与剩余油分布

厚油层的尺度规模、几何形态、连续性等所表现出来的层次性和拼合性决定了储层的非均质性。储层构型特征是宏观非均质性的重要表现,对剩余油的形成及分布具有明显的控制作用。从密闭取芯井分析出发,主要从厚油层内部夹层和砂体拼合部位的渗流屏障等角度探讨其对注水开发的影响及剩余油的形成。

#### 4.1.2.4.1　密闭取芯井油层动用状况分析

对不同开发时期的两口密闭取芯井进行重点分析,其中 P73-J912 井岩芯于 2007 年 10 月钻取,P68-J862 井岩芯为 1996 年 3 月钻取。

##### 1）P73-J912 井

该井油层水洗有效厚度占比只有 67.1％,水洗段驱油效率只有 53.4％。第 2 小层砂岩水洗有效厚度占比仅 40.2％,水驱油效率仅 50.3％,针对类似这样的厚油层,剩余油挖潜将是下一步的主要目标。从地质特征看,该小层夹层比较发育,分段水淹特征明显。第 9 小层也是厚油层,其驱油效率达到 64.4％,该层为典型的正韵律河道砂岩油层,下部砂岩水淹程度较高,驱油效率也比上部砂岩高 20％以上,上部剩余油富集。综合分析认为,被夹层(六级和七级结构面)分割的厚油层段及夹层不发育的厚油层上部的剩余油是重要挖潜目标。

### 2) P68-J862 井

该井 053 沉积单元和第 11 小层原始含油饱和度低,第 7 小层含油饱和度次之,091 和 102 沉积单元含油饱和度最高。根据该井的油层水洗状况分析数据,水洗有效厚度占比只有 59.1％,水洗段驱油效率只有 38.7％。对与注水井连通较好的层而言,厚油层的水洗厚度占比普遍较高,薄层和与注水井连通较差的厚油层水洗比例偏低。值得指出的是,类似第 7 小层的"超厚油层"的驱油效率明显偏低,这也显示"超厚油层"的剩余油潜力较大。

从 P73-J912 井和 P68-J862 井两口井的分析对比可知:相对于 P68-J862 井而言,P73-J912 井各厚油层驱油效率都有不同程度的提高,全井驱油效率提高 14.7％,但两井都有水洗有效厚度占比较低的厚油层。这说明井网对一部分厚油层的水驱控制程度较差,同时也表明针对厚层砂体的剩余油挖潜将会有较大潜力。

#### 4.1.2.4.2 单成因砂体空间特征与剩余油分布的关系

### 1) 嵌入型单成因砂体上倾尖灭区剩余油富集

厚油层内单成因砂体沿上倾方向在井间尖灭,上倾方向被泥岩遮挡,在上倾尖灭区可形成只注不采的高压剩余油或有采无注型尖灭剩余油(图 4-1-9)。

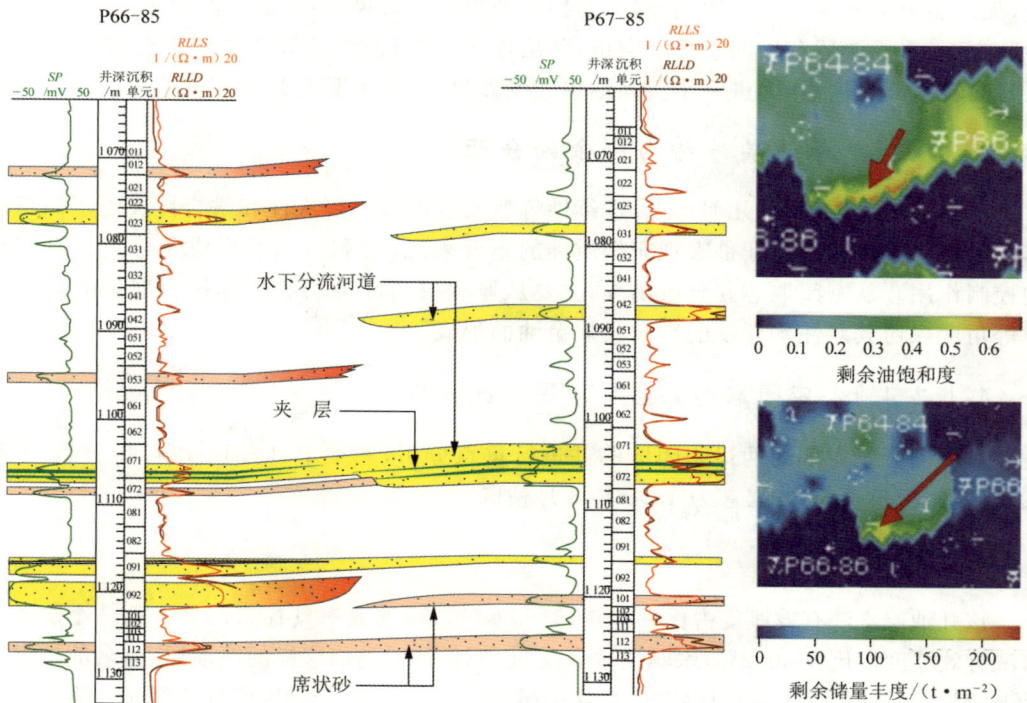

图 4-1-9　嵌入型单成因砂体上倾尖灭区剩余油富集

### 2）垂向侵蚀切叠型不连通单成因砂体剩余油富集

对于垂向侵蚀切叠型单成因砂体而言,如果只有部分单成因砂体与毗邻注水井连通,而其他单成因砂体不连通,则不连通的单成因砂体内剩余油富集。如 P88-81 井 071～082 沉积单元是由三期河道叠加而构成的厚油层,只有 081 河道砂与邻近水井 P87-81 连通并形成注采对应关系,在 071 和 072 单成因砂体内剩余油富集(图 4-1-10)。

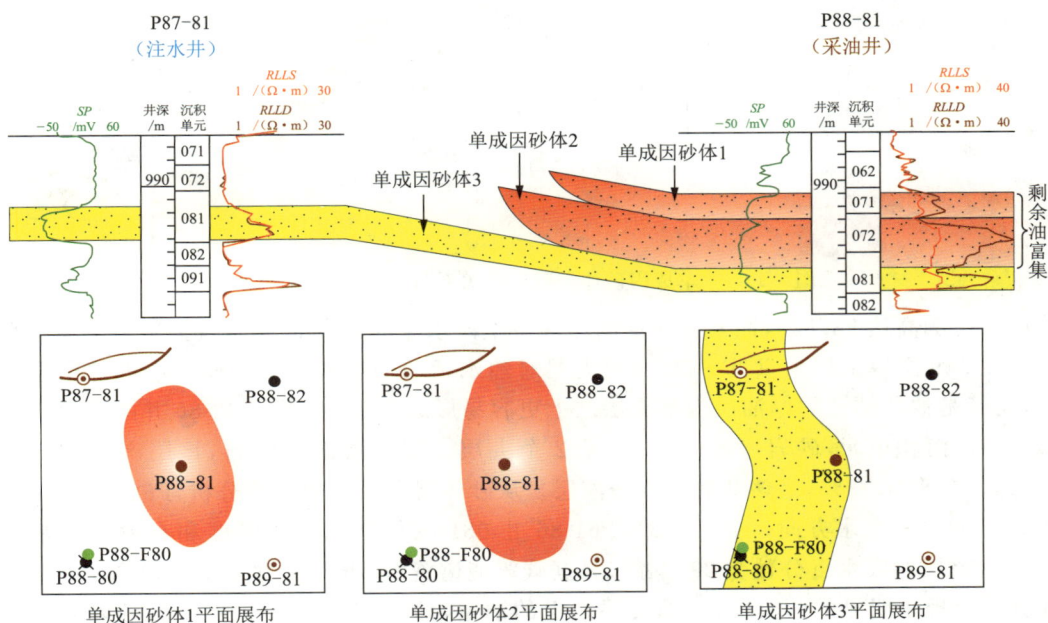

图 4-1-10　垂向侵蚀切叠型不连通单成因砂体剩余油富集

### 3）单成因砂体空间对接关系与剩余油分布

单成因砂体对接部位如果存在渗流屏障,会影响流体的流动,在井间渗流屏障部位形成剩余油富集。例如,在注水井 P85-89 井和 P85-90 井之间河道对接部位存在渗流屏障,此渗流屏障的存在会影响注入水在井间的流动,进而影响水驱效果,形成剩余油富集(图 4-1-11)。

### 4）厚油层内夹层特征与剩余油分布

厚油层夹层发育特征与水淹特征之间具有如下规律:

（1）夹层不发育的层比夹层发育的层更容易水淹。

（2）夹层发育的水淹层中,高水淹层占比为 28%,而夹层不发育的水淹层中高水淹层占比为 21.5%,所以有夹层发育的厚油层的水淹段的水淹程度往往较高。

（3）没有夹层发育的厚油层,以下部水淹为主,达 61.8%,油层整段水淹的井占比达 37.6%,上部水淹的井仅占 0.5%。

（4）有夹层发育的厚油层,以下部水淹常见,也容易出现多段水淹的现象。有夹层的厚油层水淹段主要位于夹层之下的油层部分,具备这样特征的厚油层占全部有夹层的厚

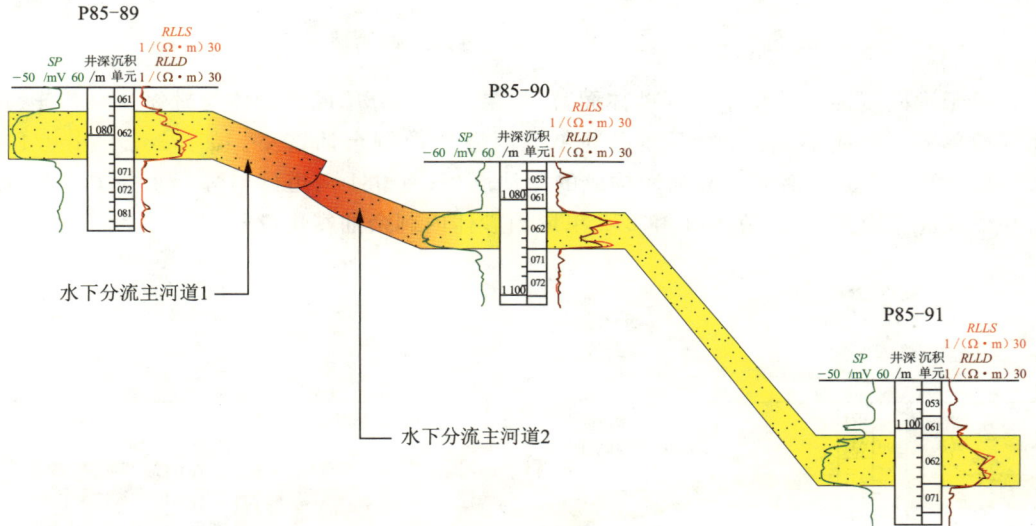

图 4-1-11　单成因砂体空间对接关系与剩余油分布特征

油层的比例高达 93.8%,而发育夹层的厚油层整段水淹的仅占 5.9%,仅夹层之上油层水淹的在 269 个厚油层中只见 1 口,可见夹层对油水运动的影响之大。厚油层内部夹层之上,尤其是油井钻遇的厚油层内部夹层之上更容易形成剩余油。如 P62-86 井的主要产液层位 081 沉积单元,砂岩厚度 2.4 m,见 2 个夹层。据产液剖面资料,该层产液占比为 36.4%,含水 82.2%,是该井的主要产液层。从砂体展布及连通关系分析,P62-86 井只有 P61-86 井一个来水方向(图 4-1-12),P61-86 井 081 沉积单元砂体厚度和有效厚度都为 1.8 m,该层的吸水百分数为 29.7%。另据碳氧能谱资料,P62-86 井 081 沉积单元的剩余油分布出现了明显的两段性,下部夹层之上的油层,即 1 148～1 149.2 m 段的剩余油饱和度明显高于其下部油层,同时 081 沉积单元底部砂层还出现了较强的水淹现象。

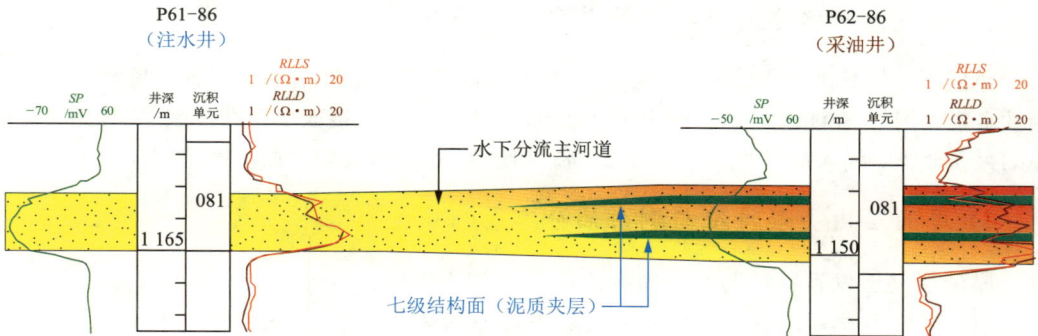

图 4-1-12　P62-86 井 081 沉积单元连通特征

(5) 单成因砂体不同部位差异影响注水效果形成剩余油富集。受单成因砂体平面分布差异的影响,当油井和水井位于单成因砂体不同部位时,注采受效是存在差异的。当水井位于单成因砂体的薄差部位而油井位于砂体的主体部位时,由于单成因砂体注水端吸水能力差,在厚油层部位注入水的波及能力较弱,因而在油井部位容易形成剩余油富集区。例如,P81-78 井(注水井)位于单成因砂体边部,位于主河道的 P82-78 井受效差,剩余油富集,剩余油饱和度和剩余油储量丰度均相对较高(图 4-1-13)。

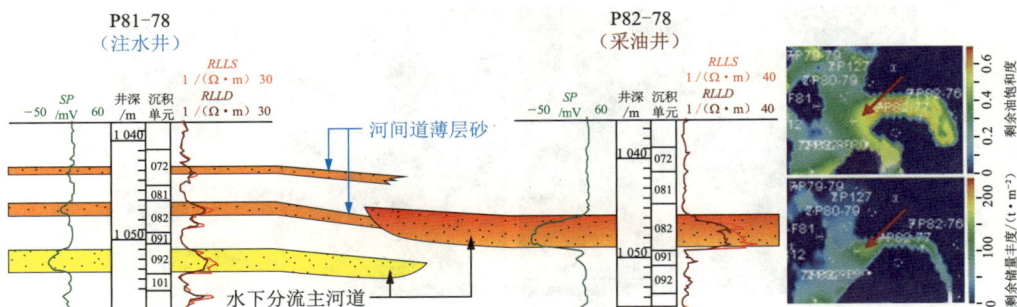

图 4-1-13　单成因砂体不同部位差异影响注采效果形成剩余油富集

## 4.1.3　窜流通道识别

我国大部分老油田已进入高含水开采阶段,油藏受注入水长期冲刷的影响,其内部能形成大孔道,并在注水井和采油井之间构成窜流通道,不仅造成水淹、水窜,还严重影响水驱波及体积,也增大了水处理工作,增加了开发成本,降低了开发效益。因此,快速和有效地判识窜流通道发育区是老油田开展深度挖潜的关键所在。

目前对窜流通道的判识主要是通过注示踪剂、应用试井资料、直接或间接利用测井资料处理与解释成果并采用专家系统模糊识别等方法来实现。注示踪剂施工成本高、工作量大;试井则需关井测压,影响油田正常生产;利用测井解释成果,采用专家系统模糊识别,往往由于没有事先经过参数优选及处理而导致计算、实现过程比较复杂和过程参数不易确定等后果,给推广工作带来一定困难。本节提出综合判别参数法,用于高含水期窜流通道发育区的定量判识。将此方法与吸水和产液等资料相结合,可以开展窜流通道发育部位的有效识别。

### 4.1.3.1　窜流通道成因及对水驱开发效果的影响

#### 4.1.3.1.1　窜流通道成因

多油层合注合采油藏窜流通道的成因包括油藏非均质性和注水开发两方面。长期注水开发是窜流通道形成的外因,会使储层中的细小颗粒发生剥蚀、搬运现象,储层特征发生较大的变化,加剧油藏非均质性。当再搬运的颗粒遇及较小喉道时,会停积而堵塞孔喉,这种作用对储层质量是破坏性的;当储层喉道较大时,会被直接搬运至采油井井筒,导致采油井出砂,这有利于改善储层质量,是窜流通道形成的内因。比较位于同一水下分流河道注水前和窜流通道形成后的储层样品微观特征,不难发现窜流通道形成后杂基含量明显减少(图 4-1-14),颗粒间由以点-线接触关系为主变为以点接触关系为主;孔隙直径和喉道直径明显变大,前者的峰位由 40 $\mu$m 增至 60 $\mu$m,后者的峰位由 12 $\mu$m 增至 15

μm;孔隙度增大幅度为 4.9％,渗透率增大幅度可达 125％。储层物性的持续变好和渗流能力的不断增强显示了葡Ⅰ油组内部窜流通道的形成。

图 4-1-14　注水前(a)和窜流通道形成后(b)同一水下分流河道储层微观特征对比

#### 4.1.3.1.2　窜流通道对水驱开发效果的影响

作为优势渗流通道,窜流通道深刻影响着注入水的层间分配和流动规律,控制着剩余油的形成和分布。处于高含水开发后期的油田由于储层孔隙结构的剧烈变化而更容易形成窜流通道,其动态表现为注入水快速突进、高注入孔隙体积倍数、强水淹程度、高采出程度、高水油比等特征。注入水沿窜流通道做无效或低效循环,降低了水驱波及体积,严重干扰油层其他部位的吸水和出油状况,在水驱较弱的渗流区剩余油富集。

窜流通道发育部位的砂体往往水洗程度较高,呈灰白色或浅棕色(图 4-1-15),剩余油饱和度平均为 13％,驱油效率平均为 80％;未发育窜流通道的砂体水洗程度较低,一般呈棕色或浅棕色,剩余油饱和度平均为 38％,驱油效率平均为 51％。

总的来看,作为中孔中渗储层,葡萄花油田葡Ⅰ油组内部的窜流通道发育程度虽然没有大庆长垣北部油田以及位于渤海湾盆地的孤东和孤岛油田等高孔渗河流相储层的高,也没有其表现得明显,但是生产实践已经证实其客观存在性。准确预测窜流通道发育区域并判断窜流通道发育层位,对寻找剩余油富集区,开展有针对性的综合治理、堵水调剖、三次采油等具有重大意义。

图 4-1-15　窜流通道的岩芯响应特征(P73-J912 井)

#### 4.1.3.2　窜流通道识别方法

与窜流通道相关的参数纷繁复杂,任何单一参数只能从一个侧面反映窜流通道的某一特性,而油藏非均质和注水开发过程中的诸多参数往往相关或者相容。基于此,为定量判识窜流通道发育区,基于葡Ⅰ油组多油层合注合采的开发现状,提出并建立了综合判别参数法(integrated discrimination exponent method)。

　　综合判别参数法是针对采用多油层合注合采方式开发的油藏,以地质静态参数、生产动态数据和分析测试资料为基础,通过基础参数优选、关键参数求取及综合判别参数求取,并通过制定相应判别标准来确定窜流通道发育区的一种定量判识方法(图 4-1-16)。在应用该方法的基础上,结合水井吸水测试资料、油井产液测试资料、砂体展布及构造特征等可以有效开展窜流通道发育层位的识别。

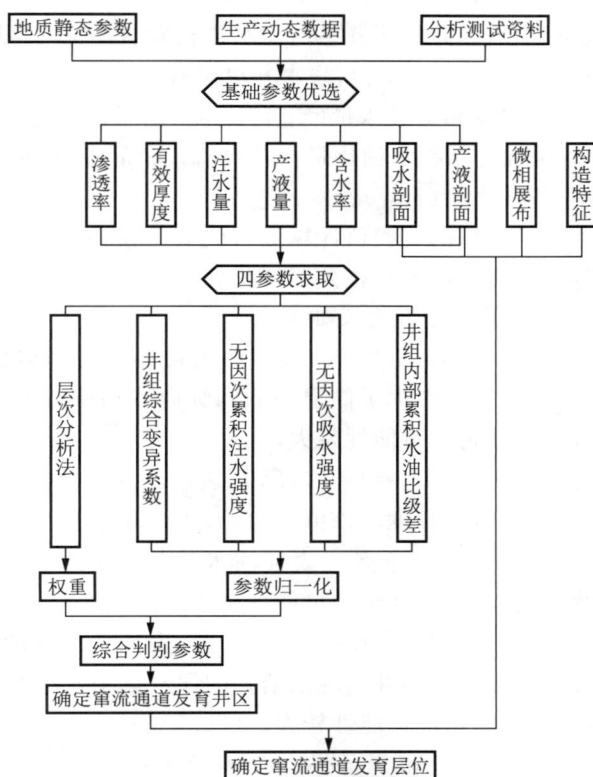

图 4-1-16　窜流通道研究流程

### 4.1.3.2.1　综合判别参数求取

综合判别参数的求取包括基础参数优选、关键参数求取和综合判别参数求取 3 步。

#### 1) 基础参数优选

　　面对纷繁的油田静态、生产动态和分析测试资料,在综合判别参数求取前必须进行基础参数分类和优选。优选的原则包括两点:一是信息来源充足、方便录取;二是具独立性,与窜流通道直接相关,能表征其主控因素和响应特征。据此,从油藏地质特征和生产动态特征两方面优选了 7 类判别参数,分别是渗透率、有效厚度、注水量、产液量、含水率、吸水量和累积水油比。

2）关键参数求取

关键参数指井组综合变异系数（$D_1$）、无因次累积注水强度（$D_2$）、无因次吸水强度（$D_3$）和井组内部累积水油比级差（$D_4$），以及对它们进行极差归一化后相应得到的 $D'_1$，$D'_2$，$D'_3$ 和 $D'_4$。

求取过程分为 3 步：

第 1 步，对优选出的 7 类基础参数进行预处理，即以注水井为中心的井组为单位，计算井间平面渗透率变异系数（$V_{kp}$）。先将各井钻遇砂层的渗透率依据有效厚度进行加权，计算出各井点的渗透率，然后以此计算井组内注水井和采油井间的渗透率变异系数，得到注水井各砂层层间渗透率变异系数（$V_{kz}$）、注水井单位有效厚度平均累积注水量（$I_{注水井}$）、注水井强吸水层单位有效厚度相对吸水量（$S_{强}$）、注水井各砂层单位有效厚度平均相对吸水量（$S_{全}$）、井组内部各采油井累积水油比最大值（$R_{max}$）和最小值（$R_{min}$）以及研究区块内注水井单位有效厚度累积注水量（$I_{全区}$）。

第 2 步，通过预处理所获取的 8 类值计算 $D_1$，$D_2$，$D_3$ 和 $D_4$ 四个参数。

第 3 步，对 $D_1$，$D_2$，$D_3$ 和 $D_4$ 进行极差归一化处理，相应得到 $D'_1$，$D'_2$，$D'_3$ 和 $D'_4$。

$D_1$，$D_2$，$D_3$ 和 $D_4$ 的计算方法及意义如下：

井组综合变异系数（$D_1$）。$D_1 = (V_{kp} + V_{kz})/2$，表征油层的非均质程度，评价形成窜流通道的油藏地质条件。它综合考虑了储层平面和纵向非均质特征。该值越大，油藏的非均质程度越高，形成窜流通道的可能性越大。

无因次累积注水强度（$D_2$）。$D_2 = I_{注水井}/I_{全区}$，表征注水井单位有效厚度的平均注水强度对区块平均注水强度的偏离程度。该值越大，形成窜流通道的可能性越大。

无因次吸水强度（$D_3$）。$D_3 = S_{强}/S_{全}$，表征注水井各砂层的吸水不均匀程度。该值越大，表明吸水量越集中，存在窜流通道的可能性越大。

井组内部累积水油比级差（$D_4$）。$D_4 = R_{max}/R_{min}$，表征井组内的吨油产水的差别程度。该值越大，表明井组内部各采油井间吨油消耗的注水量相差越大，注水井向大量采出注入水的采油井间存在窜流通道的可能性较大。

由以上分析可知，$D_1$，$D_2$，$D_3$ 和 $D_4$ 能从不同角度表征与窜流通道之间的关系，且与其存在的可能性正相关。但是这 4 个特征参数绝对值往往差别较大，且衡量标准不统一，所以在求取各井组的综合判别参数（$D$）前，需对它们进行统一极差归一化处理，相应得到 $D'_1$，$D'_2$，$D'_3$ 和 $D'_4$，消除量纲的影响，且其值在 0 和 1 之间，处理前后各参数间的相关程度不变。$D'_1$，$D'_2$，$D'_3$ 和 $D'_4$ 也与窜流通道存在的可能性正相关，可用来建立与综合判别参数之间的定量关系。

极差归一化处理公式为：

$$D'_i = \frac{D_i - D_{i\min}}{D_{i\max} - D_{i\min}}$$

式中，$D'_i$ 为参数极差归一化处理后的值；$D_i$ 为第 $i$ 个变量的值；$D_{i\max}$ 为第 $i$ 个变量的最大值；$D_{i\min}$ 为第 $i$ 个变量的最小值。

葡北地区葡Ⅰ油组 $D_{i\max}$ 和 $D_{i\min}$ 值见表 4-1-2, $i=1,2,\cdots,n$ 为变量数。

表 4-1-2　$D_{i\max}$ 和 $D_{i\min}$ 值($i=1,2,\cdots,4$)

| 类　型 | $D_1$ | $D_2$ | $D_3$ | $D_4$ |
|---|---|---|---|---|
| 最大值 | 1.25 | 2.02 | 7.48 | 27.56 |
| 最小值 | 0.19 | 0.14 | 0.32 | 0.44 |

### 3）综合判别参数求取

参数 $D_1'$，$D_2'$，$D_3'$ 和 $D_4'$ 虽然从不同角度反映了与窜流通道之间的相关性，但各自与窜流通道的相关程度存在差异，故在建立综合判别参数 $D$ 与 $D_i'$ 之间的定量关系时，需要赋予 $D_i'$ 权重，然后求其加权平均值，即

$$D = \sum_{i=1}^{n} w_i D_i'$$

式中，$w_i$ 为参数 $D_i'$ 的权重；$i=1,2,\cdots,n$ 为变量数，此处 $n$ 取值为 4。

采用层次分析法(analytic hierarchy process)确定各参数权重。该方法是一种充分将专家意见的定性判断与定量分析相结合的多目标决策分析方法，具有系统、灵活、简洁等诸多优点。各参数权重的确定通常包括建立目标层次结构、构造判别矩阵、求解权重和一致性检验 4 个步骤。

在建立目标层次结构模型(图 4-1-17)后，对同层各指标进行两两比较，并以此构造判别矩阵。根据专家意见，就各指标相对重要性采用 1~9 的标度(表 4-1-3)对比较结果进行定量表示，然后通过求解该判别矩阵的最大特征根及对应的特征向量来确定各参数权重，并进行一致性检验。

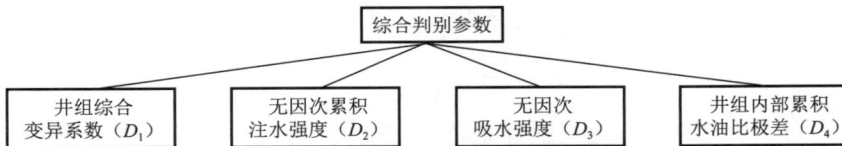

图 4-1-17　目标层次结构模型

表 4-1-3　1~9 标度的含义

| 标　度 | 含　义 |
|---|---|
| 1 | 表示两个元素相比，具有同样重要性 |
| 3 | 前者比后者稍重要 |
| 5 | 前者比后者明显重要 |
| 7 | 前者比后者强烈重要 |
| 9 | 前者比后者极端重要 |
| 2,4,6,8 | 表示上述相邻判断的中间值 |
| 倒　数 | 若元素 $i$ 与元素 $j$ 的重要性之比为 $r_{ij}$，那么元素 $j$ 与元素 $i$ 的重要性之比为 $r_{ji} = \dfrac{1}{r_{ij}}$ |

判别矩阵为：

$$\begin{bmatrix} r_{11} & r_{12} & r_{13} & r_{14} \\ r_{21} & r_{22} & r_{23} & r_{24} \\ r_{31} & r_{32} & r_{33} & r_{34} \\ r_{41} & r_{42} & r_{43} & r_{44} \end{bmatrix} = \begin{bmatrix} 1 & 2 & 2 & 3 \\ 1/2 & 1 & 1 & 4 \\ 1/2 & 1 & 1 & 4 \\ 1/3 & 1/4 & 1/4 & 1 \end{bmatrix}$$

采用和法计算各参数权重。判别矩阵的特征向量 $\boldsymbol{W}$ 为：

$$\boldsymbol{W} = (w_1, w_2, w_3, w_4) = (0.4, 0.25, 0.25, 0.1)$$

最大特征根 $\lambda_{\max}$ 为：

$$\lambda_{\max} = \frac{1}{4} \sum_{i=1}^{4} \frac{\sum_{j=1}^{4} r_{ij} w_i}{w_i} = 4.12$$

一致性指标 $CI$ 为：

$$CI = \frac{\lambda_{\max} - n}{n - 1} = \frac{4.12 - 4}{4 - 1} = 0.04$$

当样本容量为 1 000 时，3～12 阶矩阵的平均随机一致性指标（$RI$）见表 4-1-4。

表 4-1-4　样本容量为 1 000 时的 $RI$

| 矩阵阶数 | $RI$ | 矩阵阶数 | $RI$ |
|---|---|---|---|
| 3 | 0.514 9 | 8 | 1.410 5 |
| 4 | 0.892 9 | 9 | 1.462 0 |
| 5 | 1.119 0 | 10 | 1.487 8 |
| 6 | 1.259 4 | 11 | 1.516 0 |
| 7 | 1.355 0 | 12 | 1.540 0 |

根据上表可知平均随机一致性指标为 0.89，即 $RI = 0.89$。一致性比例 $CR$ 为：

$$CR = \frac{CI}{RI} = \frac{0.04}{0.89} = 0.045$$

$CR < 0.1$，说明判别矩阵的一致性是可以接受的，所得到的各参数权重结果有效，于是加权平均值 $D$ 为：

$$D = 0.4D_1' + 0.25D_2' + 0.25D_3' + 0.1D_4'$$

采用以上方法，利用定量关系式对葡北地区 86 个井组进行计算，结果表明各井组的综合判别参数分布范围为 0.19～0.67（图 4-1-18）。

#### 4.1.3.2.2　窜流通道发育区判别标准

对于井组内是否存在窜流通道，其综合判别参数的标准主要参考调剖效果突出井组的综合判别参数值来定。葡北地区 42 个井组的调剖工作中，见良好调剖效果的 18 个井组的综合判别参数均大于 0.38，分布范围为 0.38～0.46，而另 24 个未见明显效果的井组的综合判别参数均小于 0.38，分布范围为 0.21～0.37。据此，将综合判别参数的判别标准定为 0.38，即窜流通道发育区位于综合判别参数大于 0.38 的井组所在区域。

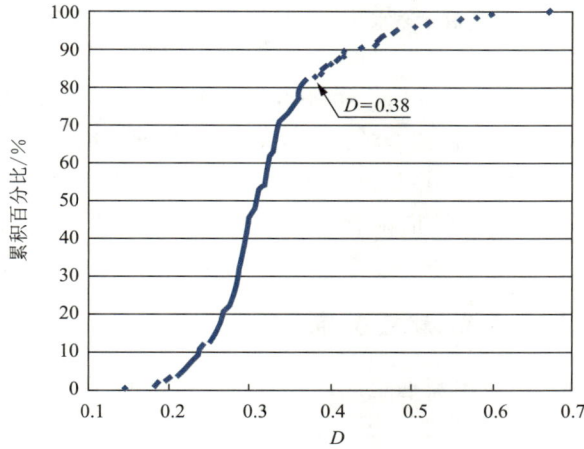

图 4-1-18　综合判别参数分布

采用综合判别参数法对研究区不同断块 86 个井组开展普查,结果表明 36 个井组存在窜流通道,可见其对高含水期油田开发的影响之广。窜流通道形成前后,注水井和采油井生产动态响应特征差异明显。窜流通道的生产动态特征总体表现为注水井低注水压力和高注水量以及采油井高采液量和高含水的特点。油藏数值模拟结果表明,窜流通道形成后,注水井和采油井间形成明显的特低含油饱和度条带,其所在区域与综合判别参数大于 0.38 的区域相对应(图 4-1-19)。

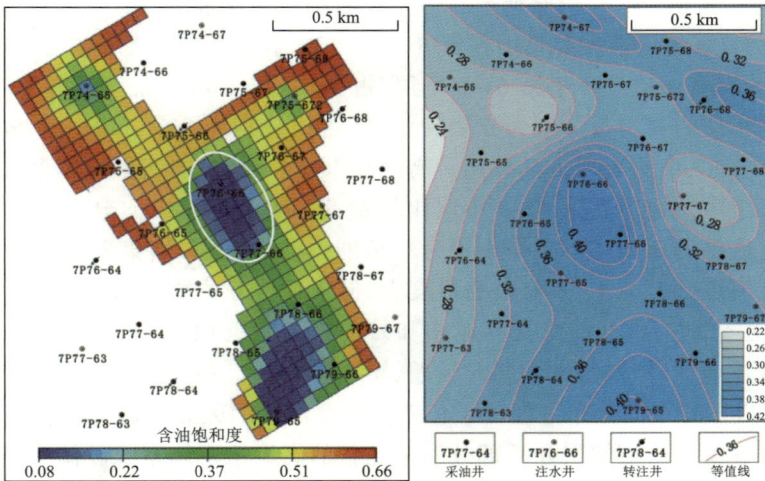

图 4-1-19　剩余油饱和度分布图(023 沉积单元)和综合判别参数等值线图

### 4.1.3.2.3　窜流通道发育层位的确认

吸水剖面和产液剖面反映不同油层的吸水和产液能力,是确认窜流通道发育层位的重要资料。针对综合判别参数大于 0.38 的井组,将注水井吸水剖面和采油井产液剖面进行比较。对于注采对应的层,若注水井吸水量大、吸水比例高、吸水强度高,相应采油井产

61

液量大、产液比例高、产液强度高、含水率高,且这些指标具有逐年升高的态势,则该层为窜流通道发育层位。

现场对综合判别参数大于 0.38 的 36 个井组中的 21 个井组采用深度调剖、堵水和周期注水等措施针对窜流通道进行综合治理。从治理结果看,注水井单井日降低注水 14～25.7 m³,平均为 17.8 m³,采油井日增油 0.8～2.9 t,平均为 1.4 t,综合含水率下降 12.7%～21.3%,平均为 15.8%,措施有效率达 95.2%,取得了良好的挖潜效果,经济效益明显。

### 4.1.3.3　窜流通道分类及分布

对窄薄砂岩油藏而言,按窜流通道成因,考虑层内、层间、平面非均质性以及窜流通道的发育部位和开发因素等,可将其分为 4 种类型,即由于层内矛盾和重力作用导致的厚油层底部水窜类型、由于层间矛盾导致的高渗透层高速注采的纵向差异类型、由于平面矛盾导致的平面差异类型、由于堵水措施造成的单注单采型。

结合应用综合判别参数法所识别出来的 36 个井组窜流通道发育特点,从窜流通道的主要发育砂体类型及空间发育位置的角度,认为葡萄花油田窜流通道分布特征体现在以下 4 个方面:

(1)窜流通道主要分布在厚油层,特别是注采完善的厚油层。研究中确认的窜流通道注入端砂岩厚度一般为 1.2～5.7 m,平均为 3.1 m,有效厚度一般为 1.1～5.4 m,平均为 2.9 m;采出端砂岩厚度一般为 1.1～5.6 m,平均为 3.0 m,有效厚度一般为 1.0～5.3 m,平均为 2.8 m。这些指标远远高于全区油层的平均水平。

(2)纵向上,窜流通道主要集中在第 6～9 小层。在这 36 个发育窜流通道的井组中,有 24 个井组的窜流通道发育于第 6～9 小层,占比高达 66.7%,而位于第 1～5 小层以及第 10 和第 11 小层的井组数分别为 9 个和 3 个,占比分别为 25% 和 8.3%。吸水剖面和产液剖面中第 6～9 小层表现出具有相对高的吸水百分数,高产液量和高含水的特点从另一个角度证实了窜流通道在第 6～9 小层比较发育。窜流通道纵向分布符合葡萄花油层精细地质研究成果的认识,第 6～9 小层为三角洲内前缘沉积,储集砂体以内前缘亚相条带状水下分流河道砂岩为主,具有砂岩厚度大、储集物性好的特点,而第 1～5 小层以及第 10 和第 11 小层分别为内外前缘交互亚相和外前缘亚相沉积,水下分流浅河道和薄层状席状砂沉积含量增加,储层物性均相对较差。

(3)窜流通道的平面分布主要位于长期高强度注采的区域。这些长期高强度注采的区域包括水下分流主河道储层和一部分注采完善的高渗透主体席状砂储层。研究中确认的 36 个窜流通道注入端全部位于水下分流主河道砂体,采出端有 87% 的层位于水下分流主河道砂体。统计表明,存在窜流通道沟通的注水井和采油井中,注水井平均注水压力为 9.4 MPa,比全区块平均水平低 1.39 MPa,单位厚度累积注水量为 12 059 m³,较全区块平均水平高 2 522 m³;采油井平均单井日产液量为 45.85 t,日产油量为 1.24 t,综合含水率为 97.3%,比全区含水率高 9.3%,累积水油比为 2.85,比全区平均水平高 0.71,总体表现出注水井低注水压力和高注水量以及采油井高采液量和特高含水的特点。

(4)窜流通道的层内发育位置主要是厚油层单成因砂体下部。从密闭取芯井 P68-

J862 的第 6～9 小层的渗透率及含油饱和度变化特征可以看出,第 6～9 小层的层内非均质性较强,渗透率存在较大差异,下部渗透性明显好于上部,而储层下部含油饱和度则明显比上部低。这正是窜流通道的发育降低纵向波及效率所致,在厚油层单成因砂体上部存在剩余油,可通过窜流通道的治理来挖潜。

## 4.1.4　储层非均质综合评价

储层非均质指储层内部岩性和物性在三维空间的不均一性或各向异性,对油水运动规律、油水空间配置关系、水驱油效果和剩余油分布规律有重要影响,是储层研究的关键,直接关系开发方案的制定、开发层系的划分。针对葡 I 油组,结合储层物性特征及砂体形态特征,在全区各井孔隙度、渗透率和有效厚度重新解释的基础上,通过计算渗透率变异系数($V_k$)、突进系数($T_k$)、级差($J_k$)以及物性的纵、横向展布特点来表征储层的非均质性。将非均质综合指数引入窄薄砂岩油藏的储层非均质综合评价中,并以此为突破口,研究其与剩余油分布的相关关系。

### 4.1.4.1　非均质综合指数原理

从宏观上看,剩余油分布主要受沉积微相、构造、流体性质和储层非均质性的控制。具体来说,孔隙度、渗透率、沉积微相、油层构造特征、净毛厚度比等参数体现油藏宏观非均质性,根据这些参数求取的非均质综合指数可以开展储层非均质性的定量评价,还可以揭示剩余油饱和度及剩余储量的分布特征。

表征油藏非均质的图件可以划分为两类:一类为描述储层质量的图件,包括有效厚度、孔隙度和渗透率等值线图;另一类为描述储层几何形态的图件,如沉积微相图、构造图等。在编制沉积微相平面分布图、油层微型构造图及孔隙度、渗透率、泥质含量、含油饱和度、有效厚度等参数分布图的基础上,通过赋予不同的权值,进行不同参数的归一化处理,并综合、叠置这些图件,从而得出非均质综合指数来比较全面地反映储层非均质性和快捷、直观地预测出剩余油相对富集区。

在求取非均质综合指数的过程中,采用波叠加的原理,即将反映储层质量的图件与反映储层几何形态的图件进行叠加,并求其加权平均值,得到非均质综合指数,进而编绘得到该值的等值线图。

如第 2.1.1 小节所述,非均质综合指数 $I_{RH}$ 计算公式如下:

$$I_{RH} = \sum_{i=1}^{n} w_i x_i$$

式中,$w_i$ 为参数 $x_i$ 的权重;$i = 1, 2, \cdots, n$,为变量数,此处 $n = 5$。

在实际计算中,首先对上述 5 种参数进行归一化处理,统一标定为 0～1 之间(0 代表非储层,1 代表高质量储层),然后由上述公式求取每个井点的非均质综合指数($I_{RH}$),其分布范围为[0,1]。

#### 4.1.4.2 关键参数的确定方法

1）净毛厚度比

净毛厚度比指油层有效厚度与砂体厚度的比值。该值分布范围为[0,1]，所以不必再进行特殊的变换。

2）孔隙度

孔隙度要归一化到0~1之间。将给定储层内的孔隙度下限赋值为0，最大平均孔隙度赋值为1。在实际工作中，采用极差变换法进行参数的变换和求取。极差变换后的数据量纲统一，分布范围为[0,1]，且变换前后变量间相关程度不变。

3）渗透率

由于渗透率的分布范围较广，各值间的巨大差异性加大了该参数的归一化难度。实验表明，极差变换法处理所得结果并不能获得理想效果。经多次尝试后，先将各渗透率求取对数值，然后由 $\lg K_{min}/\lg K_{max}$（其中 $K_{min}$ 和 $K_{max}$ 分别为最小和最大渗透率）来折算，再对新参数进行极差变换，即可得到理想结果。

4）沉积微相

根据葡萄花油田各井不同微相岩芯分析及测井解释结果，主要从不同成因储层的储集空间大小和渗透率两方面对各沉积微相赋值。分析测试及解释结果均表明，水下分流主河道储层的孔渗性最好，因而给这类储层赋值1，而泥岩因属非储层，故赋值0。其他微相类型的储集砂体则依据其储集空间和渗透率大小与水下分流主河道微相砂体的相对差异赋予不同的值（表4-1-5）。

表 4-1-5　沉积微相赋值表

| 微相代码 | RM | SR | SM,RB,RL | RS | SL | SS | MUD |
|---|---|---|---|---|---|---|---|
| 赋　值 | 1 | 0.9 | 0.8 | 0.7 | 0.5 | 0.4 | 0 |

注：RM—水下分流主河道；SR—水下分流浅河道；SM—主体席状砂；RB—水下分流浅滩；RL—透镜状砂；RS—过渡相河道；SL—席间透镜状砂；SS—非主体席状砂；MUD—泥。

5）油层构造特征

油层构造特征的赋值是按各沉积单元来计算的。依据油层构造与剩余油分布之间的关系，在每一层的构造最低部位赋值0，最高部位赋值1，依据构造位置的差异利用极差变换法赋予不同构造部位特征值。该值分布范围为[0,1]。

#### 4.1.4.3 综合非均质特征

按照上述方法编绘微相展布和非均质综合指数分布对比图（图4-1-20），可见非均质综合指数的高值区与主要微相储集砂体的分布区域相对应。如前所述,自正式投入开发以来,葡萄花油田共经历了基础井网开采阶段、井网一次加密调整阶段、井网非均匀二次加密调整阶段和扩边综合调整阶段。与此相对应,将葡萄花油田所钻井分为 3 部分进行非均质综合特征统计。由于井网非均匀二次加密调整阶段所钻井较少,对总体特征的代表性不强,所以没有纳入分析。

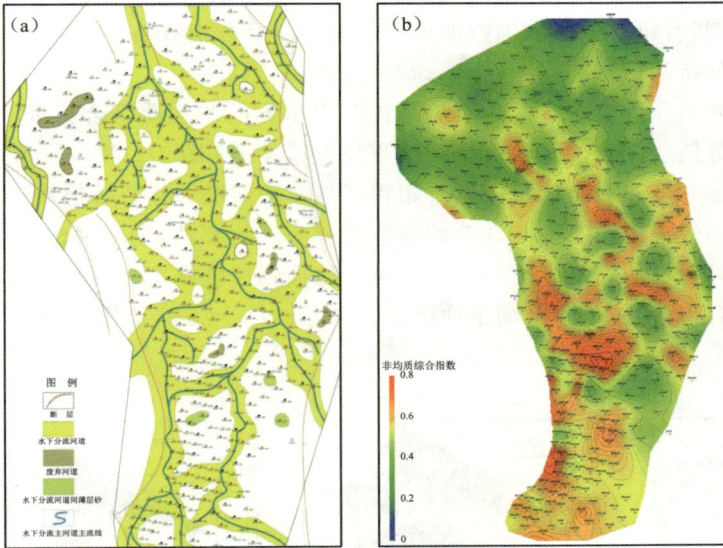

图 4-1-20　沉积微相展布(a)和非均质综合指数分布(b)对比

　　随着注水开发的进行,从早期基础井网开采阶段到后来二次加密阶段,葡Ⅰ油组储层非均质综合指数的平均值由 0.638 增大为 0.688。不同阶段综合指数的累积百分比也清晰显示了相同累积百分比所对应的非均质综合指数呈逐渐上升趋势(图 4-1-21),以上都说明注水开发使储层总体质量趋于变好。对各井吸水剖面和产液剖面的统计结果表明,葡Ⅰ油组主要的吸水和产液层集中在中、厚层的水下分流主河道和主体席状砂等微相类型油层,因而储层总体质量改善主要集中在这类储层,这势必更加剧储层非均质性,

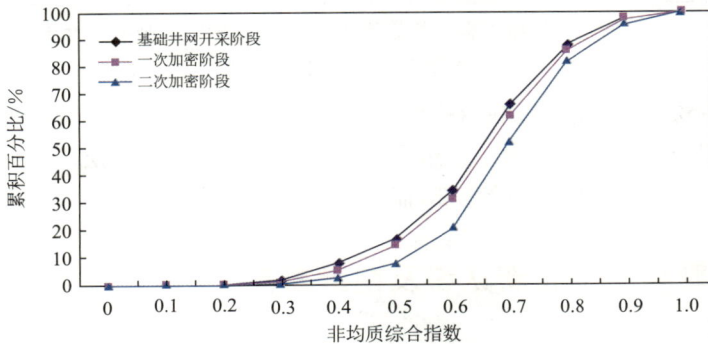

图 4-1-21　不同开发阶段储层非均质综合指数变化特征

使剩余油分布变得复杂。

### 4.1.4.4　非均质综合指数在剩余油预测中的应用

油藏数值模拟技术作为一项比较成熟的技术已经在剩余油分布及预测中得到广泛应用,但限于模型网格结点数量和计算机运行速度,模拟范围常受到限制,往往只选择一部分井区,对面积大和井众多的区域的剩余油分布研究存在一定局限性。而非均质综合指数不受区域限制,若将有限区域的数值模拟与非均质综合指数结合,则可以较好地解决大范围内剩余油分布和预测的问题。

通过求取非均质综合指数($I_{RH}$),编绘各沉积单元的非均质综合指数等值线图,将非均质综合指数等值线图与油藏数值模拟结果图叠合对比(图 4-1-22),发现油藏数值模拟得到的剩余油饱和度和剩余储量丰度分布特征与非均质综合指数等值线分布特征具有一定的相关性。一般来说,在 $I_{RH} \geqslant 0.5$ 的等值线所圈定的部位,剩余油饱和度值在 30% 以上,剩余储量丰度也较高;当 $I_{RH} > 0.7$ 时,由于储层物性较好,水洗程度较高,剩余油饱和度降低,剩余储量丰度较低。对葡 I 油组而言,$0.5 \leqslant I_{RH} < 0.7$ 所圈定的区域是剩余油富集区。

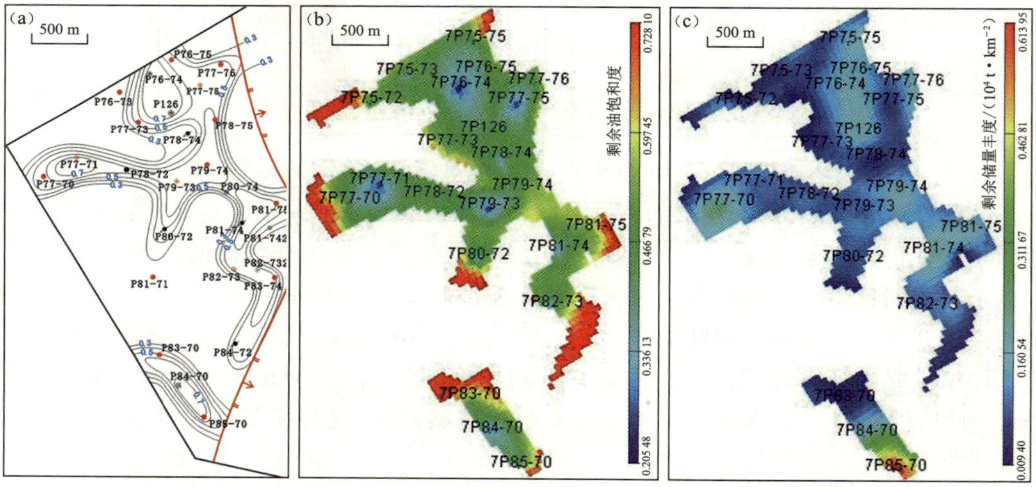

图 4-1-22　沉积单元非均质综合指数等值线(a)和油藏数值模拟剩余油饱和度(b)及剩余储量丰度(c)分布对比

依据上述方法,对葡北地区利用非均质综合指数等值线图进行剩余油富集区预测及圈定的结果表明:在高含水期,葡 I 油组剩余油的主要富集区是储层质量好的主力相带内部,即水下分流河道和主体席状砂内部,而非主力相带的可采剩余储量所占比例较小。

## 4.1.5　剩余油分布新认识及挖潜对策分析

对剩余油富集区的分析主要从地质与开发特征相结合的角度开展,但近年对剩余油富集区的分类认识趋于简单化。苏联专家曾利用知识问卷调查的方法,将剩余油分为 6

类,并统计了各类所占的比例;在我国,既有学者将剩余油类型分为 8 类,也有学者将其分为 10 类。无论是国外的分类还是国内的分类,概括起来包括 4 个基本类型:边缘相带,如河床边缘、堤岸相带、边边角角、低渗透差储层或表外储层;封闭性断层附近、构造高部位与微构造起伏的高点;正韵律厚层的上部;井间分流线、井网控制不住及注采系统不完善的部位。总的来说,这些观点对剩余油分布规律的认识比较全面,但对具体分布位置的认识则呈简单化的趋势。

实际上,由于油藏地质条件和开发方式的不同,不同油藏内部剩余油的具体分布存在一定差异,特别是属河流三角洲相的油田。通过对葡萄花油田葡Ⅰ油组剩余油分布规律的研究,发现除以上所述几类剩余油富集部位外,还存在一个新的剩余油富集部位,即三角洲前缘水下分流河道岔道口。

### 4.1.5.1　水下分流河道岔道口剩余油富集部位的发现

#### 4.1.5.1.1　水下分流河道岔道口的定义

在沉积学研究中,经常可以见到对水下分流河道分岔、分流和分支的描述。水下分流河道岔道口作为一个具体的沉积部位,尚未见到相关文献对其给出明确定义。本书将其定义为处于水下分流河道分岔部位,受单向环流和洄流作用共同控制而形成的平面呈近"人"字形的沉积体,如图 4-1-23 所示。

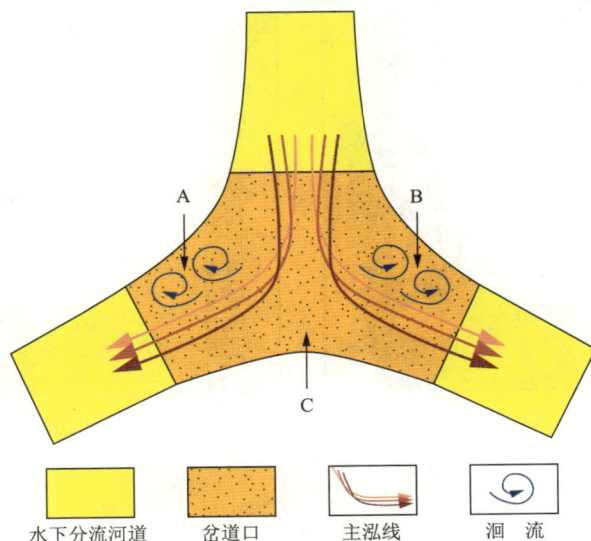

图 4-1-23　水下分流河道岔道口的位置及水动力结构解析

#### 4.1.5.1.2　水下分流河道岔道口剩余油富集

从油藏研究的起点入手,重视第一手基础资料的整理与分析是取得这一发现的原因。具体而言,基于密井网资料,重新编绘更符合沉积事实特征的砂体沉积微相展布图是重要基础;考虑水下分流河道岔道口隔夹层展布和物性分布特征,建立储层精细地质模型,并开展数值模拟是关键手段;利用动态及分析测试资料对采油、注水井开展生产特征综合分析是有效途径。

1) 静态基础

一直以来,葡萄花油田开发过程中所采用的砂体沉积微相展布图是在 20 世纪 80 年代大庆油田提出的"旋回对比、分级控制、不同相带区别对待"的河流—三角洲油层对比原则指导下编绘的。该图在长期生产实践中发挥了重要指导作用,但随着油田开发逐渐向纵深方向发展,诸多问题渐渐暴露出来,比如河道砂体连续性较差和部分河道砂体呈"飞来峰"状、对砂体连通性的解释和砂体预测的准确性偏低等。鉴于此,研究中在尊重前人对比思想和对比成果的基础上,将沉积学、高分辨率层序地层学和开发测试资料相结合,动、静态综合分析,对前人所编绘的砂体沉积相带图进行修正。从所得的沉积微相展布图看,河道沿顺物源方向的连续性明显变好且河道分岔特征清晰,不同时间单元的砂体沉积微相展布更加合理(图 4-1-24),既较准确地还原了该区原始沉积面貌,又较好地解释了原相带图难以说明的诸多开发问题。

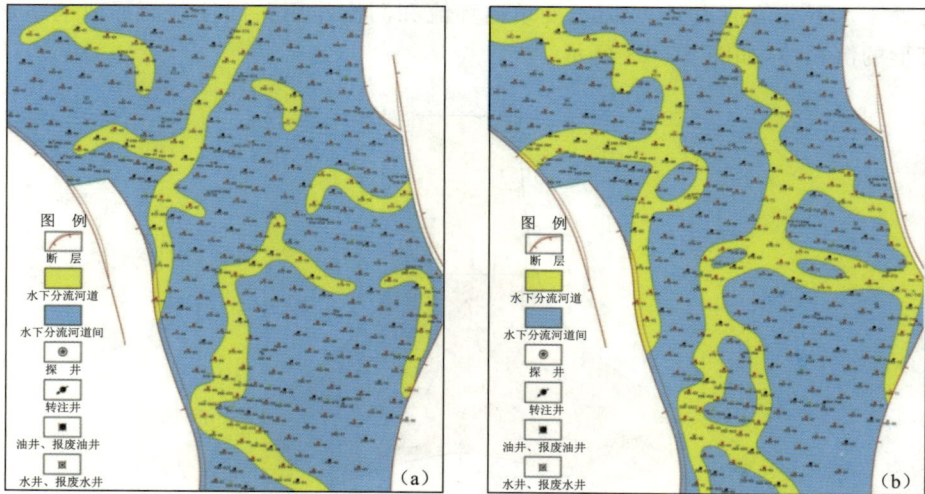

图 4-1-24 重新编绘前(a)和编绘后(b)的沉积单元砂体相带图对比

2) 剩余油富集的依据

A. 岔道口处油井累积水油比偏低现象

累积水油比指自油井投产以来累积产水量与累积产油量的比值。它反映了水驱油田开采中采出原油需要伴随采出的水量,是衡量和评价油井生产状况以及定性评价剩余资源量的有效参数。我国水驱砂岩油田结束水驱开发时的累积水油比为 3.5～9.4。累积水油比越小,说明剩余油潜力相对越大。对具体油井而言,在所控制的砂体特征相似的情况下,该值越小说明该井控制的剩余油富集程度相对越高。

在完成基础井网并投产后,葡萄花油田经历了一次加密和非均匀二次加密过程。据新的实时动态资料,以一次加密井为例,统计各油井累积水油比、累积产油量和含水率后,将各井生产统计参数与砂体沉积微相图叠加,发现水下分流河道岔道口处的油井累积水油比一般比非岔道口处的油井低(图 4-1-25)。这些处于水下分流河道岔道口部位的油井大部分生产状况较好,与全区同时期所钻井平均水平相比,日产油量高 0.2~1.1 t,含水率低 1%~3%。

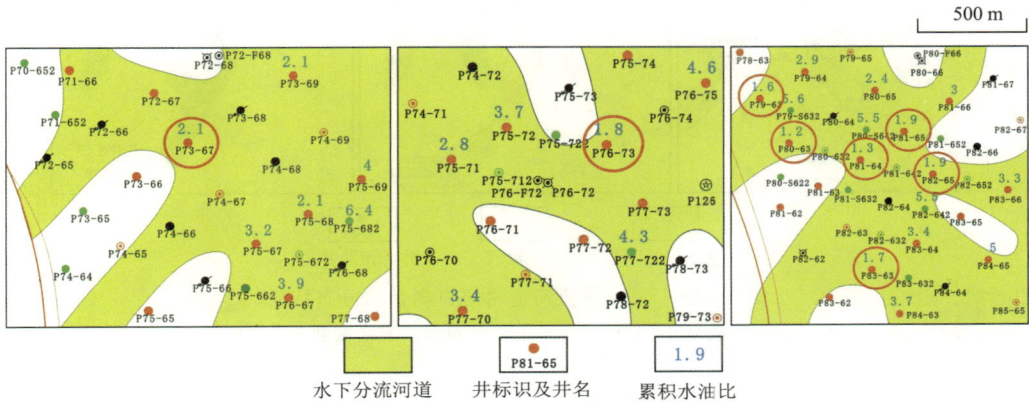

图 4-1-25　水下分流河道岔道口处油井累积水油比分布特征

**B. 数值模拟结果显示岔道口剩余油富集现象**

针对葡Ⅰ油组这类多层窄薄砂岩油藏,加强隔夹层的纵向解释和平面展布研究,开展超大网格节点的精细地质建模工作。平面网格步长为 20 m×20 m;垂向网格平均步长为 0.66 m,垂向网格数为 51。在建立油藏地质和数值模拟的模型接口时,将小层间泥岩段的纵向多个网格粗化为一个,而对砂岩段降低粗化程度,使粗化后的模型仍然保留对砂岩物性和夹层分布的精细描述。基于此,粗化模型所获得的数值模拟结果有效地提高了砂体纵、横向剩余油分布特征的描述精度(图 4-1-26)。

根据统计的葡北地区不同构造部位的 4 个区的数值模拟结果,葡Ⅰ油组各沉积单元的岔道口总数为 53 个。其中,剩余油富集的岔道口为 16 个,占总数的 30.2%,其剩余油饱和度平均为 45.2%,砂体厚度平均为 2.5 m;剩余油不富集的岔道口的剩余油饱和度平均为 37.4%,砂体平均厚度为 1.39 m。结果显示,虽不是所有的水下分流河道岔道口都存在剩余油富集,但无疑说明了这种新型的剩余油富集部位在类似大庆长垣的大型湖泊三角洲储层中较普遍存在的事实。

**C. 针对水下分流河道岔道口的挖潜措施实施效果良好**

以水下分流河道岔道口剩余油研究成果为依据,现场已实施 3 口井的补孔工作,并新加密钻井 2 口。从所取得的挖潜效果看,补孔井日增油 1~8 t,平均为 4.67 t,含水率下降 0.4%~14.2%,平均下降 8.1%,措施有效率达 100%;新井日产油 4 t,含水率平均为 87%,显示了良好的挖潜效果,经济效益明显。

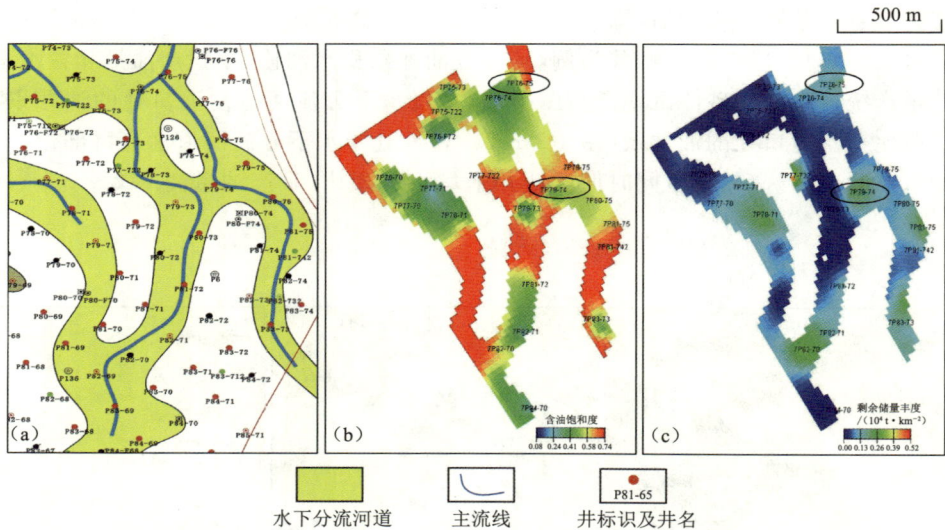

图 4-1-26　水下分流河道岔道口剩余油分布特征

(a) 沉积微相展布；(b) 含油饱和度分布；(c) 剩余储量丰度分布

### 3) 岔道口处剩余油量定量评价

受油藏非均质和开发非均质的共同影响，高含水期湖泊三角洲油藏内的剩余油分布异常复杂。对葡萄花油田葡Ⅰ油组而言，采用油层动用状况综合判断和数值模拟相结合的方法分析剩余油的分布特征。本次研究时葡北地区总剩余储量为 $4\,007.45 \times 10^4$ t，占动用地质储量的 35.79%，其中水下分流河道岔道口类型的剩余油所占比例达 6.3%，是不容忽视的剩余油挖潜对象。

### 4) 岔道口剩余油富集机制讨论

A. 分流河道岔道口剩余油富集的地质条件

剩余油富集的最基础要素之一是储层。水下分流河道岔道口部位储层特征的特殊性体现在何处？为此对葡萄花油田各沉积单元剩余油富集岔道口部位的地质条件开展综合研究和统计分析。结果表明，其地质特殊性主要体现在 4 个方面，即砂体厚度相对较大、夹层较发育、沉积结构及组合类型复杂、水下分流河道岔道口与水下分流主河道的主体部位直接连通。

从沉积构造的组合特征看，水下分流主河道的平行层理或粒序层理较发育，而岔道口部位的沉积构造组合明显变得复杂，平行层理数量明显变少，而板状、槽状和波状等交错层理的数量明显增多，并夹一定量的水平层理。沉积构造的组合差异显示河道分岔部位沉积水动力特征的复杂性，这与岔道口所处部位的特殊性有关。从河流动力学和弯道水力学原理出发，在岔道口的 A 和 B 位置受单向环流和洄流两种水动力的综合作用，而 C 位置则有两股单向环流在此交锋（图 4-1-23）。当河道上游来水进入分岔河段时，受 C 位置的阻力作用，水流态势重新调整。水下分流主泓线将发生较大转折，水流将逐渐被压缩在一狭窄的通道（A 和 B 位置）内，大量粗粒沉积物被限制在这一区域而沉积下来。洄流作用的存在,一方面使 A 和 B 位置堆积一定量砂质沉积物,另一方面也能使泥质更容易沉积,从而形成众多具随机分布特点的横向不稳定夹层。水下分流河道部位则主要受单向环流作用的影响,水动力作用相对简单、稳定,泥质相对不容易沉积,因而夹层发育程度较差。岔道口 C 位置受河道上游来水的冲蚀作用强烈,且存在两股单向环流交锋的动力作用,容易形成冲坑,提供良好的砂质和泥质沉积物沉积场所,所以泥质夹层发育程度较高的砂岩层较发育。

由于水下分流河道没于水下而难以直接观察,以上关于岔道口处的沉积动力学作用分析是根据目前所观察到的岩芯特征和所掌握的砂体展布特点而做出的一种判断。虽然陆上沉积与水下沉积从沉积动力学的角度看存在一定差异,但从沉积部位和分流机制看则存在较大的相似性,因此二者的沉积特征和沉积动力具有较好的可比性。

在可以观察到的现代陆上沉积当中,是否也可以见到岔道口部位的砂体富集现象呢?张春生(2001)曾对湖北松滋三角滩的分布及演变机理开展了较详细的研究,其所提及的三角滩类似岔道口 C 位置的砂体聚集,认为三角滩的形成方式分为燕尾式加积和先主流后分流自平衡调整式加积两种(图 4-1-27),洪水在其形成和发育过程中起决定性作用。

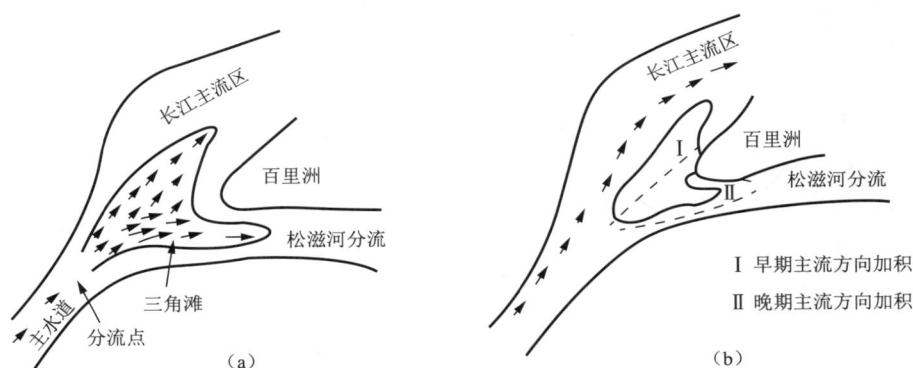

图 4-1-27　燕尾式加积模式(a)和自平衡调整式加积模式(b)(张春生,2001)

从相关卫星照片上也还可以发现众多在类似水下分流河道岔道口 A,B 和 C 位置砂体较发育的特征,如安徽池州的长江河段(图 4-1-28)。这些陆上沉积例证提供了鲜活的实例,是通过比较沉积学原理研究水下沉积,尤其是古代水下沉积的良好突破口。

B. 影响剩余油富集的其他主要因素

从静态和动态的角度看,影响水下分流河道岔道口剩余油富集的其他主要因素包括夹层和注采模式两个方面,前者通过影响后者的开发效果而形成剩余油聚集。

夹层既是评价储层非均质性的重要内容,也是影响水驱油田开发效果的关键因素之一。鉴于这种特殊的重要性,前人从夹层识别方法以及对不同类型油藏的剩余油控制和影响作用方面开展了大量研究工作。夹层对水驱效率既有正面的作用也有负面的影响。一方面,夹层能降低注入水重力作用对水驱过程的影响,有效提高水驱波及效率;另一方面,夹层的遮挡作用能降低纵向波及系数而严重影响水驱效果,导致剩余油形成。分流河道岔道口部位剩余油富集正是在随机型分布的夹层降低水驱效率的背景下形成的。

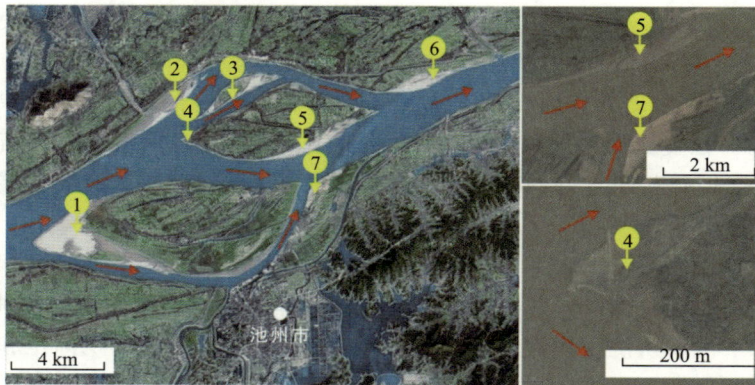

图 4-1-28　现代长江岔道口位置的砂体发育特征

从井网与岔道口砂体的配置关系出发,建立水下分流河道岔道口的 4 种注采模式,即单采双注型、单注双采型、顶采分注型和顶注分采型(图 4-1-29)。对葡北地区 4 个数值模拟区的岔道口砂体发育特征、剩余油分布情况和不同注采模式的相关关系分析(表 4-1-6)表明,最有利于导致剩余油富集的注采模式为单注双采型。这类模式的岔道口剩余油富集的比例达 40.9%,而顶注分采型岔道口剩余油不容易富集。

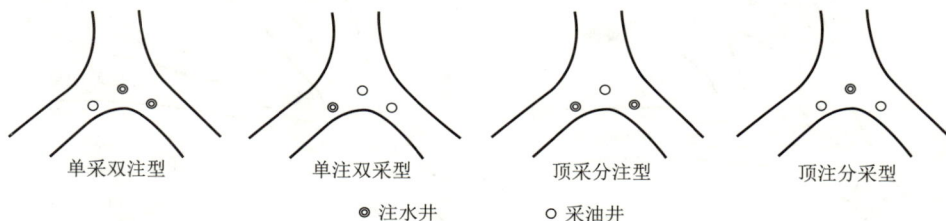

单采双注型　　单注双采型　　顶采分注型　　顶注分采型

● 注水井　　○ 采油井

图 4-1-29　岔道口注采模式图

表 4-1-6　岔道口注采模式与剩余油分布特征统计表

| 注采模式 | 岔道口总数/个 | 岔道口富集 | | | | 岔道口不富集 | | | |
|---|---|---|---|---|---|---|---|---|---|
| | | 岔道口数/个 | 所占比例/% | 砂体厚度/m | 剩余油饱和度/% | 岔道口数/个 | 所占比例/% | 砂体厚度/m | 剩余油饱和度/% |
| 单采双注型 | 8 | 3 | 37.5 | 3.12 | 41.6 | 5 | 62.5 | 1.11 | 36.7 |
| 单注双采型 | 22 | 9 | 40.9 | 2.46 | 45.5 | 13 | 59.1 | 1.73 | 37.1 |
| 顶采分注型 | 11 | 4 | 36.4 | 1.7 | 48.3 | 7 | 63.6 | 1.33 | 39.5 |
| 顶注分采型 | 12 | 0 | 0 | 2.7 | 45.3 | 12 | 100 | 1.37 | 36.4 |

### 4.1.5.2　剩余油潜力及挖潜对策

#### 4.1.5.2.1　剩余油分类及潜力

在研究中,剩余油分类评价主要采用油层动用状况综合判断并结合数值模拟方法。

具体做法为:首先,对油藏储层进行精细地质解剖,平面上细分沉积微相,纵向上细分单砂层,精细刻画出单一砂体的几何形态,以及油层之间的接触部位、连通关系;其次,将地质研究与井网、射孔情况紧密结合起来,充分利用新老井各种监测资料对单井各层的动用状况进行分析,并综合分析判断每个井点、每个层的水淹状况;最后,通过从纵向到平面、从静态到动态、从历史到目前的综合分析,并结合数值模拟结果分析单井、单层的动用状况。

利用上述方法对葡北地区剩余油进行精细解剖,该区未动用及动用差的剩余油储量为 $4\,007.45\times10^4$ t,占动用地质储量的 35.79%。按剩余油平面分布特征并结合其成因进行分类,可分为注采不完善型、受层间和平面矛盾影响的差油层型、受韵律影响的厚油层型、河道砂岔道口型以及断层边部型 5 种类型。其中,前 3 种类型的剩余油所占比例较大,是剩余油挖潜的重点。由于岔道口处砂体厚度较大且夹层较发育,所以这一区域的剩余油挖潜也理应值得重点关注。

### 4.1.5.2.2　水平井挖潜对策及潜力分析

水平井具有泄油面积大、能将底水锥进改变为脊进、油井产量高且含水上升慢和改善开发效果等多种优势,利用接近关井极限的井、停产报废井等实施老井开窗侧钻水平井能有效对正韵律厚油层顶部剩余油开展挖潜。同时,侧钻水平井技术还可以用来挖掘断层边部剩余油富集区以及河道砂岔道口处剩余油富集区的剩余油。

1) 侧钻水平井影响因素分析

侧钻水平井靶区优选是在剩余油富集区优选的基础上进行的,综合考虑油层厚度、夹层、断层、井网对侧钻水平井的影响。侧钻水平井靶区立足于厚度在 2 m 以上、正韵律沉积的水下分流主河道相带的厚油层;断层边部剩余油富集区也是侧钻水平井的有利部位。夹层的类型和分布范围是侧钻水平井挖潜中所要考虑的一个重要因素,注采井组内分布稳定的夹层将厚油层细分成若干个流动单元,易形成多段水淹。若夹层分布不稳定,则注入水受重力作用而发生下窜。不稳定夹层越多,其间油水运动和分布就越复杂。断层对油水运动起到一定的遮挡作用,断层附近易导致油井单向受效而形成剩余油富集。

2) 水平井靶区优选

在侧钻水平井影响因素分析的基础上,优选 6 个水平井靶区。6 口侧钻井都是套变油井,高含水,主力层属正韵律沉积的水下分流主河道,油层厚度大于 2 m,其中 3 口有夹层,3 口无夹层(表 4-1-7)。

3) 精细地质建模及水平井参数优化

在精细厚油层储层描述的基础上,利用相控建模和隔夹层表征技术建立水平井靶区三维地质模型(图 4-1-30)。通过地层对比和隔夹层识别,以平面隔层、夹层的分布规律为约束,建立准确描述隔层、夹层分布的三维构造模型;考虑水平井目的层位砂体的韵律变化,纵向上通过合理的网格细分(网格厚度为 0.19m)实现储层内部非均质性的精细描述。充分利用沉积微相等各种地质约束条件,通过对多个随机模拟的实现进行不确定分析,优选更符合地质规律的模型,降低模型的不确定性。

表 4-1-7    葡北地区侧钻水平井潜力区情况表

| 井　号 | 侧钻沉积单元 | 砂岩厚度/m | 有效厚度/m | 夹层厚度/m | 微相类型 | 韵律特征 | 曲线形态（其中深度单位为 m） |
|---|---|---|---|---|---|---|---|
| P86-88 | 062 | 4.4 | 3.7 | 0.3 | 水下分流主河道 | 正韵律 | |
| P84-86 | 062 | 3.5 | 3 | 0.4 | 水下分流主河道 | 正韵律 | |
| P66-84 | 023 | 2.8 | 2.8 | 无夹层 | 水下分流主河道 | 正韵律 | |
| P79-53 | 031 | 3.5 | 3.2 | 0.3 | 水下分流主河道 | 正韵律 | |
| P87-51 | 090 | 2.1 | 1.7 | 无夹层 | 水下分流主河道 | 正韵律 | |
| P81-75 | 092 | 2.1 | 2.1 | 无夹层 | 水下分流主河道 | 正韵律 | |

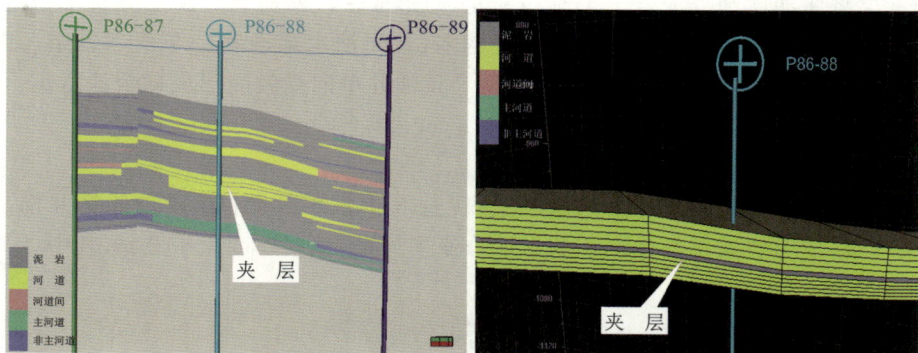

图 4-1-30    P86-88 井隔夹层表征与侧钻层段网格细分

　　根据数值模拟结果分析,6 口水平井平均单井初期日产油可达 8.66 t,平均单井累积产油达 $1.57 \times 10^4$ t。除 P87-51 井外的 5 口井均较可行,其中侧钻水平井可以挖潜水下分流河道岔道口处剩余油 1 口、挖潜断层边部剩余油 1 口、挖潜厚油层顶部剩余油 3 口(表 4-1-8)。

表 4-1-8 侧钻水平井生产指标分析表

| 井 号 | 日产油/t | 含水率/% | 年产油/t | 累产油/10⁴ t | 挖潜剩余油类型 |
|---|---|---|---|---|---|
| P86-88 | 12.60 | 86.94 | 1 790.75 | 1.08 | 水下分流河道岔道口 |
| P84-86 | 12.60 | 83.0 | 4 977.00 | 2.55 | 断层边部 |
| P66-84 | 6.72 | 85.1 | 1 665.49 | 1.51 | 厚油层顶部 |
| P79-53 | 8.38 | 85.21 | 961.28 | 1.30 | 厚油层顶部 |
| P81-75 | 7.56 | 87.86 | 2 638.44 | 2.60 | 厚油层顶部 |
| P87-51 | 4.10 | 88.67 | 589.12 | 0.3 | 厚油层顶部 |
| 平 均 | 8.66 | 86.13 | 2 103.68 | 1.5 | |

水平井挖潜剩余油可行性分析结果表明水平井挖潜剩余油理论上是可行的,下一步可根据实际情况,优选试验井实施。此外,利用阶梯状侧钻水平井进行多个剩余油富集区的挖潜也是葡萄花窄薄砂岩油藏剩余油挖潜的后续主攻方向。

研究中,根据葡萄花油田套损井及长关井分析,预计可实施侧钻水平井 38 口,平均单井累积产油按 $1.0 \times 10^4$ t 计算,预计可增加可采储量 $38.0 \times 10^4$ t。

### 4.1.5.2.3 直井主要挖潜对策

注采不完善型、差油层类型剩余油在平面上普遍存在,合计占总剩余储量的 68.68%,是挖潜的重要目标类型。主要通过井网加密、注采系统调整及补孔等完善井网措施来提高动用程度。

#### 1) 井网加密调整

针对可调厚度大于 2.0 m 并相对完整的井区,采取井网加密调整措施,完善注采井网,挖掘剩余油潜力。经分析,葡北地区开发井可调厚度大于 2.0 m 的控制剩余储量为 $4 933.83 \times 10^4$ t,占全区地质储量的 44.87%。从分断块开发调整潜力情况看,葡北地区 1～4 断块具备整体加密条件(表 4-1-9)。

表 4-1-9 葡北地区各断块井网加密开发潜力表

| 断 块 | 地质储量 /(10⁴ t) | 统计井数 /口 | 可调厚度>2.5 m | | | | 可调厚度>2.0 m | | | |
|---|---|---|---|---|---|---|---|---|---|---|
| | | | 井数 /口 | 地质储量 /(10⁴ t) | 储量比例 /% | 可采储量 /(10⁴ t) | 井数 /口 | 地质储量 /(10⁴ t) | 储量比例 /% | 可采储量 /(10⁴ t) |
| 1 | 1 239 | 187 | 49 | 375.98 | 30.35 | 18.80 | 49 | 375.98 | 30.35 | 18.80 |
| 2 | 2 770 | 449 | 147 | 1 136.74 | 41.04 | 56.84 | 198 | 1 453.26 | 52.46 | 72.66 |
| 3 | 4 113 | 577 | 169 | 1 451.47 | 35.29 | 72.57 | 230 | 1 911.88 | 46.48 | 95.59 |
| 4 | 832 | 117 | 31 | 260.47 | 31.31 | 13.02 | 44 | 368.28 | 44.26 | 18.41 |
| 5 | 603 | 94 | 23 | 202.12 | 33.52 | 10.11 | 35 | 283.42 | 47.00 | 14.17 |
| 6 | 691 | 84 | 21 | 215.10 | 31.13 | 10.76 | 34 | 349.34 | 50.56 | 17.47 |

| 断　块 | 地质储量/(10⁴ t) | 统计井数/口 | 可调厚度>2.5 m | | | | 可调厚度>2.0 m | | | |
|---|---|---|---|---|---|---|---|---|---|---|
| | | | 井数/口 | 地质储量/(10⁴ t) | 储量比例/% | 可采储量/(10⁴ t) | 井数/口 | 地质储量/(10⁴ t) | 储量比例/% | 可采储量/(10⁴ t) |
| 7 | 747 | 117 | 26 | 169.02 | 22.63 | 8.45 | 31 | 191.67 | 25.66 | 9.58 |
| 合计 | 10 995 | 1 625 | 466 | 3 810.90 | 34.67 | 190.55 | 621 | 4 933.83 | 44.87 | 246.68 |

根据葡北地区 1 断块地质建模及油藏数值模拟结果,针对葡北地区 1 断块井网情况,设计 3 种加密方法(图 4-1-31),并结合注采系统调整,提出 9 种井网加密和注采系统调整方式,利用数值模拟方法进行评价优选。

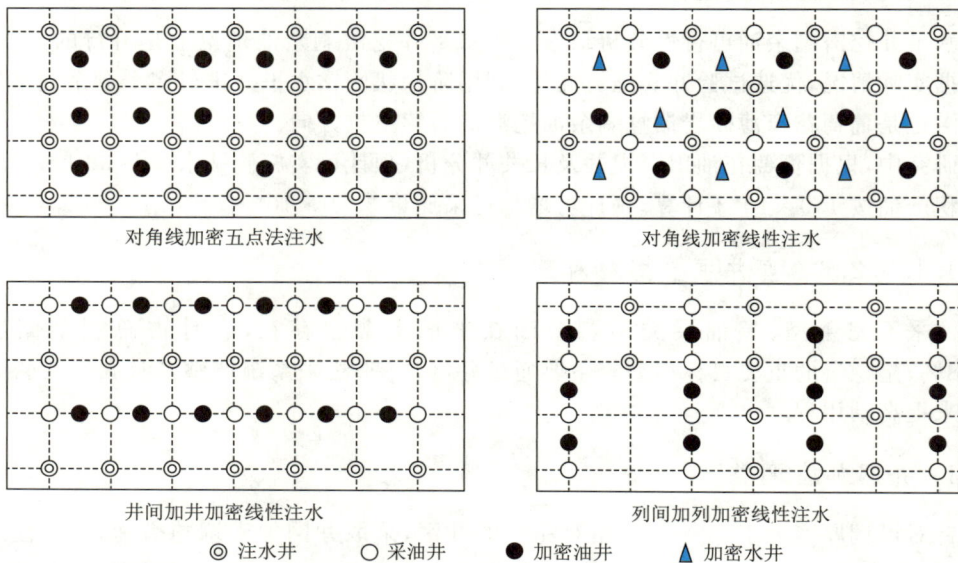

对角线加密五点法注水　　　　对角线加密线性注水

井间加井加密线性注水　　　　列间加列加密线性注水

◎ 注水井　　○ 采油井　　● 加密油井　　▲ 加密水井

图 4-1-31　不同加密方式示意图

综合分析认为,葡北地区合理的井网加密调整方式应为对角线加密,该调整方式对油层的控制程度较高、加密井点较均匀,便于后期进一步水驱调整。葡北地区 1 断块采用对角线加密方式,先按反九点方式开发,然后随含水率的变化,根据单砂体完善注采关系和整体注采协调的要求逐步转注部分新、老开发井,以适应不同含水开发阶段采油、注水井数比的需要,提高井网的适应性。新方案最终采收率比原方案提高 7.72%。

按照优选的加密方式,在葡北地区 1 断块开展加密调整试验方案设计,并依据预测的开发动态指标对方案进行经济评价。结果表明,加密开发井就能够达到经济效益界限要求。

综上所述,葡北地区可调厚度大于 2.0 m 的控制面积内,按照对角线加密,预计可钻加密井 621 口。按控制储量预测,采收率提高 5%计算,预计可增加可采储量 246.68×10⁴ t。

### 2) 注采系统调整

针对可调厚度小于 2.0 m 及不具备加密调整潜力的井区,立足现井网,以注采系统调整为主要手段完善注采井网。

在精细地质研究的基础上,通过动、静结合分析,针对注采关系不完善砂体,特别是在构造落实、剩余油较富集的死油区,采取相应的措施完善注采关系。以单砂体为调整单元完善注采关系,结合"两低一关"井利用,采取"两分一优"的注采系统调整方法优化转注方案。

根据葡北地区 3 断块与葡北地区 1 断块剩余油分析,认为葡北地区在加密调整井区之外可开展注采系统调整的储量占总储量的 20% 左右。如果完全开展调整,提高采收率按 1.5% 计算,预计可增加可采储量 32.98×10⁴ t。

### 3)补钻点状井

针对可调厚度大于 2.0 m 的且不具备整体加密潜力的井区,仅通过注采关系调整实施挖潜难度较大,需采取补钻点状井的办法完善注采井网。以单成因砂体研究为基础,针对位于水下分流主河道岔道口及注采不完善区,实施补钻点状采油、注水井措施。

针对葡北地区 3 断块,实施点状井 7 口,其中点状采油井 3 口、点状注水井 4 口。3 口点状采油井中,位于水下分流河道岔道口的井 2 口、位于注采不完善区的井 1 口,平均单井射开砂岩厚度为 8.2 m,有效厚度为 4.3 m,投产后平均单井日产液 19.0 t,日产油 3.7 t,综合含水率为 80.7%。4 口点状注水井中,位于水下分流河道岔道口的井 1 口、位于注采不完善区的井 3 口,平均单井钻遇层数 6.8 个,砂岩厚度为 9.7 m,有效厚度为 6.7 m,总体新增水驱砂岩厚度为 12.5 m,有效厚度为 10.1 m,新增水驱方向厚度为 24.1 m,有效厚度为 15.6 m。投注后,平均注水压力为 7.8 MPa,日配注 53 m³,日实注 56 m³,有 9 口油井见到注水效果,平均单井日增液 6 t,日增油 1.0 t,综合含水率稳定在 85%,取得了较好效果。

经分析,预计葡北地区可实施钻点状采油井 27 口、点状注水井 19 口。按单井增加可采储量 0.35×10⁴ t 计算,预计可增加可采储量 16.1×10⁴ t。

### 4)采油、注水井补孔

针对现井网中未射潜力类型剩余油,采取采油、注水井补孔措施挖潜。在精细地质研究的基础上,摸清薄差油层,特别是条带状发育或零散分布的羊砂体的注采完善程度,通过补孔挖潜措施完善注采关系提高采油、注水井对应率,挖掘剩余油潜力,提高低效井产能。

可以采取补孔措施的主要有以下几种类型:一是针对平面断块边角部位、构造高点、河道边部等水驱作用差的剩余油富集区补开潜力油层,通过完善注采关系及改变液流方向,挖掘剩余油潜力;二是由于受断层遮挡的影响在断层附近大量富集剩余油的井,这类井有部分潜力层未射孔,可以作为补孔挖潜的主要对象;三是河道砂体岔道口部位未射潜力可补孔挖潜;四是厚油层内选择性补孔。这类剩余油采用通常方法识别和挖潜难度很大,调整挖潜的对象主要是原井网采油、注水井不发育或发育差而加密井发育的结构单元。

对葡北地区 3 断块 10 口油井补孔后均取得了较好的挖潜效果,其中断块边角部位 4 口、断层附近 2 口、岔道口处 3 口、厚油层内选择性补 1 口。平均单井补射砂岩厚度为

3.9 m,有效厚度为 3.2 m,补孔前后对比表明,平均单井日增液 8.1 t,日增油 1.8 t,综合含水率下降 4.9%

综合分析表明,葡北地区共有 41 口井具补孔潜力,共 69 个小层,其中水下分流河道岔道口井 10 口、断层边部井 9 口、河道边部变差井 22 口,预计可增加可采储量 8.3×10⁴ t。

### 5)四类井治理

四类井指高含水井、长关井、低效井和报废井。对因四类井导致的储量失控区的剩余油,分别采取开井、更新、侧斜、转注等治理措施来完善注采井网,挖掘剩余油潜力。

对四类井成因进行分析和分类,认为在目前技术条件下可治理和利用的四类井主要有:一是随着油田含水上升,部分中高含水油井已具备再利用条件,可通过与其他增产措施配合,如封堵后重射、压堵结合等措施,开井后效果较好;二是随着井网的调整和注采关系的完善,部分低关井具备开井潜力,部分堵水后低效井可通过拔堵后开井;三是随着井网的进一步调整,部分长关井可转注,报废采油、注水井可更新,进一步完善局部注采关系。

通过对葡北地区四类井进行整体分析,可以实施长关井开井 11 口、套损井更新 4 口、侧斜 6 口、高含水关井转注 12 口。

### 6)深度调剖

对各沉积单元层内、层间和平面差异大、未动层潜力明显、主力厚油层水洗程度高的井区,由于分布零散而无法开展聚驱,应加大深度调剖措施的实施力度。

深度调剖主要通过注水井注入候凝堵剂封堵窜流通道等高渗透层,提高水驱波及体积,从而挖潜厚层层内剩余油及由于平面非均质性影响产生的剩余油,同时也可挖潜水淹区分散相的剩余油。

深度调剖重点采用的调剖方式有 3 种:一是针对层内绕流问题,加强调剖技术的针对性,采取采油、注水井双向调剖技术;二是针对单井调剖措施效果不明显的问题,加大调剖的规模,重点选择成片的高含水主力油层,采取整体调剖措施;三是针对调剖技术有效期短的问题,利用活动撬装设备发展灵活机动的周期调剖技术。

对葡北地区已实施的调剖水井 6 口,共 9 个注水层段措施前后对比结果表明,平均注水压力上升 1.1 MPa,平均单井日注水减少 7 m³。周围有 17 口油井见到调整效果,平均单井日增液 1.3 t,日增油 0.8 t,综合含水率下降 2.4%。调剖井周围油井平均单井当年累积增油 350 t。调剖前后油层吸水状况得到明显改善,如 P74-67 井,吸水剖面显示总吸水厚度比例由调前的 44.7% 上升到调后的 55.3%,吸水厚度比例提高了 10.6%。

按照葡北地区允许最高注水压力 3 MPa、注水井单层厚度大于 2 m、连通油井厚度大于 1 m 统计调剖潜力,葡北地区适合深度调剖的井组 31 个,控制地质储量为 1 164×10⁴ t。如提高采收率按 1.5% 计算,预计可增加可采储量 17.46×10⁴ t。

# 4.2　复杂断块油藏精细描述及剩余油研究实例

## 4.2.1　复杂断块油藏特点

复杂断块油藏地质储量和产量在我国陆上油气资源中占有相当重要的地位。这类油藏具有以下特点：

（1）断层小，断块多，增加了油藏的复杂程度，是影响复杂断块区剩余油分布的重要因素。

（2）受断层和储层内部结构的双重影响，储层非均质性强，开发过程中容易形成窜流通道，是断块内油藏非均质性的重要因素。

（3）经过多年开采，大部分区块已进入特高含水中后期，地下油水关系异常复杂，措施效果变差，井况恶化，开发经济效益下降，开采难度越来越大。

这类油藏精细描述需要重点解决断块复杂程度以及储层非均质性的精细描述和评价问题。通过油藏地质建模与数值模拟一体化研究，探索剩余油分布规律，从而为改善这类油藏的开发效果、增产稳产提供地质依据。

高尚堡油田是复杂断块油田的典型代表，本节以高尚堡南部浅层断块油藏为例，介绍复杂断块油藏的精细描述方法及剩余油分布规律。高尚堡油田构造位置位于渤海湾盆地黄骅坳陷北部南堡凹陷的高尚堡构造带，其南部浅层油藏（简称高浅南区）主要开发层位为明化镇组Ⅱ油组、Ⅲ油组和馆陶组。油藏为层状断块疏松砂岩油藏，断块小，平均 0.47 km²，平面上分为高 29 断块区、高 59-35 断块区及高 63-10 断块区。馆陶组以辫状河沉积为主，明化镇组以曲流河沉积为主。储层砂岩厚度大，平均为 8 m 左右，孔隙度平均为 29.7%，渗透率平均为 2 328×10⁻³ μm²。油田有较为充足的天然能量，主要依靠天然能量开采。

研究区 2008 年开始点状注水，目前综合含水率高达 96% 以上，已进入特高含水开发中后期，剩余油分布更加分散，而采出程度为 20% 左右，采收率在 20% 左右，剩余油潜力大。由于复杂的地质条件及在开采过程中实施单层开采方式，剩余油多存在于受层内隔夹层控制部位、井网未控制住的小砂体、断层及砂体边部等部位，开采的主要矛盾变为不同断块区层内乃至砂体内部结构之间的矛盾。

## 4.2.2　层序构型与储层构型的关系

### 4.2.2.1　层序构型特征

#### 4.2.2.1.1　基准面旋回界面特征

基准面旋回界面主要分为基准面由下降旋回至上升旋回的转换面和基准面由上升旋回至下降旋回的转换面两类转换界面。识别基准面旋回转换面的主要依据是地层记录中地层、沉积特征等的时空变化和界面特征。

研究区基准面旋回界面主要有冲刷面、洪泛面、岩相转换面和侵蚀面 4 种。冲刷面又可进一步细分为小规模冲刷面、冲刷面（后文中的冲刷面专指此类冲刷面）和大规模冲刷面。洪泛面主要发育在杂色、灰色等厚度较大的泥岩段中，基准面相对较高，可容空间较大。冲刷面代表了一种强烈的冲刷作用，属于规模较小的侵蚀面，其上一般沉积有大量的泥砾，构成具有一定厚度的泥砾层，在岩芯上较容易识别，表现为上部砂岩与下部泥岩的突变接触，在测井曲线上表现为自然电位曲线的负异常段与泥岩基线台阶突变。岩相转换面上下属连续沉积，并不存在短时的沉积间断，一般发育在可容空间大、基准较高时期，上下两种岩相间呈渐变接触。侵蚀面在研究区内专指玄武岩与砂泥岩之间的接触界面，发育在馆陶组下部（图 4-2-1）。

馆陶组和明化镇组下段沉积时期，基准面旋回界面存在早晚期以冲刷面为主、期间洪泛面和岩相转换面增多的特征，反映出早晚期基准面低、可容空间小，期间基准面高、可容空间大的特征。

#### 4.2.2.1.2　基准面旋回特征

##### 1）中期基准面旋回类型及特征

依据短期基准面旋回的叠加样式、相序以及界面特征的差异，将高浅南区目的层段划分为 8 个中期旋回。MSC1 和 MSC6 为以上升半旋回为主的不完全对称型，MSC2、MSC3 和 MSC8 为向上变深的非对称型，MSC4、MSC5 和 MSC7 为完全对称型（图 4-2-1）。馆陶组发育 4 个半旋回，以向上变深的非对称型为主。明化镇组下段以对称型为主，在后期出现向上变深的非对称型。

##### 2）短期基准面旋回类型及特征

研究区发育 19 个短期旋回，可以划分出向上变深的非对称型，以及完全对称型和以上升半旋回为主的不完全对称型两种对称型（图 4-2-1）。向上变深的非对称型短期基准面旋回主要发育在 NmⅡ油组上部和馆陶组，对称型短期基准面旋回主要发育在 NgⅠ油组、NmⅢ油组和 NmⅡ油组下部。

##### 3）超短期基准面旋回类型及特征

超短期旋回的识别主要是识别泥岩的类型。研究区超短期基准面旋回泥岩和自旋回泥岩主要有 3 点区别（图 4-2-2）：一是基准面旋回泥岩厚度大，基本都在 2 m 以上，而自旋回泥岩厚度薄，一般不超过 1 m；二是基准面旋回泥岩中可见到植物根、生物钻孔等暴露标志，而自旋回泥岩中有时会见到一些碳屑，但少见生物钻孔等暴露标志；三是基准面旋回泥岩为泛滥盆地或堤岸泥岩，横向稳定性强，分布范围广，而自旋回泥岩在高浅南区主要是夹持在单砂体内的侧积层或落淤层，横向稳定性差。研究区馆陶组和明化镇组下段可以识别出 37 个超短期旋回，其中馆陶组 18 个、明化镇组下段 19 个。

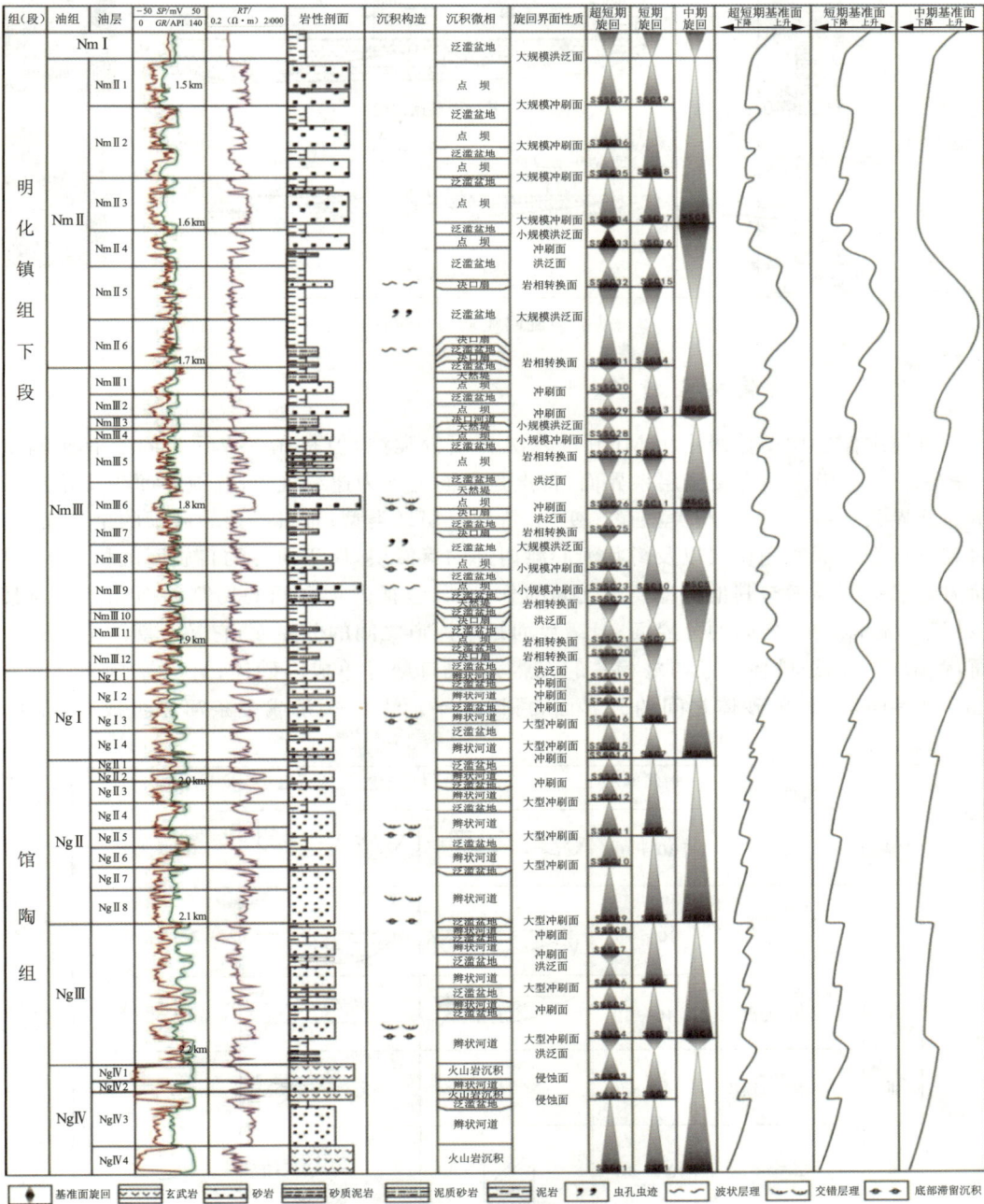

图 4-2-1  研究区高分辨率层序构型特征（G29-9 井）

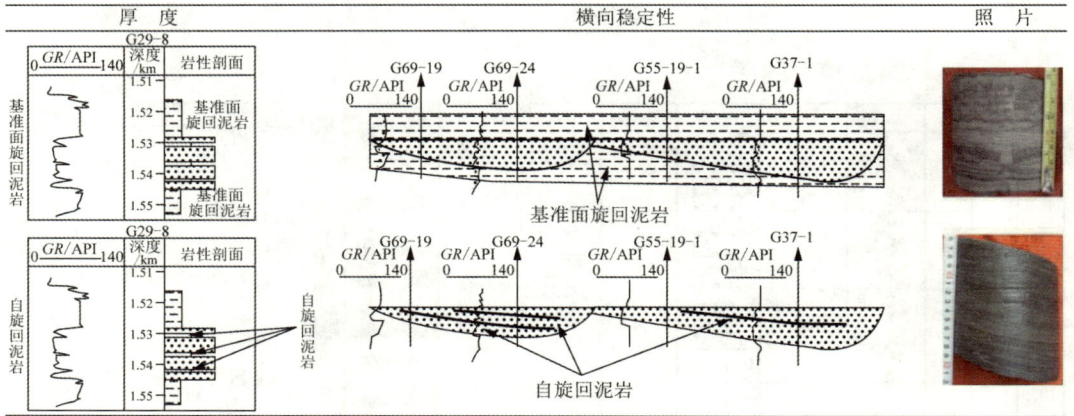

图 4-2-2 基准面旋回泥岩与自旋回泥岩对比

#### 4.2.2.2 储层构型特征

研究中储层构型分级沿用 Miall 的六级界面分类法,但是在其界面内容上有所调整(图 4-2-3):Ⅰ级界面为交错层系界面,特点是界面上下为连续沉积;Ⅱ级界面为交错层系组的分界面,界面上下岩相类型存在变化,特别是层理类型;Ⅲ级界面为砂坝的生长面,如曲流河点坝内部的侧积层以及辫状河心滩内部的落淤层,属于河道的自旋回沉积;Ⅳ级界面为砂坝构型要素与其他构型要素之间的分界面,包括砂坝之间的切割界面和砂坝与其他相带(堤岸亚相)之间的分界面;Ⅴ级界面是单河道之间的分界面,它是一期河道的死亡面,包括单一河道砂体以及与之相关的天然堤、决口扇等单成因砂体;Ⅵ级界面是复合河道的分界面,也是单砂体之间的分界面,可以在平面上由一条或多条河道组成,但是在

| 界面 | 结构单元 | 时间单元/a | 界面划分方案 | | 识别方法 |
|---|---|---|---|---|---|
| | | | 曲流河 | 辫状河 | |
| Ⅵ | 单砂体(复合河道) | $10^5 \sim 10^6$ | | | 测井曲线 |
| Ⅴ | 单一河道(河床) | $10^4 \sim 10^5$ | | | 测井曲线 |
| Ⅳ | 边滩/心滩 | $10^2 \sim 10^3$ | | | 测井曲线岩 芯 |
| Ⅲ | 侧积层/落淤层 | $10^0 \sim 10^1$ | | | 测井曲线岩 芯 |
| Ⅱ | 层系组 | $10^{-2} \sim 10^{-1}$ | | | 岩 芯 |
| Ⅰ | 层 系 | $10^{-5} \sim 10^{-3}$ | | | 岩 芯 |

图 4-2-3 高浅南各级储层构型界面模式

垂向上砂体间无稳定的隔层,平面上具有可分性但在垂向上不具有可分性。主要研究的是研究区内Ⅲ级和Ⅵ级的构型单元特征。

### 4.2.2.2.1　Ⅵ级构型单元展布样式

#### 1)Ⅵ级构型单元垂向叠加样式

Ⅵ级构型单元即俗称的单砂体,研究区单砂体的垂向叠加样式可分为相隔式、浅切式和深切式,如图4-2-4所示。相隔式是上下两期单砂体之间存在泥质等细粒沉积物,多出

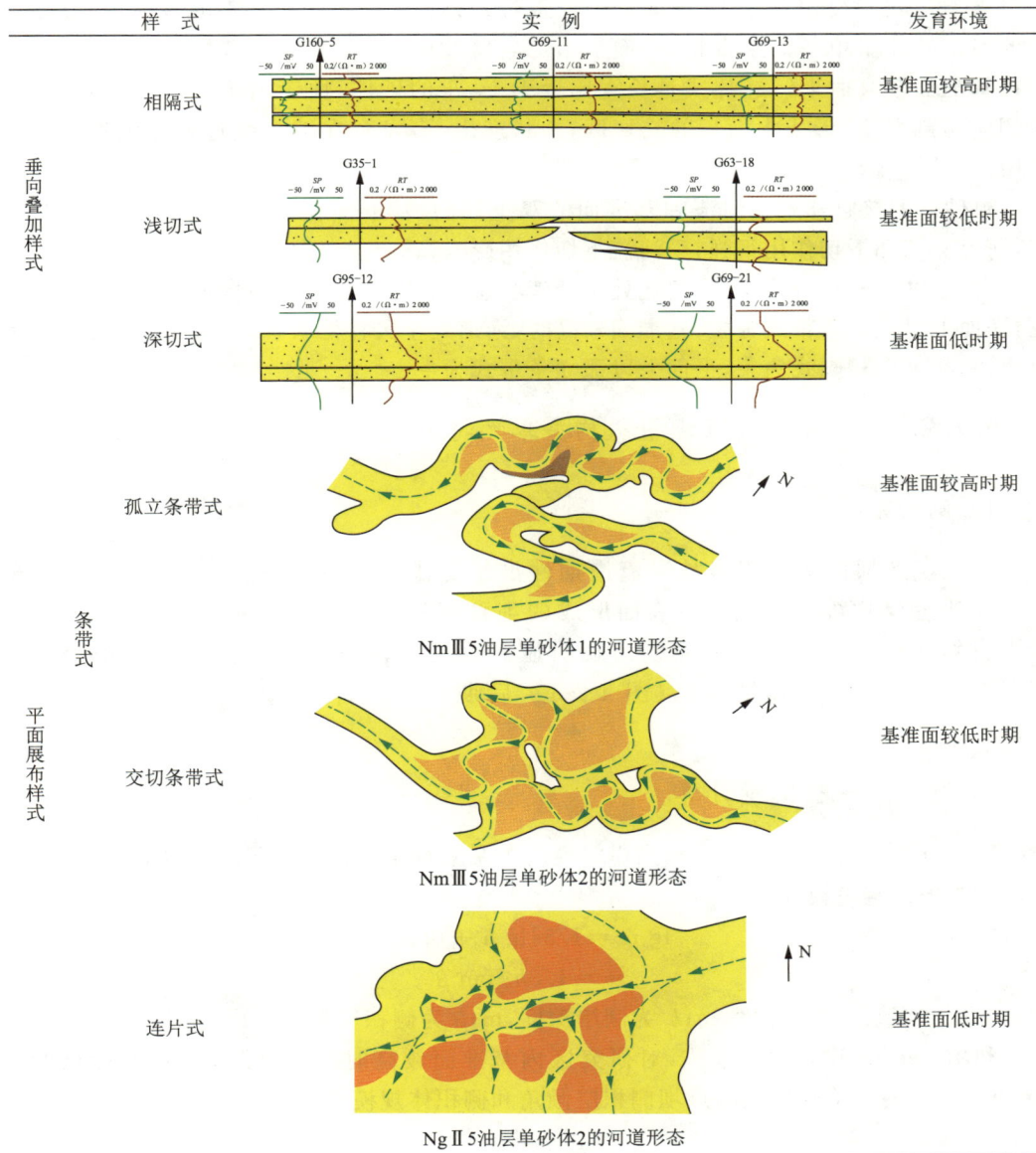

图 4-2-4　单砂体垂向叠加样式及平面展布样式

现在基准面较高、水体较深、河水控制作用不强的时期。浅切式是后期单砂体切割前期砂体，但切割深度小于后期砂体厚度的一半，主要出现在基准面较低且河水具有一定下切能力的沉积时期。深切式是后期砂体严重切割前期砂体，切割深度大于前期砂体厚度的一半，甚至大于前期砂体的厚度，多形成在基准面低、可容空间小、河水水动力条件强的沉积时期。

2）Ⅵ级构型单元平面展布样式

研究区河道砂体的平面展布样式主要发育连片式和条带式两种，其中条带式细分为孤立条带式和交切条带式（图 4-2-4）。条带式是长宽比大于 3∶1 的砂体，孤立条带式的河道砂体呈单一的条带状，平面上由泥岩区相隔，不存在较大范围的连通区，多出现在基准面较高时期。连片式是长宽比近于 1∶1 的砂体，由于河道频繁迁移，砂体之间侧向切割严重，形成大面积的交切区，片状产出，多发育在馆陶组过补偿的辫状河沉积中。

单砂体的接触样式受河流和基准面的双重控制：基准面较低时，河流处于过补偿状态，河道侧切和下切作用很强，受河流下切作用影响，垂向上以深切式为主，平面上以连片式为主；基准面较高且稳定时，河流处于补偿状态，河道切割能力有限，垂向上以浅切式为主，平面上以交切条带式为主；基准面较高时，河道处于欠补偿状态，河道几乎无侵蚀切割能力，垂向上以相隔式为主，平面上以孤立条带式为主。

### 4.2.2.2.2　曲流河点坝Ⅲ级构型单元特征

1）侧积层和侧积体的识别

曲流河点坝内部侧积体是河流周期性洪水泛滥沉积的砂体，侧积层是在洪水憩息期泥质悬浮物沉积在侧积体表面形成的细粒沉积。测井响应特征为箱形、钟形砂岩中自然伽马曲线和电阻率曲线出现明显回返现象，且回返幅度越大，一般表示侧积层厚度越大，泥质含量越高（图 4-2-5），后期可能被冲刷，此时该冲刷面就是侧积面。

2）侧积层规模定量计算

Leeder 对曲流河满岸宽度和满岸深度的关系进行了开创性的研究工作，建立了反映曲流河规模的定量模式：

$$\lg w = 1.54 \lg h + 0.83$$
$$w = 1.5h / \tan \beta$$

式中，$w$ 为河流的满岸宽度，m；$h$ 为满岸深度，m；$\beta$ 为侧积层夹角，rad。

利用 Leeder 建立的关系式，对研究区内基准面较高时的 NmⅢ5 油层和较低时的 NmⅡ3 油层的各单砂体内的点坝侧积层倾角和侧积体规模进行计算，见表 4-2-1。

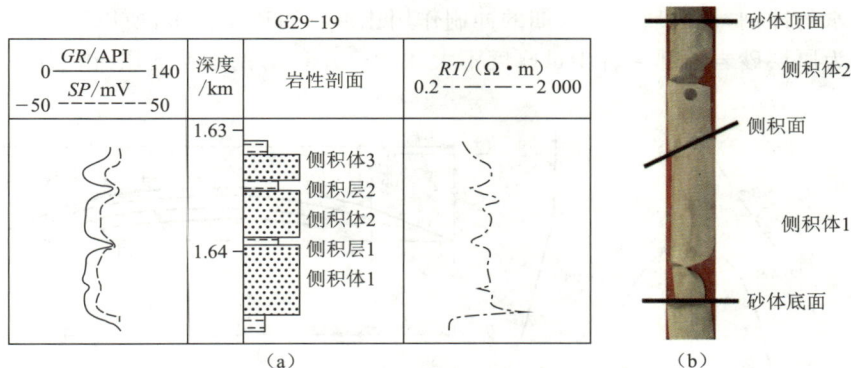

图 4-2-5　侧积层和侧积体的识别

**表 4-2-1　NmⅢ5 油层和 NmⅡ3 油层侧积层及侧积体发育特征**

| 油　层 | 单砂体 | 侧积层倾角 /(°) | 侧积层钻遇率 /(层·m$^{-1}$) | 侧积体最大宽度 /m | 侧积体厚度 /m |
|---|---|---|---|---|---|
| NmⅢ5 | 单砂体 1 | 10 | 0.37 | 80 | 2.5 |
| | 单砂体 2 | 8 | 0.35 | 98 | 3.1 |
| | 单砂体 3 | 12 | 0.61 | 43 | 1.5 |
| | 单砂体 4 | 14 | 0.67 | 37 | 1.5 |
| | 平　均 | 11 | 0.5 | 64.5 | 2.2 |
| NmⅡ3 | 单砂体 1 | 8 | 0.28 | 128 | 3.6 |
| | 单砂体 2 | 8 | 0.31 | 125 | 3.7 |
| | 单砂体 3 | 8 | 0.31 | 120 | 3.6 |
| | 单砂体 4 | 10 | 0.33 | 118 | 3.5 |
| | 平　均 | 8.5 | 0.31 | 122.8 | 3.6 |

### 4.2.2.2.3　辫状河心滩Ⅲ级构型单元特征

#### 1）心滩构型模式

心滩的Ⅲ级构型划分为垂积体、落淤层和垂积面 3 个构型要素。落淤层为发育在心滩内部的泥、粉砂等细粒沉积，是洪峰波动过程中憩息期的悬浮质落淤加积的产物。通过总结前人对砂质辫状河 Brahamaputra 河、Jamuna 河以及大同辫状河心滩露头的研究结论，同时考虑心滩各部位水动力条件和沉积方式的不同，形成辫状河心滩内部构型模式（图 4-2-6）。

#### 2）落淤层识别

A. 岩芯识别

在洪水期和憩息期交互沉积砂质垂积体和泥质落淤层，枯水期落淤层暴露出水面而受不到河水的冲刷,加之后期洪水期的冲刷作用比辫状河道小得多,所以得以保存。在岩芯上表现为厚层砂岩内部夹有少量厚度不大(0.2～0.5 m)的细粒泥质沉积(图 4-2-7a)。

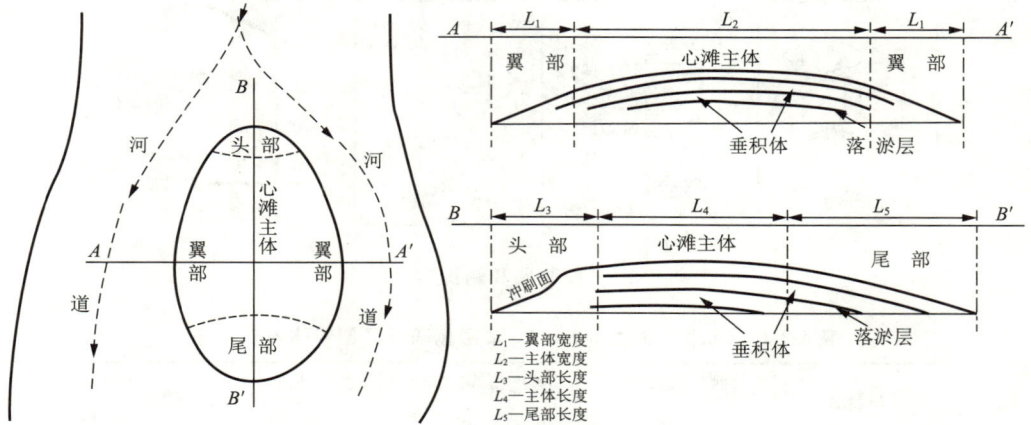

图 4-2-6　辫状河心滩内部构型模式

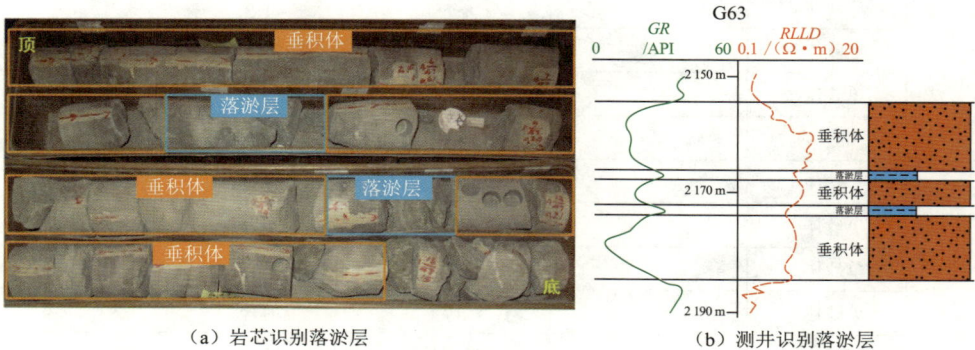

（a）岩芯识别落淤层　　　　　　　（b）测井识别落淤层

图 4-2-7　心滩落淤层识别

B. 测井识别

心滩沉积体内部落淤层在曲线上主要表现为曲线回返,特别是在电阻率曲线和自然伽马曲线上,有时在自然电位曲线也见轻微回返(图 4-2-7b)。一般曲线回返的程度与落淤层的厚度正相关,落淤层厚度越大,曲线回返幅度越大。

C. 落淤层倾角和垂积体规模推算

心滩落淤层是在辫状河洪水期过后的憩息期细粒物质加积在心滩底形上形成的。各部位后期遭受的冲刷程度不同,造成各部位保存程度不同。落淤层的倾向和倾角受心滩形状的严格控制,倾向四周,倾角基本与心滩各部位的坡度角相同。心滩落淤层各部位的倾角可以利用以下公式近似求得(图 4-2-8):

$$\tan \beta = h/L$$
$$\tan \alpha = h/L'$$

式中,$h$ 为心滩厚度,m;$L$ 为心滩纵剖面上最厚点到心滩结束点的水平距离,m;$L'$ 为心滩横剖面上最厚点到心滩结束点的水平距离,m;$\beta$ 为尾部落淤层的近似倾角,(°);$\alpha$ 为翼部落淤层的近似倾角,(°)。

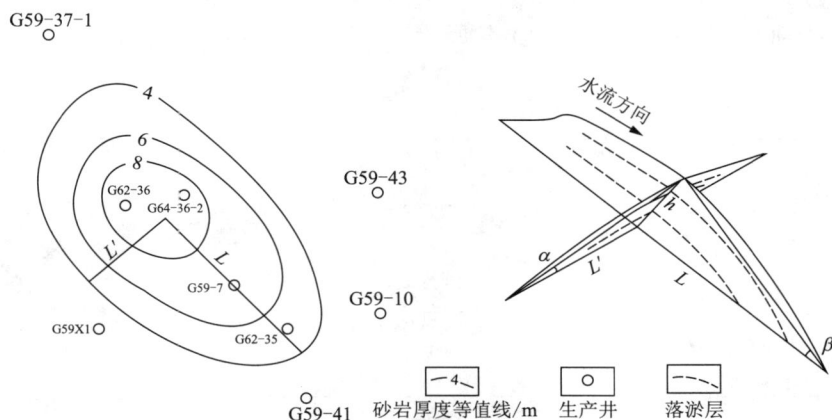

图 4-2-8　心滩各部位落淤层产状示意图

通过 96 口井的统计,垂积体厚度平均为 1.7 m。根据下式可计算得出垂积体在心滩翼部的平面投影平均为 35 m,在尾部的平面投影平均为 65 m。

$$l = H/\tan \alpha$$

式中,$l$ 为垂积体在平面上的投影距离,m;$H$ 为垂积体的垂直厚度,m。

### 4.2.2.3　基准面对储层构型的控制

高分辨率层序地层学的核心是在基准面旋回变化过程中,由于沉积物可容空间与沉积物补给通量比值($A/S$)的变化,相同沉积体系域中沉积物的体积发生再分配作用,导致沉积物堆砌样式、相类型及相序、岩石结构、保存程度等发生变化。其中,各级沉积物的堆砌样式(包含沉积物自身形态及其叠置关系的三维展布形态)以及岩石结构特征是储层构型研究的主要内容。由此看来,基准面旋回对储层构型存在较大的控制作用。

#### 4.2.2.3.1　基准面对Ⅵ级构型单元的控制

以高浅南区明化镇组 NmⅢ5 油层发育 5 个单砂体为例(图 4-2-9a),单砂体 5、单砂体 4 与单砂体 3 的砂岩厚度分别为 3.5 m,3.6 m 和 3.8 m,平均约 3.6 m,砂地比低,约 0.44。单砂体 2 和单砂体 1 的砂岩厚度分别为 10 m 和 5.4 m,平均约 7.7 m,砂地比约 0.92。从单砂体厚度和砂地比反映出 NmⅢ5 油层在基准面变化上存在三段式:沉积早期(自 NmⅢ5 油层沉积开始到单砂体 2 沉积前),砂地比低、单砂体厚度小,反映该时期基准面高、$A/S$ 高、可容空间大(图 4-2-9a);沉积中期(自单砂体 2 开始沉积到单砂体 1 沉积结束),砂地比高、单砂体厚度大,反映该时期基准面低、$A/S$ 低、可容空间小的特点;沉积末期(自单砂体 1 沉积结束到 NmⅢ5 沉积结束)基准面高、$A/S$ 高、可容空间大,以厚层泥岩沉积为主。

受基准面旋回变化的影响,NmⅢ5 油层的单河道形态也存在明显的阶段性。沉积早期基准面较高、$A/S$ 较大、可容空间较大,河道的下切和侧切作用弱,曲流河具有向网状河过渡的特征(图 4-2-9b,c,d)。单砂体 2 沉积时基准面达到 NmⅢ5 沉积时的最低、可容空间最小,河道的下切和侧侵作用相对最强,具有典型曲流河特征(图 4-2-9e)。单砂体 1沉积时基准面较单砂体 2 沉积时有所上升,但是较 NmⅢ5 油层沉积早期要低(图 4-2-9f)。

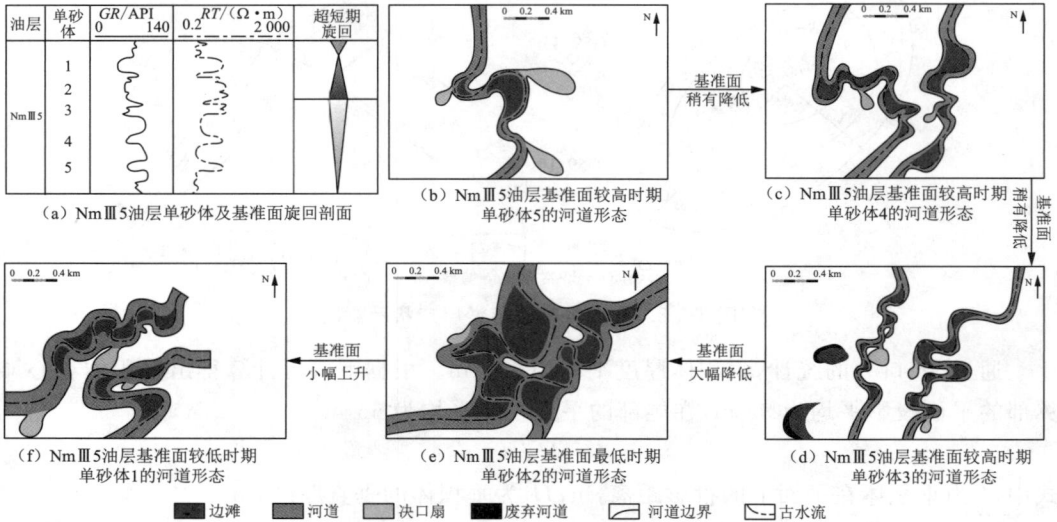

图 4-2-9　NmⅢ5 油层基准面旋回特征及单砂体河道演化

综上可知,单一曲流河道砂体形态受基准面变化的控制较大,当基准面高、$A/S$ 高、可容空间大时,河道稳定且宽度窄,堤岸亚相发育而边滩发育差,平面上河道砂体呈孤立条带式展布样式。当基准面低、$A/S$ 低、可容空间小时,河道侧向迁移频繁且宽度大,边滩发育且规模大,平面上河道砂体之间存在侧向交切,呈交切条带式展布样式。

#### 4.2.2.3.2　基准面对Ⅲ级构型单元的控制

NmⅢ5 油层点坝侧积层的倾角、钻遇频率以及侧积体的规模随基准面的变化表现出以下两个特点:一是基准面越低,侧积层的倾角越小、钻遇频率越低,但侧积体的规模越大;二是基准面越高,侧积层的倾角越大、钻遇频率越高,但侧积体的规模越小。因此,层序构型与储层构型之间存在非常好的对应关系,层序构型从成因上控制了河流相单砂体的平面展布形态、垂向切割关系以及内部夹层的发育程度和规模。基准面上升期间,一般基准面变高、可容空间变大,此时河道稳定性增强,河道宽度变窄,堤岸亚相相对越来越发育,平面上河道砂体展布形态呈由连片状向孤立条带式发展,垂向上由深切式向相隔式演变,点坝砂体内的侧积层倾角变大,侧积层的钻遇频率变高,同时侧积体规模变小;在基准面下降过程中,河道侧向迁移变频繁,河道宽度相应增加,点坝砂体相对逐渐发育且规模变大,河道砂体之间侧向切割程度增加,逐渐由孤立条带式向连片式转变,垂向上由相隔式向深切式演变,点坝砂体的侧积层倾角变小,同时钻遇频率降低,侧积体规模变大。

## 4.2.3 断块油藏复杂程度评价及分类

目前断块油藏的分类没有考虑储层因素,仅仅考虑断层的发育程度,并以简单、复杂、极复杂等笼统的文字进行描述。对于断块到底复杂到什么程度为复杂断块或极复杂断块,并没有定量的描述,以往学者都是依据自己的主观判断来划分断块的复杂程度,造成"复杂断块"名词的滥用。同时,这种只考虑构造情况的断块分类方式已经越来越不能满足生产的进一步发展,特别是对于已进入高含水期的该类油藏,油藏分类与剩余油之间的关系模糊,不存在一定的对应关系。笔者认为,为便于复杂断块油藏的剩余油研究,复杂断块油藏的分类不仅要体现油藏的特点,还要与剩余油之间存在一定的关系,因此复杂断块的分类不仅需要考虑断块的构造特征,还需要考虑油藏的储层复杂特征。本书在融合断块的储层特征和构造特征进行复杂程度分类的基础上,结合断块的形状、天然能量特征以及天然能量的载体等因素进行断块油藏的综合分类,建立起一整套便于定量化定名,同时能见名知意,能反映油藏的基本地质条件,与剩余油之间存在一定对应关系的复杂断块油藏分类系统,以指导该类油藏后期的挖潜调整。

### 4.2.3.1 复杂断块油藏复杂程度影响因素

复杂断块油藏的复杂性主要包括构造复杂性和断块内部的储层复杂性两个方面,构造复杂性较为直观,特别是断层的发育程度,而储层复杂性是复杂断块油藏中较容易被忽视的一个重要因素。随着储层内部构型的不断发展,储层的内部建筑结构特征对储层非均质性和油藏复杂程度的影响已越来越受到重视。

#### 4.2.3.1.1 构造因素的影响

复杂断块油藏的最大特点是断层发育,断层在一个断块中的发育程度明显影响断块油藏的复杂程度。

(1)遮挡条件面密度。指断块内包括断块的边界断层在内的断层和岩性尖灭线的条数与断块油藏面积之比,单位为条/km²。

(2)遮挡条件的走向特征。一般来说,遮挡条件的走向越复杂、差别越大,断块油藏内更容易形成一些墙角地带,从而增加断块油藏的复杂程度。

(3)断块内的构造形态。不同形态的构造,初始原油分布不一,受到的地层压力、油气驱替力不一样,最终导致剩余油差异分布。

#### 4.2.3.1.2 储层因素的影响

储层对断块油藏复杂程度的影响主要表现在自身的非均质程度上。一般储层的非均质性越强,剩余油的分布特征越复杂。基准面是影响研究区储层内部结构复杂程度的一个主要成因因素。基准面越高,储层隔夹层越发育,储层连通性越差、储层越复杂。当基准面越低时,恰好相反,储层均质程度越高,复杂程度越低(图4-2-10)。

断层面密度

断层走向

断块内构造形态

（a）构造复杂程度

基准面较低时期

基准面较高时期

（b）储层内部结构复杂程度

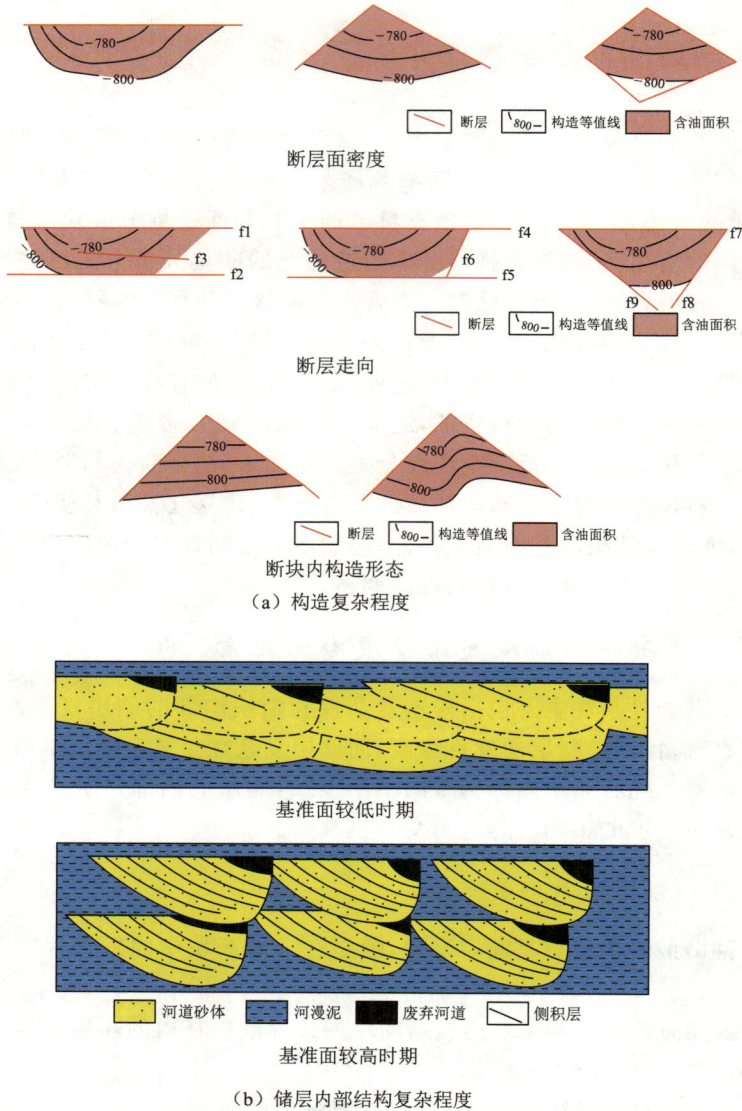

图 4-2-10　复杂断块油藏复杂程度影响因素

## 4.2.3.2　复杂断块油藏分类

### 4.2.3.2.1　模糊数学综合评价断块油藏复杂程度

断块油藏的复杂程度主要受构造与储层两个方面的影响，单一参数难以综合反映断块油藏的复杂程度。在前人研究基础上，研究中对评价体系进行了相应修正。断块油藏复杂程度的定量化评价以灰色理论系统为研究思路，同时结合层次分析法（analytic hierarchy process，AHP）合理求取参数权重的综合方法，称为模糊数学综合评价法（fuzzy comprehensive evaluation method）。

1) 参数的选取

断块复杂程度的评价参数主要选择能够反映断块油藏构造复杂性的遮挡条件面密度 FPD(fault plane density)、断块内部构造形态 SFF(structural from of fault block)、遮挡条件走向组数 FSM(fault strike mumble)和能反映断块油藏储层复杂性的高分辨率层序基准面 DP(datum plane)4 个参数。

为计算方便,同时消除各参数单位之间的差别,利用极差归一化方法对研究区的遮挡条件面密度、遮挡条件走向组数进行归一化处理,使其分布范围在 0~1 之间。

$$A_i = \frac{a_i - a_{\min}}{a_{\max} - a_{\min}}$$

式中,$A_i$ 为归一化后的第 $i$ 个参数;$a_i$ 为应归一化的第 $i$ 个参数;$a_{\min}$ 为应归一化参数的最小值;$a_{\max}$ 为应归一化参数的最大值。

对断块内的构造形态进行人工赋值,按照相对复杂程度由低到高的顺序分别对单斜、鼻状、挠曲和强烈挠曲赋予由低到高的 0.25,0.5,0.75 和 1.0 四个数值。同时将研究区内超短期旋回基准面的最低点规定为 0,将超短期旋回基准面的最高点规定为 1,介于最低点和最高点之间的基准面的数值为该超短期基准面到最低基准面的距离与超短期旋回基准面最高点与最低点的距离之比。

根据分析可知研究区内 23 个主力断块油藏复杂程度评价参数归一化结果见表 4-2-2。

**表 4-2-2　研究区内主力断块油藏复杂程度评价参数归一化数据**

| 断　块 | 油　藏 | 遮挡条件面密度 FPD | 遮挡条件走向组数 FSM | 断块内部构造形态 SFF | 层序基准面 DP |
|---|---|---|---|---|---|
| 高 29 | Ng Ⅳ 2 | 0.00 | 0.00 | 0.75 | 0.2 |
| | Ng Ⅰ 1 | 0.08 | 0.00 | 0.75 | 0.4 |
| 高 69-13 | Ng Ⅱ 6 | 0.06 | 0.00 | 1.00 | 0.3 |
| | Ng Ⅰ 1 | 0.80 | 0.33 | 0.75 | 0.4 |
| 高 160-1 | Ng Ⅰ 1 | 0.39 | 0.33 | 0.75 | 0.4 |
| | Nm Ⅲ 5S2 | 0.21 | 0.33 | 0.25 | 0.6 |
| | Nm Ⅲ 5S1 | 0.52 | 0.33 | 0.25 | 0.7 |
| 高 37 | Nm Ⅱ 3S1 | 0.34 | 0.33 | 0.25 | 0.2 |
| | Nm Ⅱ 3S2 | 0.20 | 0.33 | 1.00 | 0.3 |
| | Nm Ⅱ 5S2 | 0.21 | 0.33 | 1.00 | 0.8 |
| 高 59-28 | Ng Ⅳ 2 | 0.62 | 0.33 | 0.25 | 0.2 |
| | Nm Ⅲ 9② | 1.00 | 0.33 | 0.25 | 0.5 |
| | Nm Ⅲ 9③ | 0.84 | 0.33 | 0.25 | 0.4 |

| 断 块 | 油 藏 | 遮挡条件面密度 FPD | 遮挡条件走向组数 FSM | 断块内部构造形态 SFF | 层序基准面 DP |
|---|---|---|---|---|---|
| 高 59-1 | NgⅣ2 | 0.11 | 0.00 | 1.00 | 0.2 |
| | NgⅣ3 | 0.28 | 0.33 | 1.00 | 0.1 |
| | NmⅢ9② | 0.80 | 1.00 | 1.00 | 0.5 |
| | NmⅢ9③ | 0.26 | 0.33 | 0.50 | 0.4 |
| 高 59-9 | NmⅢ9② | 0.79 | 0.33 | 0.25 | 0.5 |
| | NmⅢ9③ | 0.94 | 0.33 | 0.25 | 0.4 |
| 高 63-10 | NmⅡ5 | 0.16 | 0.33 | 0.50 | 0.8 |
| | NmⅡ4① | 0.20 | 0.33 | 0.50 | 0.4 |
| | NmⅡ4② | 0.20 | 0.33 | 0.50 | 0.4 |
| | NmⅢ1 | 0.27 | 0.33 | 1.00 | 0.6 |

2）利用层次分析法确定参数权重

美国 Saaty 教授于 20 世纪 70 年代初期提出的层次分析法是一种简便、灵活而又实用的多准则决策方法,该方法可以利用少量的信息将决策的思维过程数学化。

A. 构造层次结构分析

研究区内断块油藏的复杂程度评价可以分为 4 个大的构造层次,即目标层、标准层、参数层和影响层。同时,研究区的储层复杂程度对断块的影响应该与构造因素中的最高级别参数具有相同的重要性。因此,将层序基准面高低和遮挡条件面密度作为评价体系的一级重要参数,将遮挡条件走向组数和断块内部构造形态作为二级重要参数（图 4-2-11）。

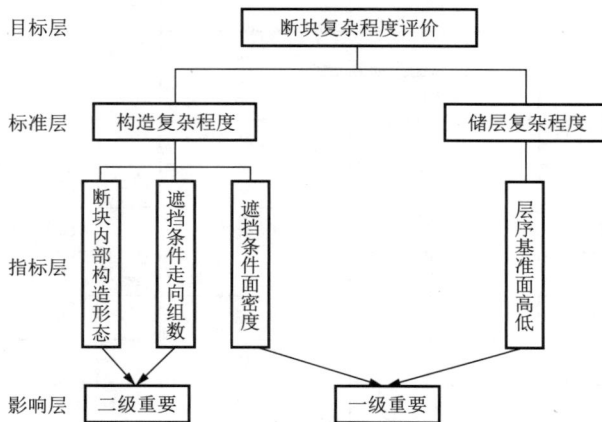

图 4-2-11　研究区断块油藏复杂程度评价参数结构图

B. 构造判别矩阵

判别矩阵的建立主要利用 Saaty 等提出的 9 度标值方法，9 度标值主要利用对评价参数的重要性进行两两对比建立相应的对称矩阵（表 4-2-3）。

表 4-2-3　判别矩阵标度及其含义

| 标　度 | 含　义 |
|---|---|
| 1 | 表示两个因素相比，具有相同重要性 |
| 3 | 表示两个因素相比，前者比后者稍重要 |
| 5 | 表示两个因素相比，前者比后者明显重要 |
| 7 | 表示两个因素相比，前者比后者强烈重要 |
| 9 | 表示两个因素相比，前者比后者极端重要 |
| 2,4,6,8 | 表示上述相邻判断的中间值 |
| 倒　数 | 若因素 $i$ 与因素 $j$ 的重要性之比为 $a_{ij}$，那么因素 $j$ 与因素 $i$ 重要性之比 $a_{ji}=\dfrac{1}{a_{ij}}$ |

根据研究区内断块油藏复杂程度评价参数之间的构造层次分析结果，利用 9 度标值方法建立研究区内断块油藏复杂程度评价参数之间的判别矩阵（表 4-2-4）。

表 4-2-4　断块油藏复杂程度评价参数判别矩阵

| 影响要素 | 层序基准面 | 遮挡条件面密度 | 遮挡条件走向组数 | 断块内部构造形态 |
|---|---|---|---|---|
| 层序基准面 | 1 | 1 | 3 | 3 |
| 遮挡条件面密度 | 1 | 1 | 3 | 3 |
| 遮挡条件走向组数 | 1/3 | 1/3 | 1 | 1 |
| 断块内部构造形态 | 1/3 | 1/3 | 1 | 1 |

C. 一致性检验

判别矩阵的一致性检验主要是检查所建立的判别矩阵是否对目标层具有隶属度。一般利用一致性指标 $CI$ 来判别矩阵的一致性。

$$CI = \frac{\lambda_{\max} - n}{n-1}$$

式中，$\lambda_{\max}$ 为矩阵的最大特征值；$n$ 为矩阵阶数。

利用 $CI$ 与 Saaty 给出的平均随机一致性指标 $RI$（表 4-2-5），可以计算一致性比例 $CR$：

$$CR = \frac{CI}{RI}$$

表 4-2-5　平均随机一致性指标

| 矩阵阶数 | 1 | 2 | 3 | 4 | 5 | 6 | 7 | 8 | 9 |
|---|---|---|---|---|---|---|---|---|---|
| 指标值 | 0.00 | 0.00 | 0.58 | 0.90 | 1.12 | 1.24 | 1.32 | 1.41 | 1.45 |

当 $CR<0.1$ 时，一般认为判别矩阵的一致性是可以接受的，否则应对判别矩阵进行适当修正。

研究区断块油藏复杂程度评价参数矩阵可以简写为：

$$\begin{bmatrix} 1 & 1 & 3 & 3 \\ 1 & 1 & 3 & 3 \\ \dfrac{1}{3} & \dfrac{1}{3} & 1 & 1 \\ \dfrac{1}{3} & \dfrac{1}{3} & 1 & 1 \end{bmatrix}$$

矩阵的最大特征值 $\lambda_{max}=4$，则一致性指标 $CI=\dfrac{\lambda_{max}-n}{n-1}=0$，求得一致性比例 $CR=0<0.1$，判别矩阵完全可采用。

矩阵的最大特征值 $\lambda_{max}=4$ 对应的特征向量 $W$ 为：

$$(2.68,2.68,0.89,0.89)$$

对 $W$ 进行归一化后得到的各评价参数的权重向量为：

$$(0.38,0.38,0.12,0.12)$$

研究区断块油藏复杂程度评价参数中层序基准面和遮挡条件面密度的权重都为 0.38，遮挡条件走向组数和断块内部构造形态的权重都为 0.12，于是得复杂指标 $FCI$ 为：

$$FCI=0.38DP+0.38FPD+0.12SFF+0.12FSM$$

### 3) 断块油藏复杂程度评价

对研究区内 23 个主力断块油藏的复杂指标进行计算，结果见表 4-2-6。根据最大隶属度原则将研究区内的断块油藏按照复杂程度分为 4 类，即一般断块（岩性断块）油藏、较复杂断块（岩性断块）油藏、复杂断块（岩性断块）油藏和特复杂断块（岩性断块）油藏。其划分标准为：一般断块（岩性断块）油藏，$FCI\leq0.2$，较复杂断块（岩性断块）油藏，$0.2<FCI\leq0.4$；复杂断块（岩性断块）油藏，$0.4<FCI\leq0.6$；特复杂断块（岩性断块）油藏，$FCI>0.6$。

**表 4-2-6　研究区主力断块油藏复杂指标**

| 断　块 | 油　藏 | 遮挡条件面密度 FPD | 遮挡条件走向组数 FSM | 断块内部构造形态 SFF | 层序基准面 DP | 复杂指标 FCI |
|---|---|---|---|---|---|---|
| 高 29 | NgⅣ2 | 0.00 | 0.00 | 0.75 | 0.2 | 0.17 |
| | NgⅠ1 | 0.08 | 0.00 | 0.75 | 0.4 | 0.27 |
| 高 69-13 | NgⅡ6 | 0.06 | 0.00 | 1.00 | 0.3 | 0.26 |
| | NgⅠ1 | 0.80 | 0.33 | 0.75 | 0.4 | 0.58 |
| 高 160-1 | NgⅠ1 | 0.39 | 0.33 | 0.75 | 0.4 | 0.43 |
| | NmⅢ5S2 | 0.21 | 0.33 | 0.25 | 0.6 | 0.38 |
| | NmⅢ5S1 | 0.52 | 0.33 | 0.25 | 0.7 | 0.54 |

| 断　块 | 油　藏 | 遮挡条件面密度 FPD | 遮挡条件走向组数 FSM | 断块内部构造形态 SFF | 层序基准面 DP | 复杂指标 FCI |
|---|---|---|---|---|---|---|
| 高 37 | NmⅡ3S1 | 0.34 | 0.33 | 0.25 | 0.2 | 0.28 |
| | NmⅡ3S2 | 0.20 | 0.33 | 1.00 | 0.3 | 0.35 |
| | NmⅡ5S2 | 0.21 | 0.33 | 1.00 | 0.8 | 0.55 |
| 高 59-28 | NgⅣ2 | 0.62 | 0.33 | 0.25 | 0.2 | 0.38 |
| | NmⅢ9② | 1.00 | 0.33 | 0.25 | 0.5 | 0.64 |
| | NmⅢ9③ | 0.84 | 0.33 | 0.25 | 0.4 | 0.54 |
| 高 59-1 | NgⅣ2 | 0.11 | 0.00 | 1.00 | 0.2 | 0.24 |
| | NgⅣ3 | 0.28 | 0.33 | 1.00 | 0.1 | 0.30 |
| | NmⅢ9② | 0.80 | 1.00 | 1.00 | 0.5 | 0.73 |
| | NmⅢ9③ | 0.26 | 0.33 | 0.50 | 0.4 | 0.35 |
| 高 59-9 | NmⅢ9② | 0.79 | 0.33 | 0.25 | 0.5 | 0.56 |
| | NmⅢ9③ | 0.94 | 0.33 | 0.25 | 0.4 | 0.58 |
| 高 63-10 | NmⅡ5 | 0.16 | 0.33 | 0.50 | 0.8 | 0.46 |
| | NmⅡ4① | 0.20 | 0.33 | 0.50 | 0.4 | 0.33 |
| | NmⅡ4② | 0.20 | 0.33 | 0.50 | 0.4 | 0.33 |
| | NmⅢ1 | 0.27 | 0.33 | 1.00 | 0.6 | 0.49 |

断块油藏复杂程度在纵向上由浅至深表现为先增强后减弱的特征,馆陶组油藏的复杂程度较明化镇组低,这主要是因为馆陶期研究区基准面低,储层相对均质,同时研究区断层为花状断层,明化镇组断层要较馆陶组发育。

### 4.2.3.2.2　复杂断块油藏分类体系

根据研究区断层的开启性特点,按照复杂程度划分出的四大类断块油藏类型进一步划分为 12 亚类油藏(表 4-2-7)。考虑能量供应体,即边底水特征,又可将以上 12 亚类断块油藏类型进一步划分为 24 小类油藏(表 4-2-7)。

#### 表 4-2-7　研究区主力断块油藏类型划分

| 断　块 | 油　藏 | 复杂指标 | 复杂程度 | 开启性 | 边底水 | 断块/岩性断块 | 油藏类型 |
|---|---|---|---|---|---|---|---|
| 高 29 | NgⅣ2 | 0.17 | 一　般 | 开启型 | 边　水 | 断　块 | 边水开启型一般断块油藏 |
| | NgⅠ1 | 0.27 | 较复杂 | 开启型 | 底　水 | 断　块 | 底水开启型较复杂断块油藏 |
| 高 69-13 | NgⅡ6 | 0.26 | 较复杂 | 开启型 | 边　水 | 断　块 | 边水开启型较复杂断块油藏 |
| | NgⅠ1 | 0.58 | 复　杂 | 开启型 | 边　水 | 断　块 | 边水开启型复杂断块油藏 |

| 断　块 | 油藏 | 复杂指标 | 复杂程度 | 开启性 | 边底水 | 断块/岩性断块 | 油藏类型 |
|---|---|---|---|---|---|---|---|
| 高160-1 | Ng I 1 | 0.43 | 复　杂 | 半封闭型 | 边　水 | 断　块 | 边水半封闭型复杂断块油藏 |
| | Nm III 5S2 | 0.38 | 较复杂 | 半封闭型 | 边　水 | 断　块 | 边水半封闭型较复杂断块油藏 |
| | Nm III 5S1 | 0.54 | 复　杂 | 半封闭型 | 边　水 | 断　块 | 边水半封闭型复杂断块油藏 |
| 高37 | Nm II 3S1 | 0.28 | 较复杂 | 封闭型 | 边　水 | 岩性断块 | 边水封闭型较复杂岩性断块油藏 |
| | Nm II 3S2 | 0.35 | 较复杂 | 半封闭型 | 边　水 | 岩性断块 | 边水半封闭型较复杂岩性断块油藏 |
| | Nm II 5S2 | 0.55 | 复　杂 | 半封闭型 | 边　水 | 岩性断块 | 边水半封闭型复杂岩性断块油藏 |
| 高59-28 | Ng IV 2 | 0.38 | 较复杂 | 封闭型 | 边　水 | 断　块 | 边水封闭型较复杂断块油藏 |
| | Nm III 9② | 0.64 | 特复杂 | 封闭型 | 边　水 | 断　块 | 边水封闭型特复杂断块油藏 |
| | Nm III 9③ | 0.54 | 复　杂 | 封闭型 | 边　水 | 断　块 | 边水封闭型复杂断块油藏 |
| 高59-1 | Ng IV 2 | 0.24 | 较复杂 | 开启型 | 边　水 | 断　块 | 边水开启型较复杂断块油藏 |
| | Ng IV 3 | 0.30 | 较复杂 | 开启型 | 底　水 | 断　块 | 底水开启型较复杂断块油藏 |
| | Nm III 9② | 0.73 | 特复杂 | 半封闭型 | 边　水 | 岩性断块 | 边水半封闭型特复杂岩性断块油藏 |
| | Nm III 9③ | 0.35 | 较复杂 | 开启型 | 边　水 | 断　块 | 边水开启型较复杂断块油藏 |
| 高59-9 | Nm III 9② | 0.56 | 复　杂 | 封闭型 | 边　水 | 断　块 | 边水封闭型复杂断块油藏 |
| | Nm III 9③ | 0.58 | 复　杂 | 封闭型 | 边　水 | 断　块 | 边水封闭型复杂断块油藏 |
| 高63-10 | Nm II 5 | 0.46 | 复　杂 | 半封闭型 | 底　水 | 断　块 | 底水半封闭型复杂断块油藏 |
| | Nm II 4① | 0.33 | 较复杂 | 半封闭型 | 边　水 | 岩性断块 | 边水半封闭型较复杂岩性断块油藏 |
| | Nm II 4② | 0.33 | 较复杂 | 半封闭型 | 底　水 | 断　块 | 底水半封闭型较复杂断块油藏 |
| | Nm III 1 | 0.49 | 复　杂 | 半封闭型 | 边　水 | 岩性断块 | 边水半封闭型复杂岩性断块油藏 |

#### 4.2.3.2.3　高尚堡油田断块油藏类型

依据复杂断块油藏的分类体系,对研究区内 23 个主力断块油藏进行油藏类型判别(表 4-2-7),发现研究区油藏明显以边水油藏为主,发育 19 个,占 82.6%;而底水油藏零星发育,占 17.4%。从开启性看,研究区以半封闭型油藏为主,占 44%;其次是开启型油藏,占 30%;封闭型断块油藏发育最少,占 26%。

### 4.2.4　不同尺度剩余油的分布特征及控制因素

本着"结论生产可用"的基本思想,提出复杂断块油藏要以油藏类型为基本研究单元,通过"小处着手研究,总结归纳规律"发现剩余油的主控因素。同时,对剩余油分布特征研究要"由整到零,逐步深入",既要清楚大尺度剩余油的总体分布特征,便于制定全区的整体调整思路,又要明确小尺度剩余油的具体分布位置,以便后期小范围多目的层加密井和报废井的上返利用,逐步确定各尺度剩余油分布特征主控因素(图 4-2-12)。

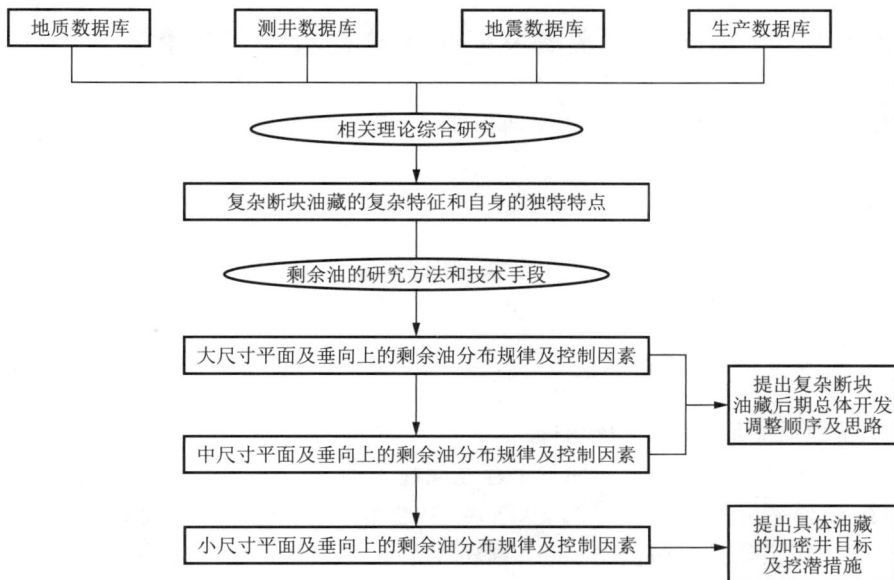

图 4-2-12　复杂断块油藏剩余油研究思路

## 4.2.4.1　复杂断块油田五级尺度划分方案

将复杂断块油田在平面上划分为超、大、中、小、微尺度五级（表 4-2-8），其中超尺度对应一级、二级和三级构造单元，大尺度对应断块区，中尺度对应油藏，小尺度对应断块内部沉积体或构造位置等，微尺度对应孔隙结构。垂向上也分为超、大、中、小、微五级尺度，其中超尺度对应系、统、组、段和油层组，大尺度对应油层，中尺度对应单砂体，小尺度对应单砂体内部沉积单元（如交错层系组、交错层系等），微尺度对应孔隙结构。

表 4-2-8　断块油田五级尺度分类方案

| 分类方式 | 尺度级别 | 对应构造体/沉积体 |
|---|---|---|
| 平面尺度分级 | 超尺度 | 盆地、凹陷、洼陷等构造单元 |
| | 大尺度 | 断块区 |
| | 中尺度 | 油　藏 |
| | 小尺度 | 断块内部沉积体或构造位置 |
| | 微尺度 | 孔隙结构 |
| 垂向尺度分级 | 超尺度 | 系、统、组、段、油层组所对应的沉积体 |
| | 大尺度 | 油层对应的沉积体 |
| | 中尺度 | 单砂体或多期河道形成的纵向不可再分的砂体复合体 |
| | 小尺度 | 单砂体内部沉积体，如侧积体、交错层系组、交错层系等 |
| | 微尺度 | 孔隙结构 |

#### 4.2.4.2　平面不同尺度剩余油分布特征及控制因素

##### 4.2.4.2.1　平面大尺度剩余油分布特征及控制因素

1）平面大尺度剩余油分布特征

研究区平面大尺度主要对应 3 个断块,按照剩余可采储量自大到小的顺序为:高 29 断块→高 63-10 断块→高 59-35 断块(表 4-2-9)。

2）平面大尺度剩余油的控制因素

A. 原始地质储量非均质的影响

研究区 3 个断块在原始地质储量上存在明显差别,由于原始地质储量的差别,造成虽然高 59-35 断块采出程度高于高 63-10 断块,但是在采出程度相差不大的情况下,高 59-35 断块的剩余油可采储量反而比高 63-10 断块少很多(表 4-2-9)。

B. 油井数的影响

从油井投产数看,3 个断块中高 59-35 断块稍高于高 63-10 断块,剩余可采储量少(表 4-2-9)。

表 4-2-9　3 个断块区生产状况及采出程度表

| 断　块 | 油井<br>投井数/口 | 开井数<br>/口 | 含水率/% | 累计产油量<br>/($10^4$ t) | 地质储量<br>/($10^4$ t) | 采出程度<br>/% | 剩余可采储量<br>/($10^4$ t) |
|---|---|---|---|---|---|---|---|
| 高 29 断块 | 53 | 42 | 96.50 | 74.75 | 509.00 | 14.7 | 103 |
| 高 63-10 断块 | 20 | 17 | 97.30 | 40.07 | 351.00 | 11.4 | 82 |
| 高 59-35 断块 | 34 | 18 | 96.22 | 25.98 | 195.00 | 13.3 | 41 |

##### 4.2.4.2.2　平面中尺度剩余油分布特征及控制因素

1）平面中尺度剩余油分布特征

研究区各断块油藏的采出程度和剩余地质储量相差很大。采出程度在 2.9%～26.6%之间,平均为 14%;剩余可采储量主要分布在(0.7～7.6)×$10^4$ t 之间,平均为 3.5×$10^4$ t。其中采出程度在 20%以上的油藏主要分布在一般及较复杂油藏内,占总数的 66.7%,油藏的复杂程度相对较低。

从剩余可采储量上看,剩余可采储量大于 4×$10^4$ t 的油藏其开启性一般较好,主要为开启型油藏(占 37.5%)和半封闭型油藏(占 62.5%),同时复杂程度相对较低,主要出现在较复杂油藏和一般油藏中,占 62.5%,复杂油藏较少,占 37.5%。剩余油主要集中在开启型较复杂油藏(占 37.5%)和半封闭型较复杂油藏(占 37.5%)两类中。剩余可采储量小于 2×$10^4$ t 的油藏主要为一些天然能量较强的半封闭型油藏(占 60%)和开启型油藏

（占 40%），同时复杂程度较高的复杂和特复杂油藏占 80%，具体主要是边水半封闭型复杂油藏，占 60%。

综上可知，研究区各油藏类型之间剩余油分布存在以下规律：

（1）各油藏类型间采出程度和剩余可采储量差别大，影响因素多。

（2）采出程度大于 20%、剩余可采储量大于 $4 \times 10^4$ t 的油藏主要集中在天然能量较强且复杂程度较弱的开启型一般油藏、开启型较复杂油藏和半封闭型较复杂油藏中。

（3）封闭型复杂油藏采出程度一般较低，小于 10%，剩余可采储量一般在（2～4）× $10^4$ t 之间。

（4）采出程度小于 10%、剩余可采储量小于 $2 \times 10^4$ t 的油藏主要集中在具有一定天然能量且复杂程度较高的半封闭型复杂油藏中。

### 2）平面中尺度剩余油的控制因素

中尺度（油藏）剩余油主要受油藏类型、油藏规模和井网控制程度三者控制。其中，油藏类型和油藏规模之间存在一定的内在联系，一般油藏开启性越强、复杂程度越低，油藏规模越大，所以本质上中尺度剩余油主要受油藏类型和井网控制程度的双重影响。

A. 断块油藏的复杂程度

对油藏复杂性统计可知，断块的复杂程度从一般到特复杂时断块的采出程度明显降低，由 26.6% 降低到 5.4%，但剩余可采储量不增反降，降低幅度不大，这主要是受原始地质储量的影响。在复杂程度和原始地质储量的双重作用下，剩余可采储量随断块复杂程度的增强而稍有降低。

B. 油藏的开启性

由油藏开启性统计性可知，由开启型到封闭型采出程度由平均的 18.2% 降到 6.4%。但是剩余可采储量并没有随断块油藏的开启性的降低而增加，而是由开启型到半封闭型，剩余可采储量由 $3.3 \times 10^4$ t 稍增加到 $3.8 \times 10^4$ t，到封闭型剩余可采储量又稍降低到 $2.7 \times 10^4$ t。这主要是受原始地质储量的影响，因为随油藏开启性的降低，油藏原始地质储量明显降低。

C. 油藏规模的影响

虽然随着断块油藏复杂程度的增加和开启性的降低，采出程度明显降低，但是油藏的剩余可采储量却不随采出程度的增加而降低。这主要是受油藏先天规模的影响，对于相对大规模油藏而言，虽然采出程度高，但是剩余可采储量不一定小，可能还比较大。

D. 井网控制程度

井网控制程度的好坏可以从井网密度和井网在油藏范围内均匀程度两个方面判断。从研究区的统计结果看，一般井网控制程度越低（井网密度越低），采出程度越低，剩余油越富集。

### 4.2.4.2.3  平面小尺度剩余油分布特征及控制因素

#### 1）平面小尺度剩余油分布特征

A. 边水开启型一般断块油藏

以高 29 断块的 NgⅣ2 边水开启型一般断块油藏为例,天然能量充足,虽然在构造高部位存在断层遮挡,但当存在生产井时,由于天然能量的作用仍然能够顺利水淹,采出程度高,达到 26.6%。截止到停产前的剩余储量丰度如图 4-2-13 所示,剩余油在生产井区较为零散,局部片状的未动用剩余油分布于两处未生产井区内,同时在水淹路径之间也存在少量残存剩余油。

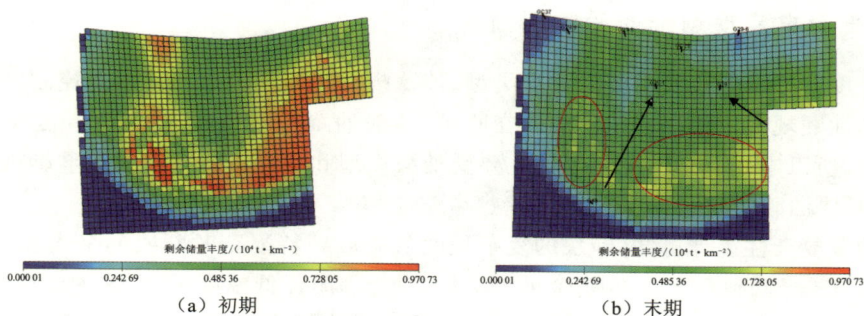

（a）初期  （b）末期

图 4-2-13  边水开启型一般断块油藏剩余储量丰度图

B. 底水开启型较复杂断块油藏

以高 29 断块 NgⅠ1 底水开启型较复杂断块油藏为例,外界天然水域较大,能量充足,采出程度为 18%,剩余可采储量为 $1.6×10^4$ t。从图 4-2-14 看,剩余油受构造控制,由于储层相对复杂,在断层遮挡的构造高部位的局部无生产井区,底水锥进造成油井间有剩余油分布(图 4-2-15)。

C. 边水半封闭型复杂岩性断块油藏

以高 37 断块 NmⅡ5 边水半封闭型复杂岩性断块油藏为例,油藏具有一定的天然能量,油藏复杂性较强,采出程度只有 3.7%,剩余可采储量达 $5.6×10^4$ t。边水半封闭型复杂岩性断块油藏的天然能量较为充足,但受油藏复杂性的影响,边水难以到达断层遮挡的构造高部位,造成断层遮挡的构造高部位的无生产井区、构造低部位的无生产井区有剩余油分布(图 4-2-16)。

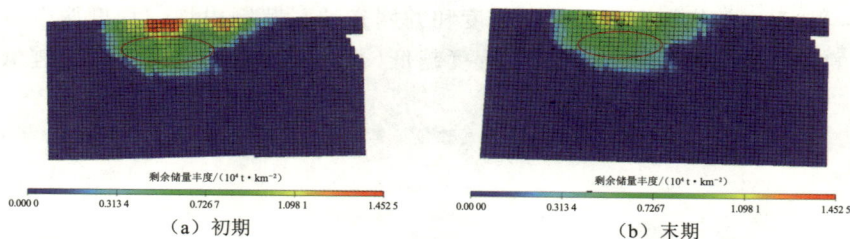

（a）初期  （b）末期

图 4-2-14  底水开启型较复杂断块油藏剩余储量丰度图

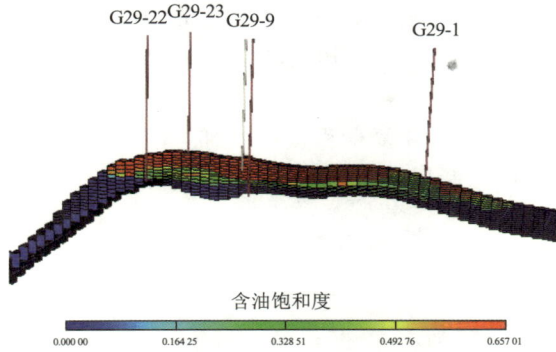

图 4-2-15　底水开启型较复杂油藏底水锥进

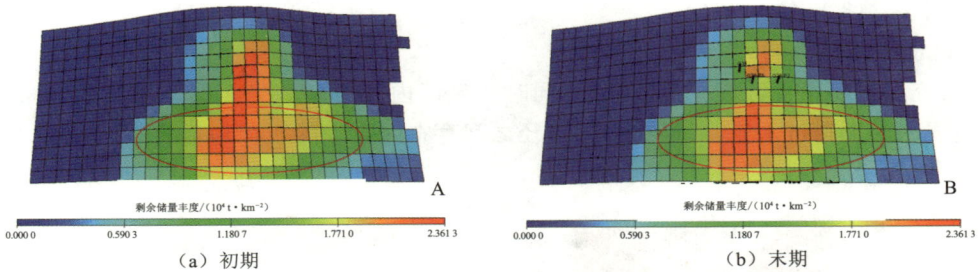

图 4-2-16　边水半封闭型复杂岩性断块油藏剩余储量丰度图

D. 边水封闭型复杂断块油藏

以高 59-35 断块 NmⅢ9 边水封闭型复杂断块油藏为例,高 59-28 和高 59-9 两断块的 NmⅢ9 边水封闭型复杂断块油藏采出程度分别只有 3.7% 和 3.9%,剩余可采储量分别为 $2.6×10^4$ t 和 $2.2×10^4$ t。剩余油主要为呈连片状分布的未动用剩余油,分布在断层等遮挡条件附近,同时无生产井区也存在大量的剩余油(图 4-2-17)。

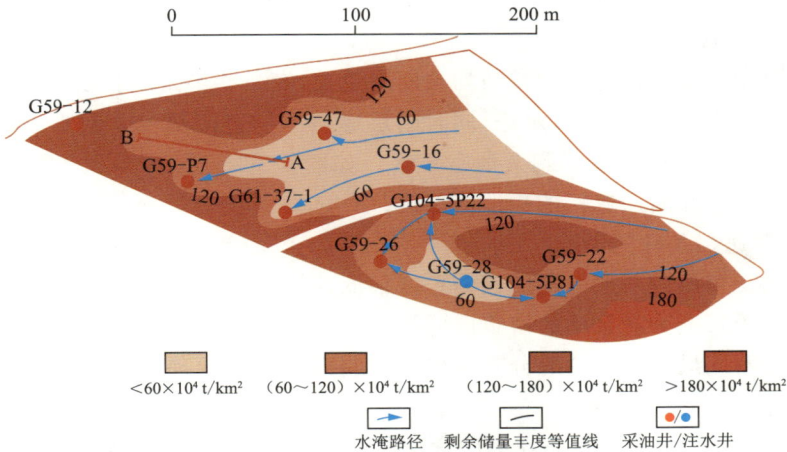

图 4-2-17　边水封闭型复杂断块油藏剩余地质储量丰度图

综上所述,油藏内部平面小尺度剩余油有以下分布规律:

(1) 油藏内部剩余油以连片式为主,主要分布在无生产井区、断层遮挡的构造高部位和封堵断层附近。零散剩余油主要分布在生产井区的生产井间。

（2）随着油藏开启性的降低和复杂程度的增加，生产井区剩余油的连片性增强，剩余油量增加。

（3）随着油藏开启性的降低和复杂程度的增加，连片剩余油的分布位置由单一的无生产井区增加到无生产井区、断层遮挡的构造高部位、封堵断层及生产井间等多个部位。

2）平面小尺度剩余油的控制因素

A. 井网控制程度

高 29 断块的 NgⅣ2 油藏和高 37 断块的 NmⅡ5 油藏经过数值模拟后，未动用片状剩余油主要富集在井网未控制的无生产井区，在井网控制范围内主要存在少量的残存剩余油（图 4-2-13 和图 4-2-16）。

B. 水淹路径影响

研究区储层主要为高孔高渗储层，同时研究区内开启型和半封闭型油藏的能量较充足，造成平面上指进水淹，所以在水淹路径之间存在一定量的残存剩余油（图 4-2-18）。

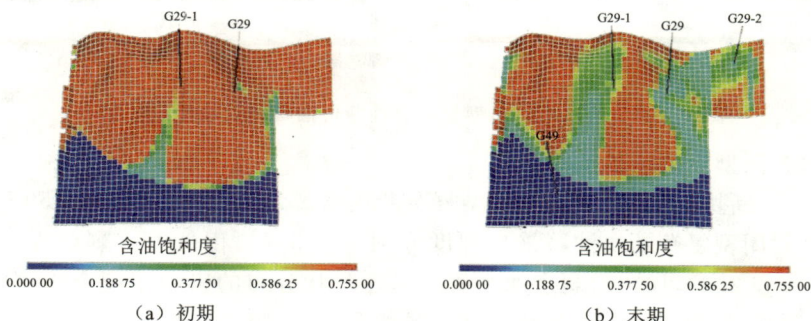

（a）初期　　　　　　　　　　　（b）末期

图 4-2-18　开启型和半封闭型油藏底部水淹路径图

C. 构造高部位的影响

断块油藏中的油沿构造上倾方向均被断层遮挡，在一些半封闭和复杂油藏中，有时由于天然能量充足程度有限，难以水淹，同时断层遮挡的构造高部位井网难以控制，所以在断层遮挡的构造高部位形成了剩余油富集区。如图 4-2-15 所示，高 29 断块 NgⅠ1 油藏的剩余油主要集中在断层遮挡的构造高部位。

D. 断层等遮挡条件的影响

在断层的交角地区一般井网的控制程度很低，同时加上两条断层的封堵作用，造成两断层相交的夹角带成为剩余油的富集区（图 4-2-18）。

通过以上不同尺度剩余油的分布规律和控制因素研究发现，复杂断块油藏的剩余油具有以下特点：

（1）大尺度剩余油主要分布在纵向含油层位多、平面含油断块多的断块区内，主要受原始地质储量的影响。

（2）中尺度剩余油的剩余油量主要集中在开启性好的开启型油藏和复杂程度低的一般油藏或较复杂油藏内，但这几类油藏也是采出程度较高的油藏。而采出程度低的油藏主要集中在开启性差的封闭型油藏以及复杂程度高的复杂油藏和特复杂油藏内,主要受油藏类型和井网控制程度的双重影响。

(3)小尺度剩余油主要为连片状,分布在无生产井区和断层遮挡的构造高部位等井网控制程度低的区域。随着油藏开启性的降低和复杂程度的增加,生产井区剩余油连片性增强,主要受井网控制程度的严格控制。

(4)随着尺度的降低,剩余油的控制因素由主要受地质因素控制(原始地质储量)影响逐渐转变为主要受开发因素(井网控制程度)影响。

### 4.2.4.3　垂向不同尺度剩余油分布特征及控制因素

#### 4.2.4.3.1　垂向大、中尺度剩余油分布特征及控制因素

垂向大尺度、中尺度剩余油特征和控制因素分别对应油层、单砂体级别的剩余油分布特征及控制因素。

1)垂向大、中尺度剩余油分布特征

选择纵向含油层位最多的高 29 断块区作为研究对象,研究层间剩余油分布规律及影响因素。油层剩余可采储量最高的为 NmⅡ3 油层,为 $9.9 \times 10^4$ t,其次是 NmⅡ5 油层的 $5.6 \times 10^4$ t,剩余可采储量最大的是 NmⅡ3S2 的 $6.5 \times 10^4$ t,其次是 NmⅡ5S2 的 $5.6 \times 10^4$ t。因此,油层下部单砂体的剩余油相对富集,从高 29 断块区 NmⅢ5 油层的两个含油气单砂体 S1 和 S2 以及 NmⅡ3 油层的两个含油气单砂体 S1 和 S2 的剩余可采储量看,油层下部单砂体 S2 剩余油相对较为富集,且采出程度低。

2)垂向大、中尺度剩余油控制因素

A. 基准面的影响

基准面对砂体展布和储层复杂程度都有较强影响,基准面较高时砂体呈条带式且横向连通性差,油藏复杂且油藏规模小,原始储量少,故油藏剩余可采储量也低(图 4-2-19)。

B. 隔层与射孔井段的影响

单砂体之间由于隔层的存在,造成纵向连通性变差,所以单砂体间剩余油主要分布在未动用单砂体或动用程度较低的单砂体中,隔层与射孔的位置关系可分为两类。

第一类,隔层条件好且射开多个单砂体时,高含水期形成层间多段剩余油。由于隔层的渗流屏障能力强,每个单砂体相当于一个孤立的渗流系统,在各单砂体正韵律性的控制作用下少量剩余油主要分布在各单砂体的顶部,形成层间多段剩余油(图 4-2-20)。

第二类,隔层条件好且射开单个单砂体时,高含水期形成层间差异动用剩余油。由于隔层封堵条件好,上、下单砂体之间不存在流体渗流,导致射孔单砂体得到较大程度的动用,少量剩余油集中在单砂体顶部。而未射孔单砂体内则存在大量未动用剩余油,该类层间剩余油差别较大(图 4-2-20)。

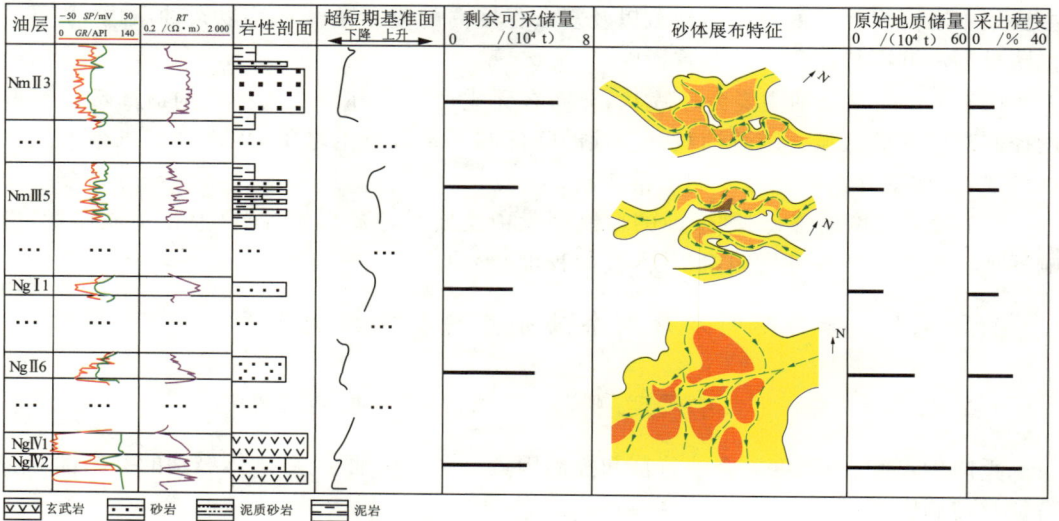

图 4-2-19　基准面与剩余可采储量关系

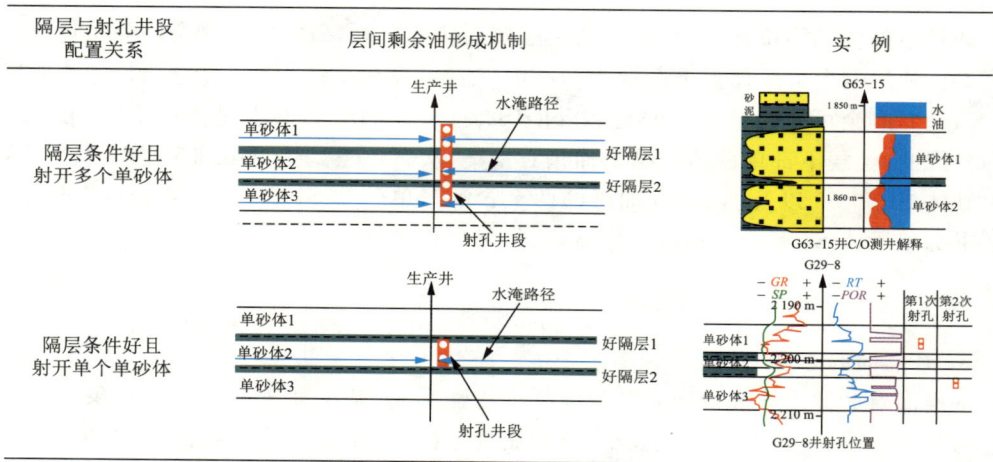

图 4-2-20　隔层与射孔井段配置关系对单砂体间剩余油的控制

### 4.2.4.3.2　垂向小尺度剩余油特征及控制因素

A. 垂向小尺度剩余油分布特征

对研究区内数值模拟结果和 C/O 测井资料的研究发现,研究区单砂体内部的剩余油主要可以分为顶部剩余油、下部剩余油和多段剩余油 3 类(图 4-2-21)。

B. 垂向小尺度剩余油的控制因素

第一类,单砂体存在夹层且射开单砂体的大部或全部时,高含水期形成层内多段剩余油。单砂体全部射开时,可以充分利用侧积层的渗流屏障作用,抑制正韵律层底部优势驱替的负面影响,同时驱替多个侧积体中的油气,增加垂向厚度波及系数,形成多段剩余油(图 4-2-22)。

104

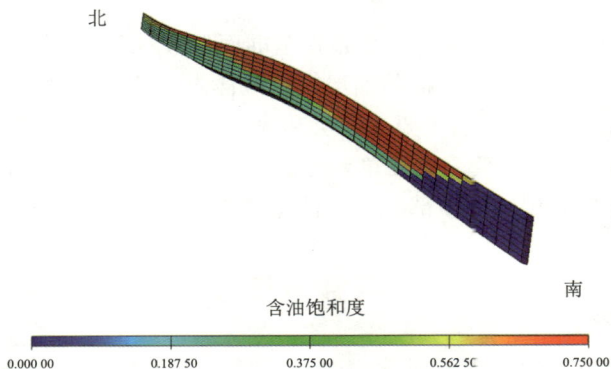

图 4-2-21　单砂体内部剩余油分布

第二类,单砂体存在夹层且射开单砂体的顶部(直井或小斜度井)时,高含水期形成中、下部剩余油。在顶部射孔的情况下,受侧积层的屏障作用,只能动用顶部有限几个侧积体内的油气,所以层内剩余油多集中在中、下部未动用的侧积体内(图 4-2-22)。

第三类,单砂体无夹层且射开单砂体的大部或全部时,受正韵律性的影响,高含水期形成顶部剩余油。由于正韵律底部水淹突进,造成底部水淹重,单砂体顶部存在剩余油(图 4-2-22)。

第四类,单砂体无夹层且射开单砂体的顶部时,高含水期剩余油较少。由于顶部射孔可以抑制正韵律和重力分异作用所造成的底部水淹突进现象,致使该类油井纵向水淹较均匀,层内剩余油少(图 4-2-22)。

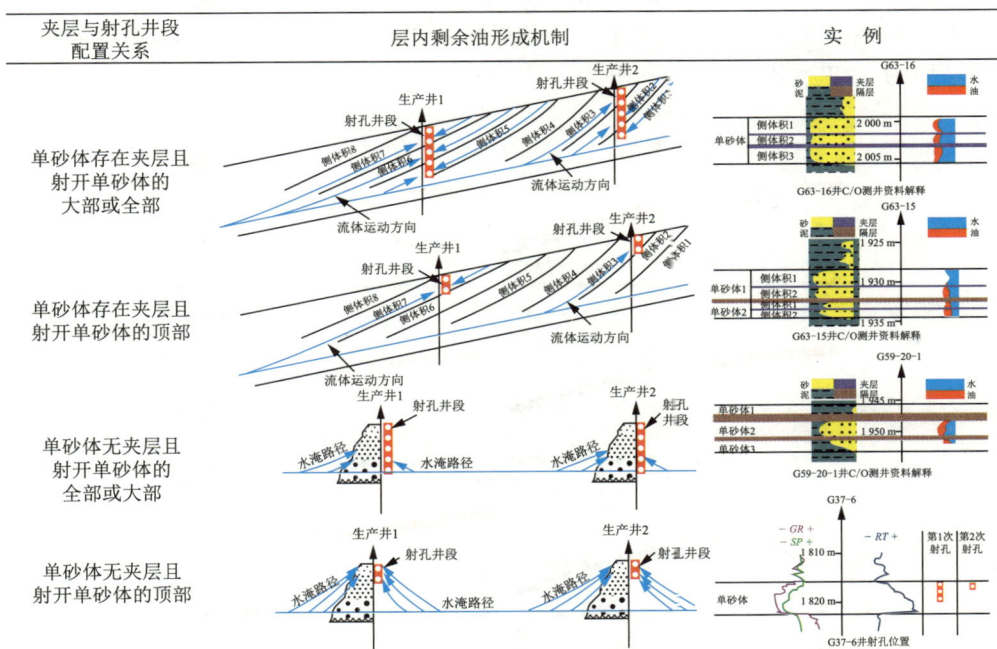

图 4-2-22　夹层与射孔井段配置关系对单砂体内剩余油的控制

总体上,垂向剩余油主要存在以下特点:

(1)油层间和单砂体间剩余油主要分布在基准面低、厚度大的主力油层或单砂体内,以及纵向上未动用的或射孔程度较低的油层或单砂体内。油层间剩余油主要受基准面和射孔程度的影响,单砂体间剩余油主要受隔层和射孔井段配置关系的影响。

(2)单砂体内部剩余油主要分布在单砂体的顶部、未动用侧积体内、井间单砂体的顶部和以多段式分布在各侧积体的顶部。剩余油主要受夹层和射孔井段配置关系的影响。

## 4.2.5 基于油藏地质建模与数值模拟一体化的剩余油分布预测

利用储层构型约束下的油藏地质建模与油藏数值模拟相结合的方法开展剩余油研究,认为研究区内剩余油的分布受储层构型和油藏类型的控制较强。各种油藏命名要素从不同方面反映了剩余油的平面分布特征,储层构型的Ⅵ级和Ⅲ级界面特征影响剩余油的垂向分布特征。

### 4.2.5.1 储层构型影响的高含水期剩余油分布模式

对于储层构型控制的剩余油分布模式,主要以边水油藏为例建立相关的Ⅵ级构型界面(单砂体间隔层)特征和Ⅲ级构型界面(单砂体内部夹层)特征的概念模型,并利用数值模拟技术对其剩余油分布模式进行详细研究。

#### 4.2.5.1.1 储层Ⅵ级构型界面影响的剩余油分布模式

研究区内Ⅵ级构型单元(单砂体)的垂向叠置关系主要分为相隔式、浅切式和深切式3种。对单砂体的3类垂向叠置关系分两种射孔方式进行讨论:一种为上部单砂体射开,另一种为上下两单砂体全部射开(图4-2-23)。

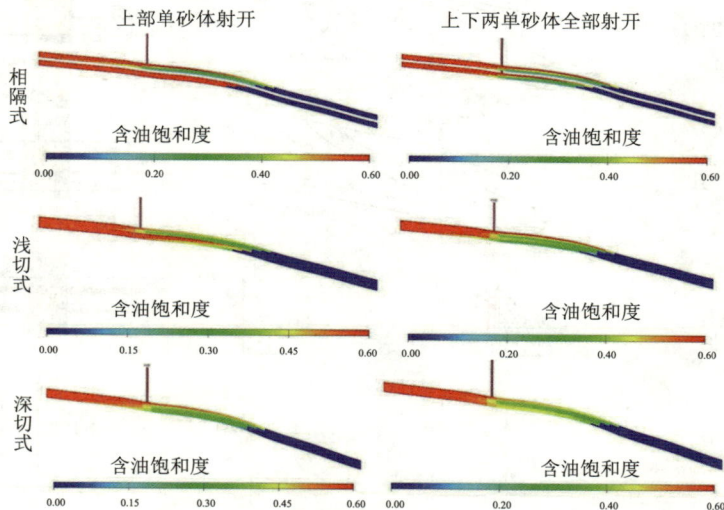

图4-2-23 单砂体叠置关系控制的单砂体间剩余油分布模式

当上部单砂体射开时,上部单砂体的动用程度要明显高于下部单砂体的动用程度。特别是相隔式,下部单砂体完全处于未动用状态,存在大量的未动用剩余油。顶部射孔条件下上部单砂体不管在何种叠置关系下始终保持顶部存在少量剩余油,这主要受单砂体正韵律的影响(图 4-2-23)。

当上下两单砂体全部射开时,从相隔式到深切式,剩余油分布模式由多段式逐渐向上部单砂体的顶部式过渡。相隔式为明显的两段式剩余油,上下两单砂体都存在一定程度的动用且动用程度相当,在上下两单砂体的顶部都存在一定量的剩余油。浅切式也表现为弱的两段式剩余油,但上部单砂体顶部剩余油的富集程度明显较下部单砂体的高。深切式上下两单砂体垂向连通性好,基本相当于一个连通体,所以此时剩余油的纵向特征与正韵律厚层油层很相似,主要在上部单砂体的顶部存在剩余油(图 4-2-23)。

尽管砂体叠置关系控制的剩余油纵向分布各有特点,但仍存在两个共同点:一是最上部单砂体的顶部一般会存在少量剩余油;二是油井所采油气主要是来自水体驱动的构造低部位的油气,而受断层遮挡的构造高部位的油气动用程度低。

#### 4.2.5.1.2　储层Ⅲ级构型界面影响的剩余油分布模式

以点坝内部侧积层为例研究夹层发育程度与射孔井段配置关系控制的单砂体内部剩余油分布模式。图 4-2-24 所示点坝砂体的凸岸在右、凹岸在左,油藏的外界水体加在点坝凹岸左端。

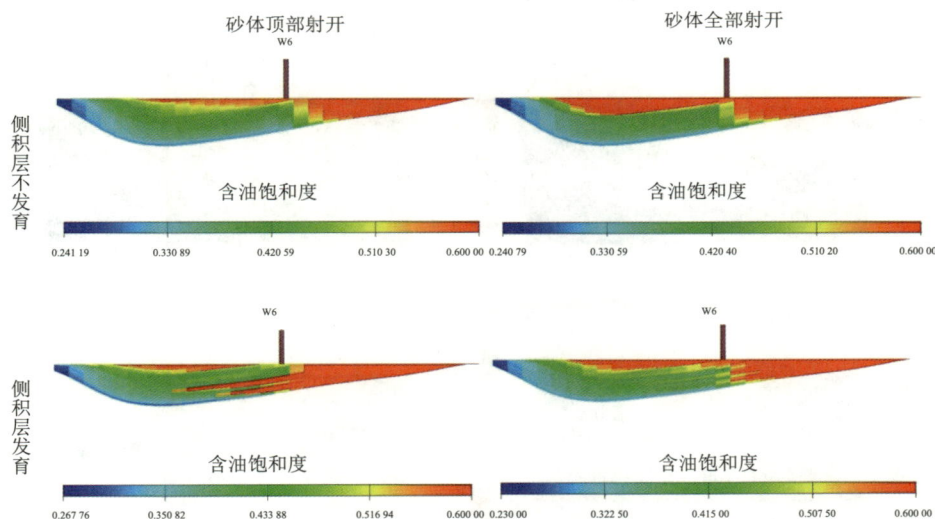

图 4-2-24　正韵律点坝砂体夹层控制的单砂体内部剩余油分布模式

当点坝凸岸砂体侧积层不发育时,侧积体之间不存在渗透遮挡条件,也就是说侧积体之间垂向连通性好,流体可以上下流通。此时顶部射孔的厚度波及系数明显要较全部射开时大,水淹程度也高,同时顶部油气的动用程度也高,剩余油少。

当点坝凸岸砂体侧积夹层发育时,由于夹层岩性细、物性条件差,侧积体之间受其遮挡,在凸岸渗流相对独立、不连通,但在凹岸为上下连通体。此时与侧积层不发育时相反,顶部射孔时的厚度波及系数较全部射孔时低。顶部射孔时剩余油主要分布在单砂体的下部侧积体内和顶部未射开的小规模侧积体内,属未动用剩余油。单砂体全部射开时,纵向剩余油相对少,主要分布在少数顶部未射开的小规模侧积体内,整体呈较弱的多段式,在每个侧积体的顶部存在少量剩余油。

点坝砂体在四类配置关系的影响下,内部剩余油主要存在以下两个共同点:

(1)最顶部的、靠近河道中心的、末期小规模侧积体内一般存在少量剩余油,主要是因为其规模相对较小,钻遇率低,容易形成局部未动用剩余油。

(2)点坝凸岸砂体尖灭段一般也存在一定量的剩余油,主要是因为该区域砂体尖灭,水体在由凹岸驱替油气的过程中形成了压力封存箱,封存了少量剩余油。

### 4.2.5.2 油藏类型影响的高含水期剩余油分布模式

#### 4.2.5.2.1 不同开启性油藏的剩余油平面分布模式

研究区内断块油藏从平面形态上可以分为开启型、半封闭型和封闭型 3 类。这 3 类油藏在相同井网条件下,高含水期(含水 90%)的剩余油特征存在较大的差别。

将概念模型模拟到高含水期(含水率 90%)时,开启型断块油藏天然能量充足,到末期地层压力仍有 18.8 MPa,采出程度高,达到 27.5%。开启型断块油藏的剩余油由油水界面向构造高部位,按照油水界面形态富集程度呈环状增加。受构造特征的控制,剩余油主要富集在断层遮挡的构造高部位(图4-2-25)。当断层遮挡的构造高部位存在生产井

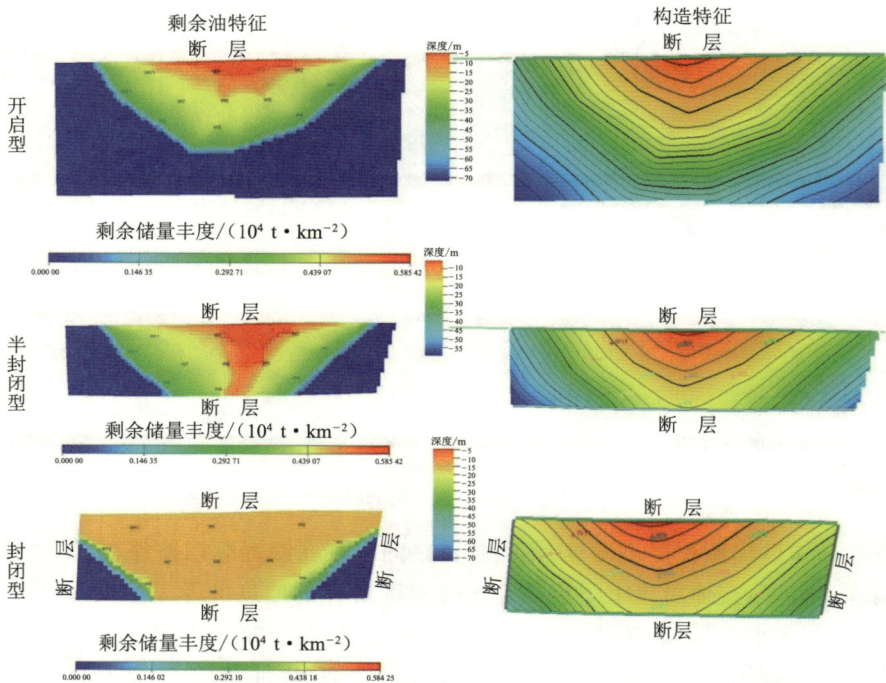

图 4-2-25 不同开启性断块油藏的剩余油平面分布模式

时,由于油藏能量较为充足,水体可以顺利水淹到高部位井,造成断层遮挡的构造高部位的生产井周围剩余油量低。在天然能量充足作用下,油水界面推进较为均匀,生产井区剩余油相对零散、富集程度低,剩余油主要富集在断层遮挡的、无井生产井的构造高部位。

半封闭型断块油藏南北两端存在两条断层,断块为东西向的条状断块(图 4-2-25)。半封闭型断块油藏的剩余油不仅受构造条件的控制而分布在断层遮挡的构造高部位,还由于两边水体相互挤压,在油藏中间部位形成一个南北向的压力均衡区,出现一条南北向的高剩余油条带(图 4-2-25)。

封闭型断块油藏四周都存在封闭性断层,自身与外界水体不连通,只在断块本身存在少量的内部水体,油藏在天然能量开采阶段主要靠弹性驱动,自身天然能量充足程度低,所以油水界面推进不明显,剩余油在油藏范围内分布较均匀,不存在明显的剩余油富集区,但总体剩余油丰度较高(图 4-2-25)。

对 3 类不同开启性断块油藏而言,剩余油在开启型断块油藏和半封闭型断块油藏内存在相对富集区,开启型断块油藏主要分布在断层遮挡的构造高部位,还沿油水界面形态向油水界面方向富集程度不断降低;半封闭型断块油藏剩余油主要分布在断层遮挡的构造高部位和多水体能量供应过程中形成的能量均衡区。封闭型断块油藏的剩余油在整个油藏内较为均一,差别较小,不存在剩余油的相对富集区。从采出程度看,开启型断块油藏的采出程度最高,其次为半封闭型断块油藏,而封闭型断块油藏的采出程度最低。

### 4.2.5.2.2　不同复杂程度油藏的剩余油平面分布模式

按照断块油藏的复杂程度,研究区内油藏类型可以分为一般、较复杂、复杂和特复杂 4 类。研究区内主要发育较复杂、复杂和特复杂 3 类油藏,一般断块油藏发育少。自较复杂断块油藏到特复杂断块油藏,储层在平面上由交切条带式变为孤立条带式,同时储层的厚度减薄,内部夹层发育程度增加(图 4-2-26)。

较复杂岩性断块油藏砂体连片性较好,相应储层横向连通性好,与南部水体的接触面积和连通性相对也是 3 类油藏中最好的。从剩余油分布特征看,剩余油主要受储层厚度和构造形态的控制,断层遮挡的构造高部位和厚储层位置是剩余油的相对富集区。构造低部位因靠近水体,水淹较为严重,剩余油量较少,同时河道边缘等薄砂体内虽然水淹程度弱,但由于原始储量丰度不高,所以其高含水期剩余储量丰度也较低。较复杂岩性断块油藏天然能量充足,自构造低部位的油水界面向断层遮挡的构造高部位,剩余油丰度存在增加趋势,同时受原始地质储量丰度的控制,剩余储量丰度随砂岩厚度的增加而增加。油藏剩余油分布连片性较好(图 4-2-26)。

复杂岩性断块油藏受油藏复杂程度的影响,与外界水体连通程度低,综合含水率达到 77.2% 时能量枯竭,采出程度为 24.5%。剩余油的分布特征受储层厚度的控制,主要分布在厚砂体内,向油水界面方向剩余油存在微弱的减弱趋势。油藏相对剩余油富集区呈条带状(图 4-2-26)。

　　特复杂岩性断块油藏的砂体展布呈孤立条带式且河道宽度较窄,造成与外界水体连通非常不畅,在综合含水率达到 31.5%、采出程度为 17.8% 时,油藏天然能量枯竭,剩余油的平面分布特征主要受储层厚度的影响,分布在厚储层区域。油藏剩余油分布较为零散,呈土豆状(图 4-2-26)。

　　综上所述,不同复杂程度油藏的剩余油主要受构造特征和储层厚度的影响,随着储层复杂程度和油藏复杂程度的增加,剩余油的平面分布特征受储层厚度的影响程度增加,受构造形态的影响程度减小,剩余油的平面分布特征逐渐零散,由弱连片式向土豆式演变,同时天然能量开采阶段的采出程度降低,综合含水率降低。

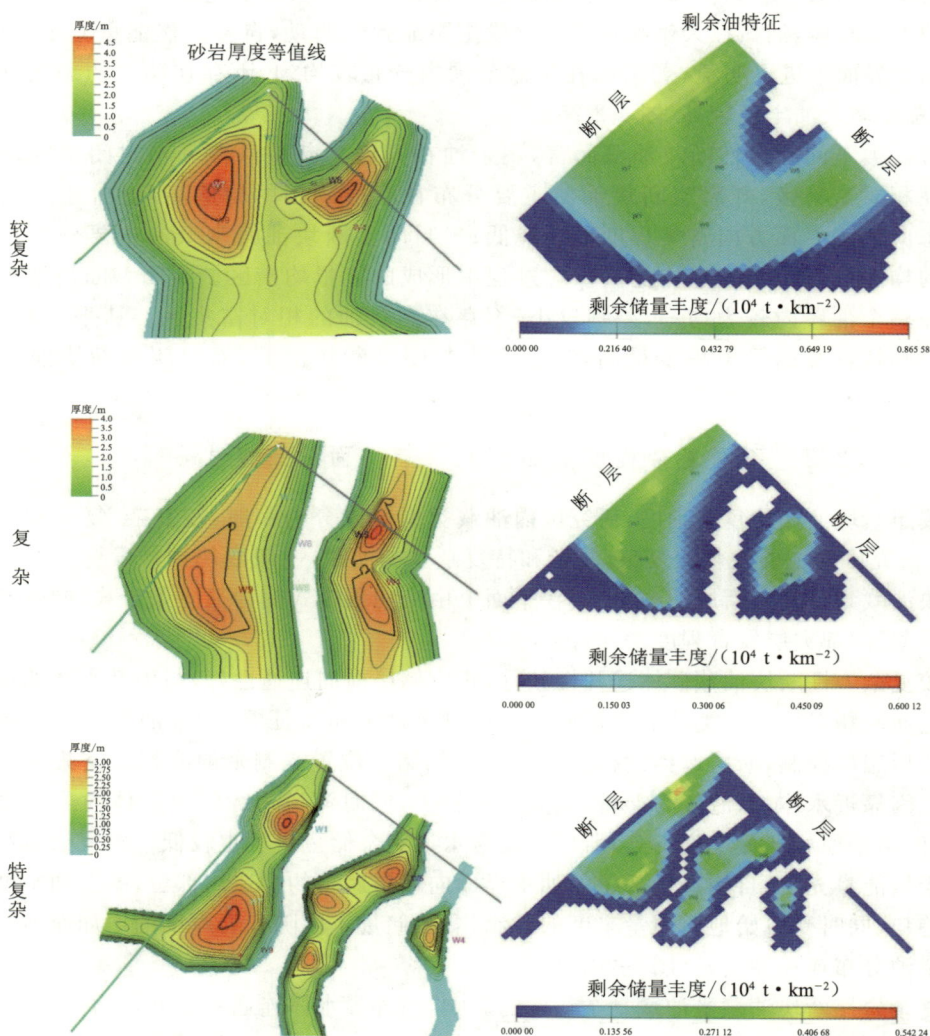

图 4-2-26　不同复杂程度断块油藏的剩余油平面分布模式

### 4.2.5.2.3 强边底水油藏的剩余油分布模式

#### 1）强边底水油藏剩余油平面分布模式

与原始地质储量丰度相比，底水油藏要较边水油藏低（图 4-2-27）。在高含水期，边底水油藏的剩余储量丰度分布存在较大的差别。底水油藏受原始储量丰度的控制较强，向构造高部位剩余储量丰度明显增加，同时由于底水油藏油井水淹为水体锥进，油井控制面积小、水淹面积波及系数小，油井间存在大量的剩余油，呈相对集中的椭圆形。边水油藏的剩余油分布特征受水淹路径的控制较强，同时也受构造特征的一定控制。构造低部位向断层遮挡的构造高部位，剩余储量丰度有增加趋势，由于边水油藏的水淹路径为水体指进式，其控制面积呈长条状，造成井间剩余油分布非底水油藏的圆形或椭圆形，而是呈长条形（图 4-2-27）。

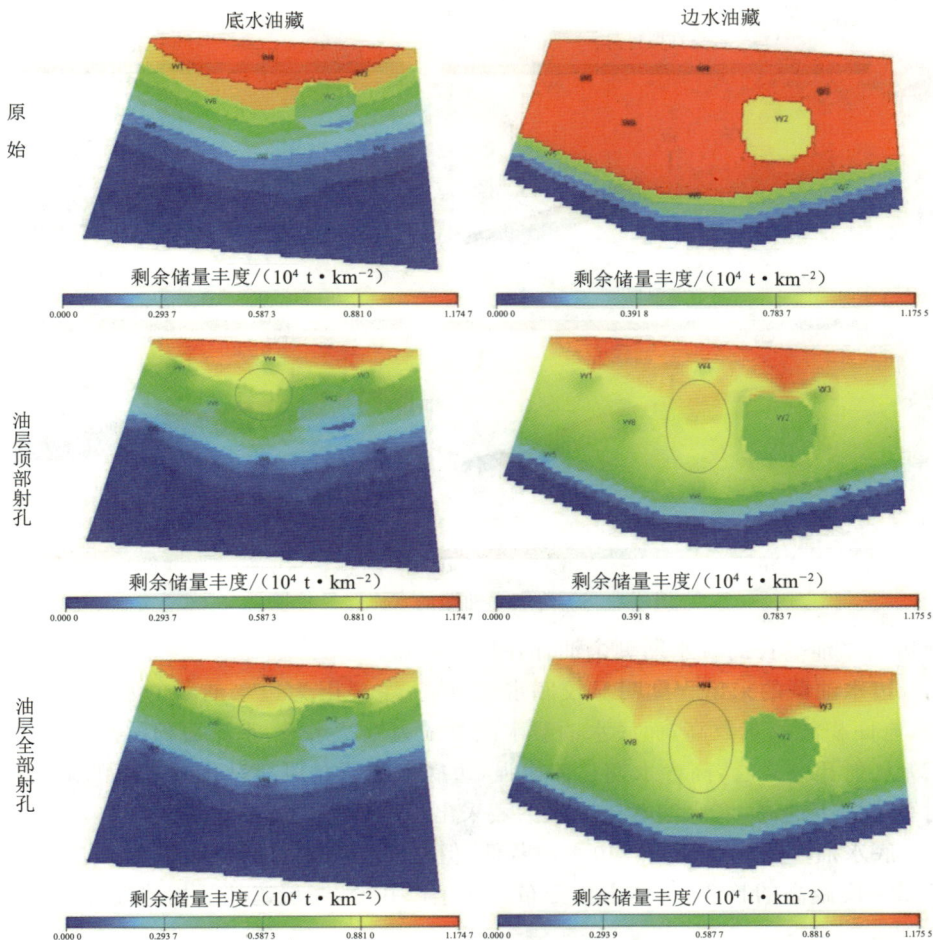

图 4-2-27　不同射孔方式的边底水油藏剩余油平面分布模式

底水油藏在油层全部射孔和顶部射孔两种射孔方式下,剩余油的平面分布形态变化不大,只是井间和油井周围的剩余储量丰度在顶部射孔时相对低。边水油藏在两种射孔方式下剩余油的平面分布特征存在一定变化:

(1)与底水油藏相似,在顶部射孔方式下井间剩余储量丰度和油井周围剩余储量丰度较油层全部射孔时低,但断层遮挡的构造高部位剩余储量丰度变化不大。

(2)油层在全部射孔时一般在油井背向水体方向剩余油明显较富集,存在一个高剩余油丰度的"尾巴",但是在油层顶部射孔时油井后的高剩余油丰度"尾巴"消失(图4-2-28)。

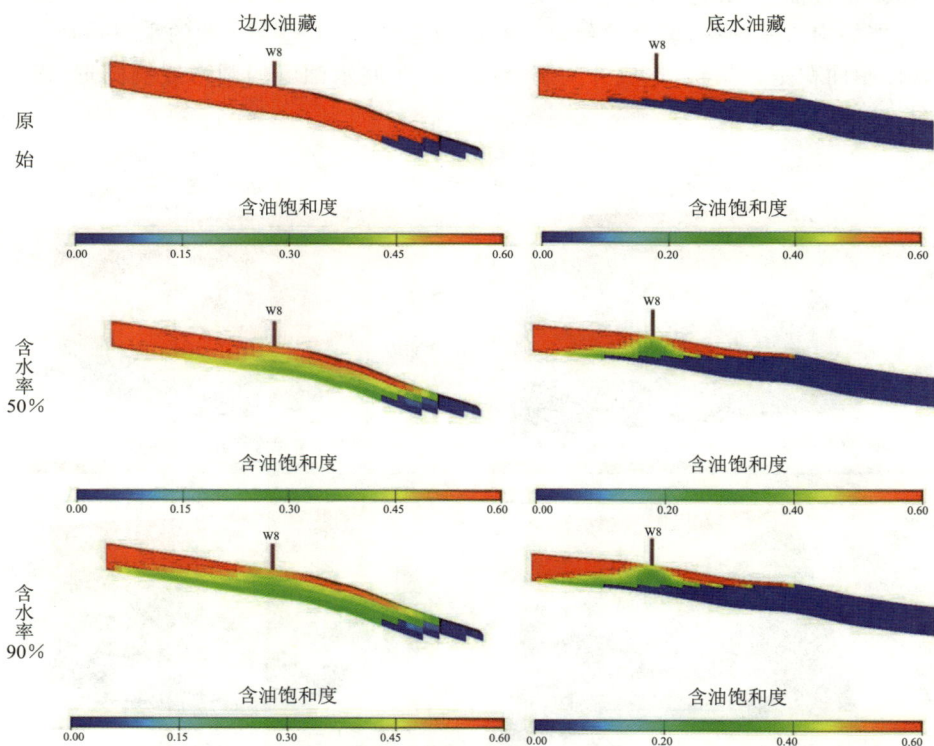

图 4-2-28　边底水油藏的水淹路径特征

强边底水油藏在高含水期剩余油存在以下特点:

(1)边水油藏的采出程度明显较底水油藏高,主要因为边水油藏的水淹方式为指状水淹,水淹面积波及系数高,而底水油藏水淹方式为锥状水淹,水淹面积波及系数低。

(2)从射孔方式看,高含水期正韵律强,边底水油藏在顶部射孔方式下的采出程度较全部射孔方式下的高,底水油藏比边水油藏采出程度增加幅度要大。

(3)底水油藏的剩余油量较边水油藏低,但是两种油藏的剩余油都有构造部位越高,剩余储量丰度越高的趋势,具体主要分布在无生产井的、断层遮挡的构造高部位和生产井间。

(4)生产井间剩余油边水油藏呈长条状,底水油藏呈椭圆形,但边水油藏的井间剩余储量丰度较底水油藏高。

### 2）强底水油藏夹层控制的垂向剩余油分布模式

对于底水油藏，以往认为夹层的存在会阻碍底水的锥进，造成油井夹层以上油层存在大量的剩余油。为此，通过模型分油层顶部射孔和全部射孔两种射孔方式来研究不稳定夹层影响的底水油藏垂向剩余油分布模式（图 4-2-29）。

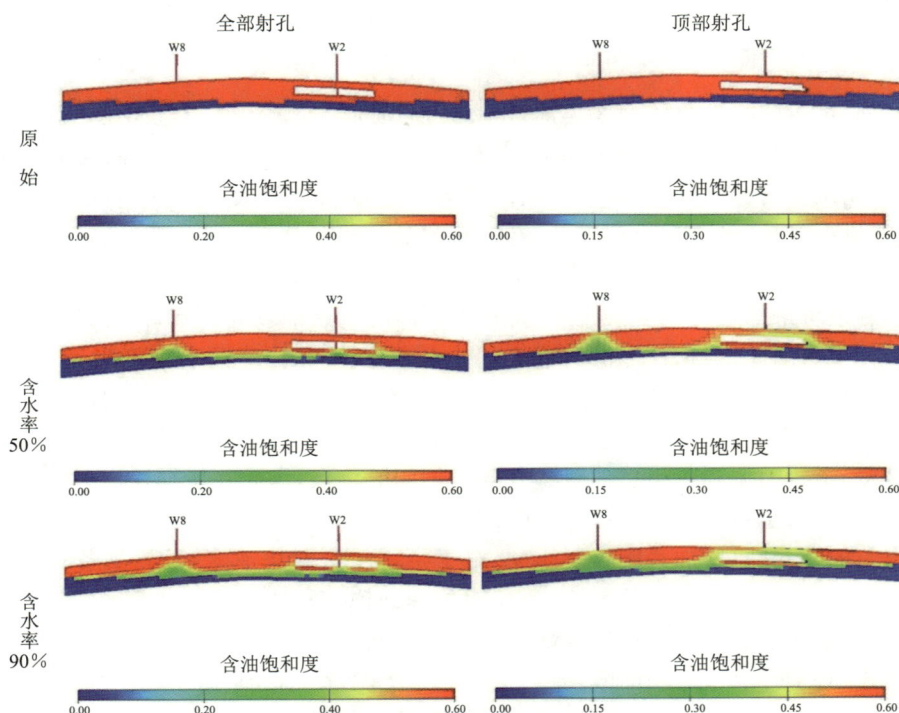

图 4-2-29　不稳定夹层影响的底水油藏剩余油垂向分布模式

底水油藏的剩余油主要分布在井间油层的上部，不管是油层顶部射孔还是全部射孔都存在该特点。当油井不存在夹层且采取全部射孔时油井周围的油层顶部存在一定量剩余油，但当施行顶部射孔时，油井周围油层几乎不存在剩余油。

油井存在不稳定夹层时情况较为复杂，油层全部射孔时与以往认识基本相同，高含水期由于夹层的遮挡作用，油井夹层以上油层存在大量剩余油，但是油井夹层以下的油层内并不像以往认识的不存在剩余油，而是以油井为中心，周围存在少量剩余油。如果将油井夹层下的油层单独看成一个沉积体，那么该沉积体的顶部存在少量剩余油。这说明在油层全部射孔时，不稳定夹层的存在相当于将一个沉积体分割成两个小的沉积体，由于夹层的遮挡作用，底水锥进主要在下部沉积体内进行。随着沉积体厚度的降低，造成油井水锥的控制面积也降低，形成纵向上的多段剩余油，夹层以上油层存在大量的未动用剩余油，而在夹层以下油层的顶部存在少量残存剩余油（图 4-2-29）。

油井存在不稳定夹层而施行顶部射孔时，射孔位置在夹层以上油层内，生产过程中底水可以通过夹层的尖灭位置首先锥进入夹层以上的油层内部,然后水体将沿夹层以上油层水淹到生产井,造成夹层以上油层动用程度较高。夹层下部油层由于受夹层的遮挡作用,同时又无压力释放,顶部明显存在剩余油。因此,存在夹层且顶部射孔时,夹层上油层动用程度高而夹层下油层动用程度低,形成多段剩余油,但存在夹层且顶部射孔时的厚度波及系数要较存在夹层且全部射孔时高(图4-2-29)。

### 4.2.5.3 剩余油挖潜建议

#### 4.2.5.3.1 针对油藏类型的剩余油挖潜

开启型、半封闭型和封闭型3类油藏中,开启型断块油藏天然能量充足,遮挡条件少,采出程度高,虽然具有一定的剩余油量,但是相对较为分散,主要分布在断层遮挡的构造高部位,后期调整目标明确;封闭型断块油藏天然能量相对最低,同时四周都存在遮挡条件,油藏能量下降快,导致采出程度低,有时受原始规模的影响,剩余可采储量有限,但是剩余油相对较为均一,后期加密注水调整空间大,挖潜的潜力较大;半封闭型断块油藏采出程度和剩余可采储量较为复杂,当复杂程度不高时剩余油较为丰富,但复杂程度较高时剩余油量较少。因此,根据挖潜潜力先大后小的原则,3类油藏的后期开发调整顺序为:半封闭型较复杂断块油藏→封闭型断块油藏→开启型边水断块油藏→半封闭型复杂断块油藏。

开启型、半封闭型和封闭型油藏具有各自不同的特点,为此在后期挖潜时可以采取不同的技术对策:对于封闭型断块油藏,其后期能量低,要及时实施内部注水来补充能量,同时需要均匀加密井网,增加井网控制程度;对于半封闭型断块油藏,虽然具备较充足的天然能量,但是考虑到断层遮挡的影响,要在能量降到饱和压力以下前实施边外注水,补充边外能量,同时在断层遮挡的构造高部位和水体的能量平衡区补打加密井,在无生产井区适当打新井;对于开启型断块油藏,要尽量依靠天然能量开采,原则上不注水或控制注水,在生产井进入高含水或特高含水时要积极提液,最大限度发挥天然能量和生产井的作用,在较大范围的无生产井区,特别是断层遮挡的构造高部位无生产井区要打新井,完善井网。

就断块的复杂程度而言,断块的复杂程度越强,井网的控制程度越低,相应开发效果和开发程度越低,但是由于油藏复杂程度越高,剩余油在平面上分布越零散,会增加后期调整的难度。一般随着断块复杂程度的增强,需要相应越小的井网井距来提高井网的控制程度,以达到较好的开发效果。可以采用在重点部位补打新井,特别是在无井控制的厚油层区域,而在油层厚度较薄的区域可以利用水平井技术来提高单井的控制面积,增加井网控制程度,提高开发速度和开发效果。本着先易后难的开发调整思路,不同复杂程度油藏的调整顺序为:一般断块油藏→较复杂断块油藏→复杂断块油藏→特复杂断块油藏。

就强边底水油藏而言,因油层在顶部射孔时明显较全部射孔时采出程度高,建议强边底水油藏实施顶部射孔方式。同时,对于存在不稳定夹层的底水油藏,最好的射孔方式也是顶部射孔,可以明显增加厚度波及系数。

### 4.2.5.3.2　基于Ⅵ级构型界面造成层间差异的剩余油挖潜

高含水期相隔式单砂体叠置样式中层间剩余油可采储量最多,当射开单个单砂体时,油井累产油量最低,在未射孔单砂体内存在大量的未动用剩余油,后期可以通过补射未动用含油单砂体的方式来增加单井的厚度波及系数;浅切式射开多个单砂体时,层间剩余可采储量较多,其油井累产油量较高,在单砂体复合体的顶部存在较多的残存剩余油,后期可以通过堵水方式堵掉复合砂体底部的出水段,增加复合砂体顶部的动用程度;相隔式射开多个单砂体时,由于隔层的存在影响有效厚度,其原始可采储量相对较少,虽其油井累产油量较高,但剩余可采储量并不多,形成分散度较高的多段残存剩余油,后期调整难度较大;深切式射开顶部单砂体时,由于可在一定程度上抑制水体的重力分异作用,造成油井周围剩余可采储量低,剩余油主要分布在油井之间。

因此,在油井初次投产时建议在隔层条件好时实施多个单砂体同时射开的射孔方案,以增加垂向厚度波及系数,改善开发效果。而对于隔层条件差的油井,实施顶部射孔方案可抑制正韵律及重力分异作用的负面影响。

### 4.2.5.3.3　基于Ⅲ级构型界面造成层内非均质的剩余油挖潜

通过对前面单砂体内剩余油和夹层对单砂体内剩余油分布模式的研究发现,单砂体存在夹层且射开单砂体的大部或全部时和单砂体无夹层且射开单砂体的顶部时,厚度波及系数大,油井累产油量高,相应的层内剩余可采储量少,高含水期油井本身调整的意义不大,主要通过打加密井来挖潜井间的少量剩余油。单砂体内剩余可采储量最多的是存在夹层且射开单砂体顶部的情况,此时由于侧积层的遮挡作用,造成单砂体中下部的侧积体内存在较多的未动用剩余油,同时受砂体正韵律和水体重力的双重作用,顶部存在一定量的剩余油,可以采用调剖堵水的方式堵掉下部出水段并同时提液生产的方式,增加水体纵向的波及系数,挖潜单砂体顶部剩余油。

因此,建议对于单砂体存在夹层的油井进行投产时,施行中上部大部射孔的射孔方案或在单砂体顶部打水平井的方式,以提高侧积体的利用率。对于单砂体无夹层的油井,则要施行顶部射孔,抑制正韵律和重力分异作用的负面影响,以取得好的开发效果。

同时通过数值模拟发现,对整个点坝砂体在相同规则井网的条件下,所有油井实施顶部射孔到高含水期,整个点坝砂体的开发效果要明显好于所有井实施全部射孔或各井随意射孔的情况。因此,对整个点坝砂体油藏最好是所有生产井实施顶部射孔,这样几乎每个侧积体都有控制井,控制程度较高,开发效果较好(图4-2-30)。

### 4.2.5.3.4　生产验证

后期生产中验证了上述调整对策的合理性,高尚堡油田在 NmⅢ5 边水开启型断块油藏的无生产井区打 1 口新井,获得日产油 12.2 t、含水率仅 1.6% 的理想效果。在 NmⅢ4② 边水开启型断块油藏断层遮挡构造高部位的生产井旁边打 1 口检查井,日产油 0.15 t,含水率 99%,证实了开启型断块油藏在断层遮挡的构造高部位存在生产井时,该部位不存在剩余油的结论。在 NmⅡ3S1 边水封闭型断块油藏中靠近岩性尖灭带的无

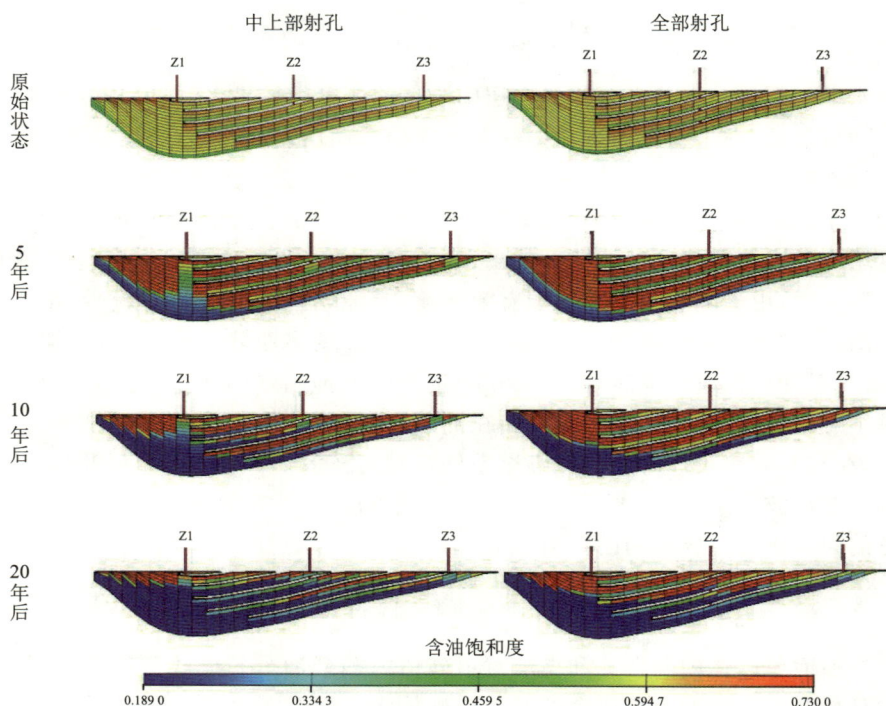

图 4-2-30　点坝砂体所有井不同射孔方式下含油饱和度剖面

生产井区打 1 口新井,获得日产油 8 t,含水率 9.6％的良好效果。在 NmⅡ5S2 边水半封闭型断块油藏的无生产井区打 1 口新井,日产油 0.1 t,含水率 99％,效果很差。将该井上返到 NmⅡ3S2 边水半封闭型断块油藏的岩性尖灭带和断层夹持的无生产井区,获得日产油 8.2 t,含水率 33.7％的较好效果。

# 4.3　低渗透油藏精细描述及剩余油研究实例

## 4.3.1　低渗透油藏特点

近年来,低渗透石油探明储量和原油产量逐年增多,新增石油储量中 2/3 以上为低渗透储量。在全国石油远景剩余资源中,低渗透储量占剩余资源总量的一半以上。由此可见,低渗透储量已成为目前新区产能建设和油田上产的主体。

低渗透油藏最突出的特点是:储层孔喉半径小,渗透率低,裂缝发育,非均质性强;普遍具有液量低、采油速度低、采出程度低、含水高的开发特点;流体渗流特征复杂,具有非线性渗流特征和人工裂缝中流体的高速非达西渗流特征,油藏数值模拟历史拟合精度较低,剩余油分布预测结果准确性较差。因此,该类油藏精细描述及剩余油研究的重点是在油藏精细地质建模的基础上,从低渗透油藏的微观渗流机理和宏观开发特征出发,结合动静态资料,研究低渗透砂岩油藏数值模拟方法,提高历史拟合精度,有效修正地质模型,描述剩余油分布规律。

渤南油田四区位于济阳坳陷沾化凹陷中部的渤南洼陷内,构造整体相对简单,处于断层下降盘,是一个向西北倾没、东南抬起的单斜构造。古近系沙河街组沙三段是其主力油层,深度介于 3 000～3 500 m 之间,发育扇三角洲前缘沉积,砂体呈南东—北西向展布。油藏类型为常压、中孔、低渗、低饱和的岩性油藏。

## 4.3.2　油藏精细地质建模

### 4.3.2.1　油藏精细地质建模

利用低渗透油藏精细描述研究成果以及地质条件的约束,建立油藏精细地质模型。采用序贯高斯模拟方法,以井点处粗化的测井二次解释结果为硬数据生成孔隙度模型;选用序贯高斯同位协同模拟的方法,在井点处以粗化的测井解释渗透率值作为硬数据,在井间以模拟得到的渗透率数据体作为软数据,通过同位协同模拟生成渗透率模型,得到的渗透率与孔隙度可保持较好的一致性(图 4-3-1),精细刻画渗透率的三维空间分布,为油藏数值模拟提供精细地质模型。

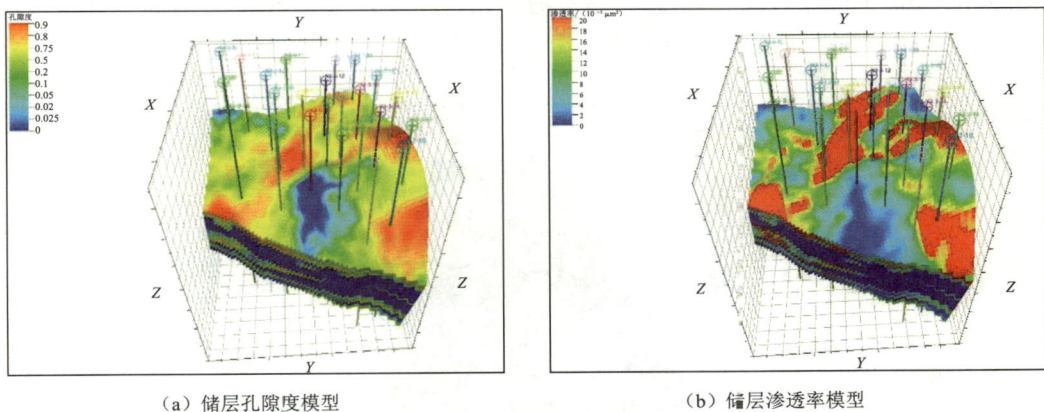

(a) 储层孔隙度模型　　　　　　　(b) 储层渗透率模型

图 4-3-1　储层物性参数模型

### 4.3.2.2　人工裂缝网络渗透率模拟

#### 4.3.2.2.1　人工裂缝网格渗透率场模拟

低渗透油藏通常采取人工压裂措施提高单井产能。一般来说,裂缝存在一个主方向并沿主方向在井的两侧对称排列,沿主方向及垂直于主方向延伸,裂缝渗透率逐渐降低,直至等同于基质渗透率,裂缝形状近椭圆状。由于人工裂缝属于后期造缝,不同于一般的双重介质油气藏,为保证储量一致,人工裂缝网格的孔隙度服从于原始地质模型,此处只针对人工裂缝的渗透率场进行模拟。

假定裂缝网格长度为 $\Delta x$,裂缝半长为 $W_f$,裂缝宽度为 $H$,则沿主方向裂缝所处的网

117

格数为$\dfrac{W_f}{\Delta x}$，垂直主方向裂缝所处的网格数为$\dfrac{H_f}{\Delta x}$。假定裂缝渗透率符合指数递减，沿主方向递减指数为$D$，垂直主方向渗透率的递减指数为$B$，井底中心网格渗透率为$K$，压裂后网格渗透率为$K_f$，则有：

$$KD^{-\frac{W_f}{\Delta x}} = K\left(\frac{W_f}{\Delta x}, 0\right)$$

$$KB^{-\frac{H_f}{\Delta x}} = K\left(0, \frac{H_f}{\Delta x}\right)$$

$$K(i,j) = KD^{-i}B^{-j}$$

$$i = \frac{W_f}{\Delta x} - 1, \quad j = \frac{H_f}{\Delta x} - 1$$

已知裂缝导流能力$T_f = K_f W_f$，则有：

$$T_f = \sum\sum K(i,j)\Delta x = \sum\sum KD^{-i}B^{-j}\Delta x$$

以上有3个未知量和3个方程，则可以求出相应未知量的值。计算过程中可能会出现边部网格渗透率低于原始模型渗透率的情况，若边部网格渗透率低于原始值，则将原始值赋值给边部网格。以渤南油田Y4-7-16井为例，按照人工裂缝半长为100 m，裂缝导流能力为40 $\mu m^2 \cdot m$进行计算，得到其沿裂缝方向渗透率递减指数为1.1，垂直裂缝方向渗透率递减指数为9.1，井底中心网格渗透率最大值为$1\,523 \times 10^{-3}\,\mu m^2$（图4-3-2）。

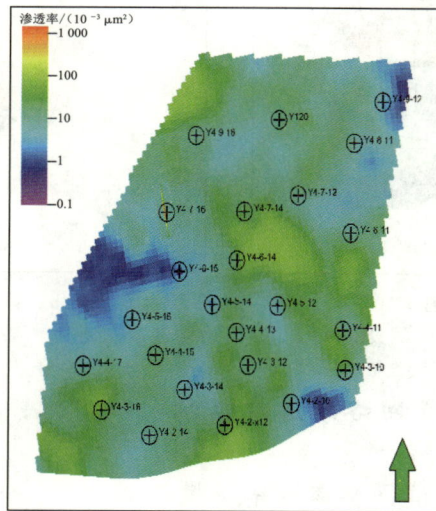

图4-3-2　渗透率分布（Y4-7-16井61砂体）

### 4.3.2.2.2　人工裂缝渗透率时变性

由于人工裂缝渗透率具有时变性，随开发时间变长，人工裂缝会慢慢闭合，最终完全闭合，恢复到原始状态。袁士义等通过室内实验模拟了不同应力下裂缝变形引起的渗透性变化。结果表明，裂缝变形可使渗透率降低58％～75％。井的生产曲线也可表明这种变化趋势。从渤南油田 Y4-7-16 井的产液量变化曲线(图 4-3-3)可以看出,该井初期投产时产液量在 10 t/d,1989 年 9 月压裂后产液量迅速抬升到 29.3 t/d,随后压裂效果逐渐变弱,导致单井产液量逐渐降低,最终于 1990 年 11 月降至压裂前水平。因此,人工裂缝的渗透率是逐渐变化的过程,在油藏数值模拟过程中,需要考虑人工裂缝渗透率的时变性,才能最大限度使该井周围的饱和度、压力等指标符合生产实际。

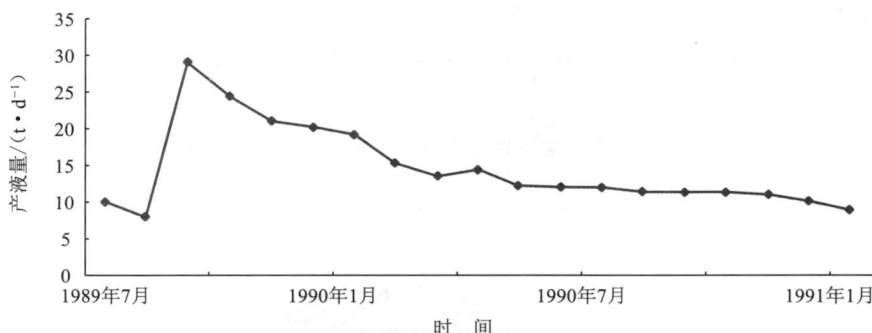

图 4-3-3　产液量变化曲线(Y4-7-16 井)

Giger 建立了如下压裂直井产能 $PI_{vf}$ 的计算公式:

$$PI_{vf} = \frac{0.543K_h H_f}{\mu_o B_o \arccos\dfrac{\cos\dfrac{\pi a}{2b}}{\sin\dfrac{\pi L_f}{2b}}}$$

式中,$K_h$ 为基质水平渗透率;$H_f$ 为裂缝高度;$\mu_o$ 为原油黏度;$B_o$ 为原油体积系数;$a$,$b$ 为泄油面积形状参数;$L_f$ 为裂缝长度。

由上式可以看出人工裂缝的产能与多种参数相关。随着人工裂缝逐渐闭合,泄油面积、人工裂缝长度以及裂缝网格渗透率均发生变化。渗透率模拟过程中,难以将诸多因素考虑其中,故引入人工压裂有效期,以此来计算裂缝渗透率的变化。

假定人工压裂有效期为 $t$,压裂前网格渗透率为 $K_{init}$,压裂后网格渗透率为 $K_f$,人工裂缝网格渗透率符合指数递减规律,递减率为 $D$,则有:

$$K_{init} = K_f e^{-Dt}$$

由上式可计算递减率 $D$,保证在人工裂缝闭合后渗透率恢复到原始值。

不同井的压裂有效期不一致,因此即使同时间压裂,不同井不同时间步的裂缝渗透率也不一致。对于同一口井来说,由于压裂有效期不一致,导致裂缝渗透率递减率也不一致。如渤南油田 Y4-7-16 井第一次压裂,有效期为 16 个月,其人工裂缝渗透率月递减率为 32%,第二次压裂有效期只有 12 个月,其人工裂缝渗透率月递减率为 43%。第一次压裂 6 个月后压裂井底渗透率降至 $220\times10^{-3}$ $\mu m^2$,人工裂缝半长缩短至 72 m,而第二次压裂 6 个月后压裂井底渗透率降至 $141\times10^{-3}$ $\mu m^2$,人工裂缝半长缩短至 56 m(图4-3-4至图 4-3-6)。

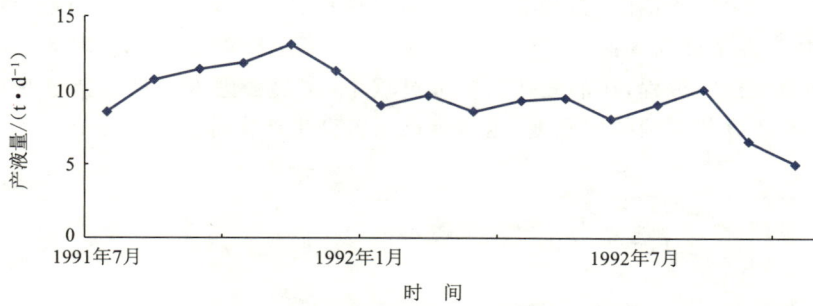

图 4-3-4　第二次压裂后产液量变化曲线（Y4-7-16 井）

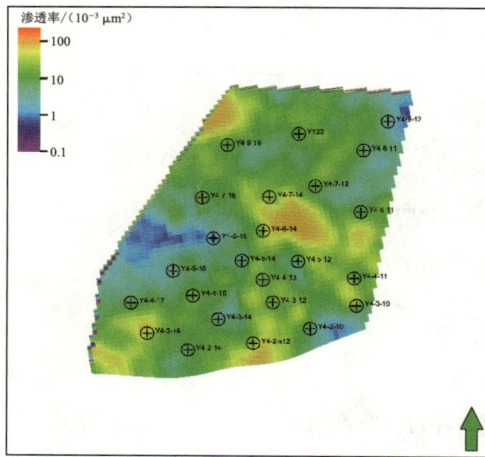

图 4-3-5　第一次压裂 6 个月后渗透率分布（Y4-7-16 井）

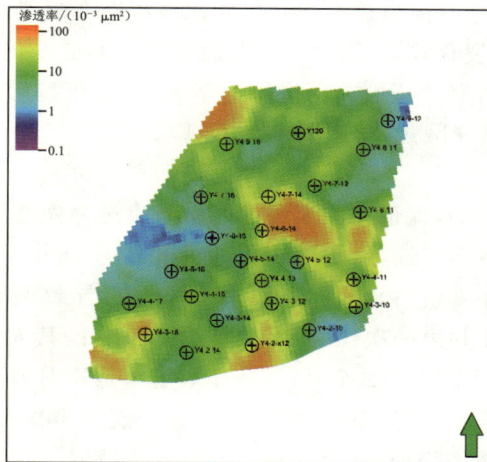

图 4-3-6　第二次压裂 6 个月后渗透率分布（Y4-7-16 井）

## 4.3.3　低渗透油藏数值模拟

### 4.3.3.1　相对渗透率曲线处理

稳态法测定油水相对渗透率是将油水按一定流量比例同时恒速注入岩样,当进口、出口压力及油、水流量稳定时,岩样含水饱和度分布也已稳定,此时油、水在岩样孔隙内的分布是平衡的,岩样对油和水的有效渗透率是常数。因此,可利用测定岩样进口、出口压力及油、水流量,由达西定律直接计算出岩样的油、水有效渗透率及相对渗透率,用称重法或物质平衡法计算出岩样相应的平均饱和度。改变油、水注入流量比例,就可得到一系列不同含水饱和度时的油、水相对渗透率,并可绘制岩样的油水相对渗透率曲线。但对于低渗透油藏,流体为非达西渗流,这种算法显然不合理,需要对油水相对渗透率曲线进行校正。

#### 4.3.3.1.1　油水相对渗透率曲线的校正

为便于计算,采用葛家理教授建立的低速非达西渗流公式:

$$v = c\left(\frac{\Delta p}{\Delta L}\right)^3, \quad c = \frac{KK_r b\rho^2}{b_1^3 \phi^3 \mu^5}$$

式中,$v$ 为渗流速度;$c$ 为渗流系数(取决于流体及岩石性质);$\Delta p$ 为压差;$\Delta L$ 为渗流截面间的距离;$K_r$ 为相对渗透率;$K$ 为渗透率;$\rho$ 为流体密度;$\phi$ 为孔隙度;$\mu$ 为流体黏度;$b$,$b_1$ 为常数。

达西渗流公式为:

$$v = \frac{KK_r}{\mu}\left(\frac{\Delta p}{\Delta L}\right)$$

为便于比较,设低速非达西渗流公式与达西渗流公式具有相同的格式:

$$v = \frac{KK_r'}{\mu}\left(\frac{\Delta p}{\Delta L}\right)^3$$

由于测定过程中压差 $\Delta p$ 和渗流速度 $v$ 都是已知的,因此将上式两两相比可得到:

$$\frac{K_r'\left(\frac{\Delta p}{\Delta L}\right)^3}{K_r\left(\frac{\Delta p}{\Delta L}\right)} = 1, \quad K_r' = K_r\left(\frac{\Delta p}{\Delta L}\right)^{-2}$$

通过上述方法,对研究所测样品的相对渗透率曲线进行校正,结果如图 4-3-7 所示。从对比结果可以看出,按照低速非达西渗流计算的油相和水相的相对渗透率均比以前按照达西渗流计算的结果略高。

#### 4.3.3.1.2　含水率计算模型

含水率常规算法是以贝克莱-列维尔特驱油机理为基础。它的前提条件是油水渗流符合达西线性渗流定律,在不考虑油水重率差和毛管力的作用时可得到:

$$f_w = \frac{1}{1 + \frac{K_o}{K_w}\frac{\mu_w}{\mu_o}}$$

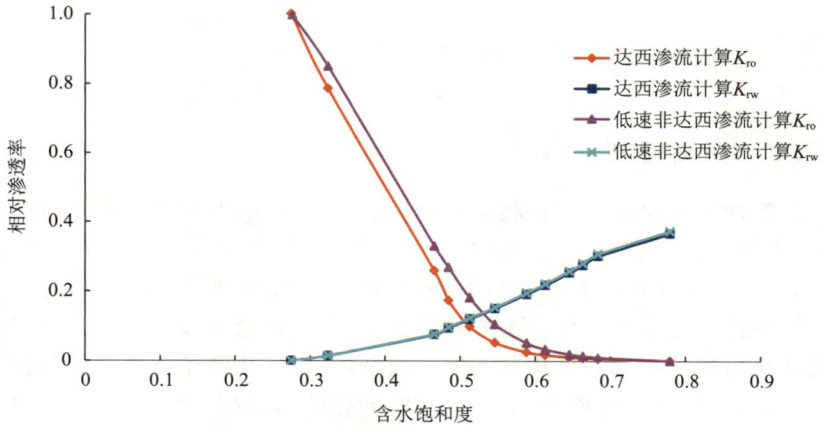

图 4-3-7　两种模型油水相对渗透率曲线对比

式中，$f_w$ 为含水率；$K_o$，$K_w$ 分别为油和水的渗透率；$\mu_o$，$\mu_w$ 分别为油和水的黏度。

根据葛家理的研究成果，低速非达西渗流的含水率模型为：

$$f_w = \frac{1}{1 + \dfrac{K_{ro}}{K_{rw}} \left(\dfrac{\rho_o}{\rho_w}\right)^2 \left(\dfrac{\mu_w}{\mu_o}\right)^5}$$

可以看出，油水两相非达西渗流时含水率的影响因素有油水相对渗透率曲线、油水黏度比、密度比等。

对以上两种模型进行计算，结果对比如图 4-3-8 所示。可以看出，按低速非达西渗流计算得到的含水率要比按达西渗流计算得到的结果略高。这也与前面按所建立的低速非达西等效渗流模型模拟得到的结论相吻合。在低速非达西渗流方式下，容易导致注入水指进，使含水率上升速度加快。

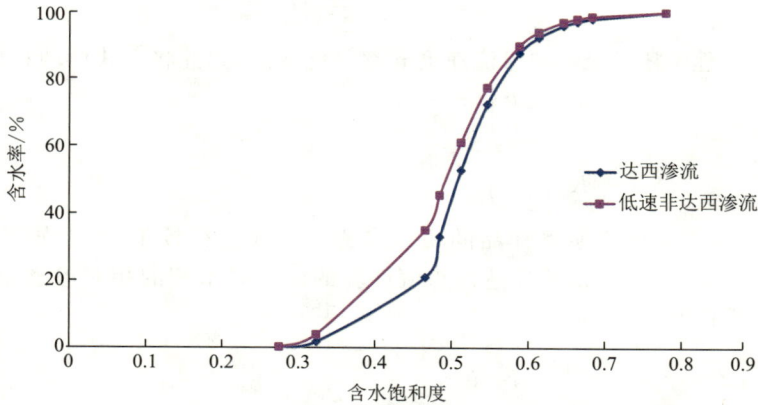

图 4-3-8　两种模型含水率对比

### 4.3.3.1.3　油水相对渗透率曲线分类

低渗透油藏非均质性较强，孔隙结构差异较大，因此不同区域油水渗流规律也不同。

在油藏数值模拟过程中,应该考虑这种非均质性引起的微观流体渗流差异。一般来说,高渗透率样品的束缚水饱和度明显低于低渗透率样品的束缚水饱和度,而原始含油饱和度明显比低渗透样品高,两相流动范围比低渗透样品宽,油相渗透率下降幅度比低渗透样品慢,水相渗透率上升幅度比低渗透样品慢。

首先对孔隙结构进行分类,不同孔隙结构类型的区域采取不同的油水相对渗透率曲线。关于不同孔隙结构类型,可按照以下流动层带指标来进行分类。流动层带指标由 Amaefule 提出,是一个表征储层孔隙结构特征的参数。其计算按 Kozeny-Carman 方程表达为:

$$K = \frac{\phi_e^3}{(1-\phi_e)^2} \frac{1}{F_s \tau^2 S_{gv}^2}$$

式中,$k$ 为渗透率,$10^{-3}$ $\mu m^2$;$\phi_e$ 为有效孔隙度;$F_s$ 为孔隙形状系数;$S_{gv}$ 为单位颗粒体积的表面积,$\mu m^2$;$\tau$ 为孔隙介质的迂曲度。

对上式进行变换可得到:

$$\sqrt{\frac{K}{\phi_e}} = \frac{\phi_e}{1-\phi_e} \frac{1}{\tau S_{gv} \sqrt{F_s}}$$

定义储层质量指标 $RQI$ 为:

$$RQI = \sqrt{\frac{K}{\phi_e}}$$

定义标准化孔隙度指标(孔隙体积与颗粒体积之比)$\phi_z$ 为:

$$\phi_z = \frac{\phi_e}{1-\phi_e}$$

定义流动层带指标 $FZI$ 为:

$$FZI = \frac{1}{\tau S_{gv} \sqrt{F_s}} = \frac{RQI}{\phi_z}$$

对上式进行变换并两边取对数得:

$$\lg RQI = \lg \phi_z + \lg FZI$$

上式说明,具有相同 $FZI$ 的储层样品,在 $RQI$ 与 $\phi_z$ 的双对数关系图上成直线关系,而具有不同 $FZI$ 的样品为相互平行的直线关系。

储层相对渗透率对油、水两相渗流规律起到决定性的影响作用,而油水相对渗透率除受储层渗透率影响外,还主要受储层岩石的润湿性、流体黏度和束缚水饱和度等因素的影响。通常同一油藏储层岩石润湿性和流体黏度不会有较大变化,因此油水运动规律的不同主要取决于储层的孔隙度、束缚水饱和度等参数。储层孔隙度是影响油藏初始油、水分布的主要因素。岩芯资料提供了影响孔隙几何形状的各种沉积和成岩因素的信息,反过来孔隙几何形状特征的变化可以用 $FZI$(即具有相似流动特征的单元)来表征。而 $FZI$ 值储层表征方法正是通过油藏品质指标 $RQI$ 和 $\phi_z$ 两个参数,采用聚类分析法来划分岩石物理相,进而划分流动单元的。因此,从理论上,在 $RQI$ 与 $\phi_z$ 的双对数关系图上,位于同一直线上的样品具有相似的影响流体流动的岩石物理性质。

以渤南油田四区为例,对 3 口井的 11 个样品进行室内驱替实验,从图 4-3-9 中可以看出,油水两相区较窄,束缚水饱和度最小值为 0.27,最大值为 0.44,残余油饱和度最小值为 0.17,最大值为 0.32。总的来看,物性越好,束缚水饱和度越小,残余油饱和度越小;物性越差,束缚水饱和度越高,残余油饱和度越高。

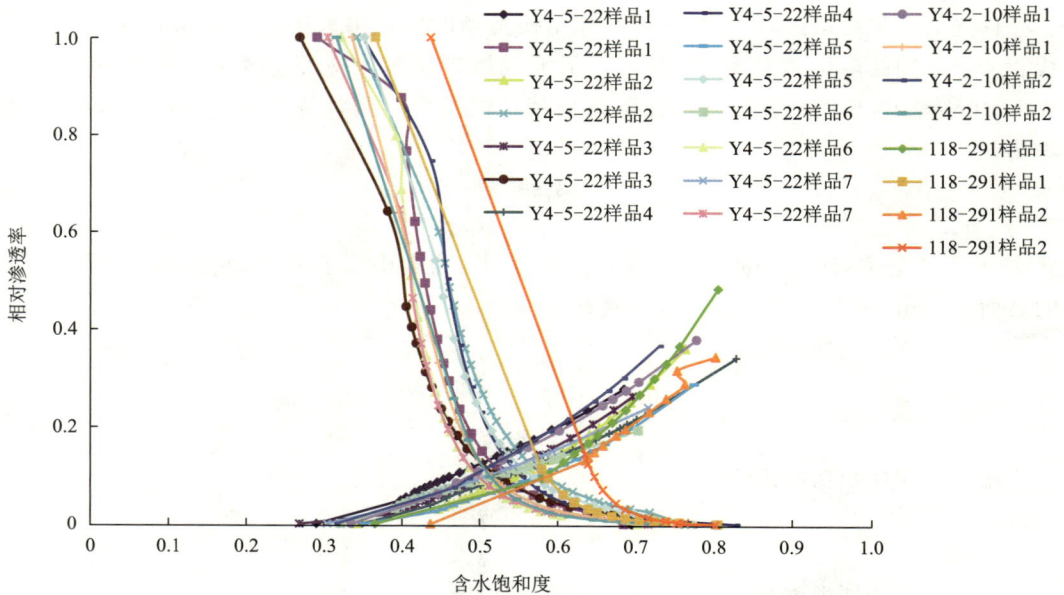

图 4-3-9  不同样品油水相对渗透率曲线

分别求取 11 个样品点的 $RQI$,$FZI$ 和 $\phi_z$ 并进行对数处理,结果见表 4-3-1 和图 4-3-10。从 $RQI$ 和 $\phi_z$ 的绝对值对数交会图中可以看出,共存在 3 类对应关系,每类均为近直线状且截距不同。也就是说,这 11 个样品点可分为 3 类,每类具有相同的 $FZI$ 值。物性好的一类 $FZI$ 值高,物性差的一类 $FZI$ 值小。

表 4-3-1  不同井不同井段储层物性数据整理

| 井 号 | 层 位 | 井段/m | 渗透率 /($10^{-3}\mu m^2$) | 孔隙度/% | lg $\phi_z$ | lg $RQI$ | lg $FZI$ |
|---|---|---|---|---|---|---|---|
| Y4-5-22 | ES$_3$ | 3 407~3 421 | 23 | 0.175 | −0.675 | −0.443 | 0.231 |
| Y4-5-22 | ES$_3$ | 3 325~3 330 | 24 | 0.173 | −0.678 | −0.431 | 0.250 |
| Y4-5-22 | ES$_3$ | 3 407~3 421 | 5 | 0.174 | −0.678 | −0.773 | −0.095 |
| Y4-5-22 | ES$_3$ | 3 407~3 421 | 22 | 0.168 | −0.695 | −0.444 | 0.311 |
| Y4-5-22 | ES$_3$ | 3 407~3 421 | 47 | 0.170 | −0.689 | −0.282 | 0.407 |
| Y4-5-22 | ES$_3$ | 3 421~3 435 | 13 | 0.160 | −0.721 | −0.548 | 0.173 |
| Y4-5-22 | ES$_3$ | 3 421~3 435 | 3 | 0.145 | −0.772 | −0.845 | −0.073 |
| Y4-2-10 | ES$_3$ | 3 418~3 422 | 69 | 0.176 | −0.670 | −0.207 | 0.463 |
| Y4-2-10 | ES$_3$ | 3 374~3 380.30 | 36 | 0.166 | −0.701 | −0.335 | 0.367 |

| 井　号 | 层　位 | 井段/m | 渗透率/(10$^{-3}$μm$^2$) | 孔隙度/% | lg $\phi_z$ | lg $RQI$ | lg $FZI$ |
|---|---|---|---|---|---|---|---|
| 118-291 | ES$_3$(5) | 3 266.14～3 274.64 | 27 | 0.181 | −0.573 | −0.416 | 0.239 |
| 118-291 | ES$_3$(5) | 3 274.64～3 279.14 | 9 | 0.188 | −0.635 | −0.663 | −0.028 |

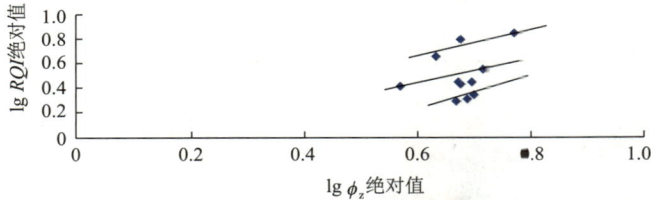

图 4-3-10　lg $RQI$ 绝对值与 lg $\phi_z$ 绝对值双对数特征

对每类中的油水相对渗透率曲线进行归一化处理,由图 4-3-11 中可以看出,一类单元束缚水饱和度和残余油饱和度低,两相区最宽,油相渗透率下降慢,水相渗透率上升快,二类单元次之,三类单元束缚水饱和度和残余油饱和度最高,两相区最窄,油相渗透率下降最快,水相渗透率上升最快。

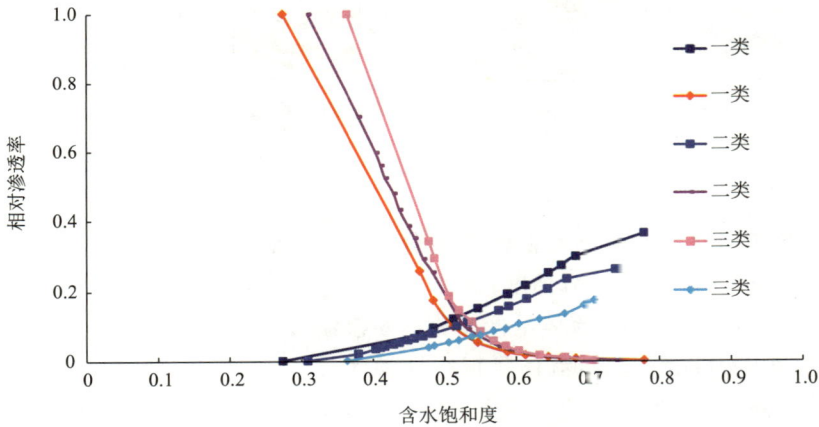

图 4-3-11　3 种储层油水相对渗透率曲线

### 4.3.3.1.4　相对渗透率曲线归属

首先计算模型中每个网格的 $FZI$ 值,然后对 $FZI$ 值、渗透率、孔隙度进行聚类,分为三类。由表 4-3-2 可以看出,一类储层的平均渗透率、平均孔隙度和 $FZI$ 平均值均比较高,二类储层次之,三类储层的条件最差。

从平面图和剖面图(图 4-3-12 和图 4-3-13)看,二类网格单元所占比例最大,其次是三类网格单元,一类网格单元所占比例最小。模拟过程中,一类网格单元选择第一类油水相对渗透率曲线,二类网格单元选择第二类油水相对渗透率曲线,三类网格单元选择第三类油水相对渗透率曲线。通过这种方式可以体现流体在不同属性的网格间运移时渗流规律及驱替效率的差异。

表 4-3-2　聚类分析结果

| 储层类别 | FZI 平均值 | 平均孔隙度/% | 平均渗透率/($10^{-3}\mu m^2$) |
|---|---|---|---|
| 一　类 | 3.2 | 19.6 | 32.6 |
| 二　类 | 1.6 | 17.4 | 9.3 |
| 三　类 | 0.2 | 15.1 | 3.2 |

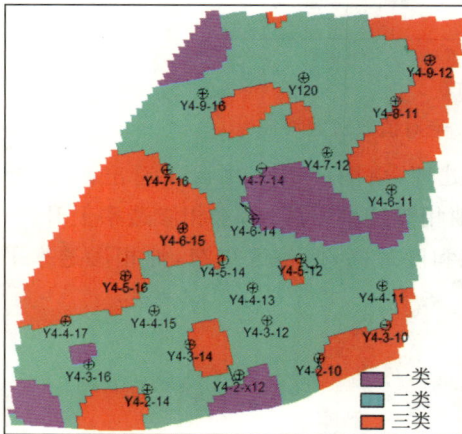

图 4-3-12　$6^1$ 砂体储层分类平面图

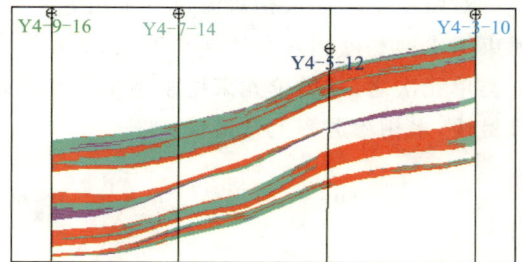

图 4-3-13　Y4-9-16 井—Y4-3-10 井储层分类剖面图

## 4.3.3.2　常规井历史拟合

国内外学者均通过实验证实低渗透油藏存在启动压力梯度,只有突破启动压力梯度,流体才能发生运移。在较低的启动压力下,流体呈低速非达西渗流方式,随着启动压力逐渐升高,流体呈拟线性渗流方式。典型的低渗透介质非线性渗流过程可以用图 4-3-14 加以描述。图中 $a$ 点即最小启动压力梯度,$ad$ 线为非线性渗流曲线。随着压力梯度的增大,渗流曲线逐渐由非线性渗流段过渡到直线渗流段,出现拟线性渗流区,$de$ 线段为拟线性渗流直线段。$d$ 点对应的压力梯度 $b$ 为最大启动压力梯度,$c$ 对应的点通常称为拟启动压力梯度。

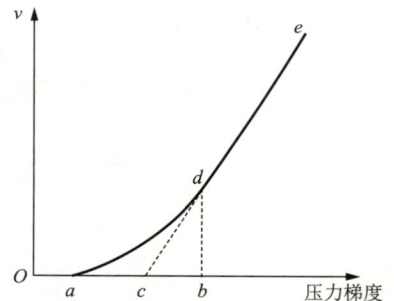

图 4-3-14　低渗透非线性渗流特征曲线

### 4.3.3.2.1　拟合阶段划分

研究表明,油藏进入高含水期后,黏土矿物的水化、膨胀、分散、迁移及其他地层微粒运移导致储层物性发生变化。总的来看,孔隙度的变化幅度不大,渗透率向增大方向变化,岩石润湿性向强亲水方向变化。常规井的拟合需要考虑低速非达西渗流方式对流体运移的影响,可将整个开发阶段划分为三个阶段:第一阶段为压力梯度较小时的低速非达西渗流阶段;第二阶段为压力梯度已突破最大启动压力梯度时的拟线性渗流阶段,此时注水开发时间已经很长,已经进入高含水期,且储层物性发生了变化;第三阶段为高含水期至特高含水期,部分井关、停使得流体运移方向发生改变,储层物性也随之发生新的变化。

以渤南油田四区为例(图 4-3-15),第一阶段是从开发初期至 1994 年 12 月,这段时间含水率上升较为稳定。第二阶段从 1995 年 1 月至 2003 年 12 月,这段时间含水率上升速度加快。第三阶段从 2004 年 1 月之后,这段时间内含水率上升率降低。

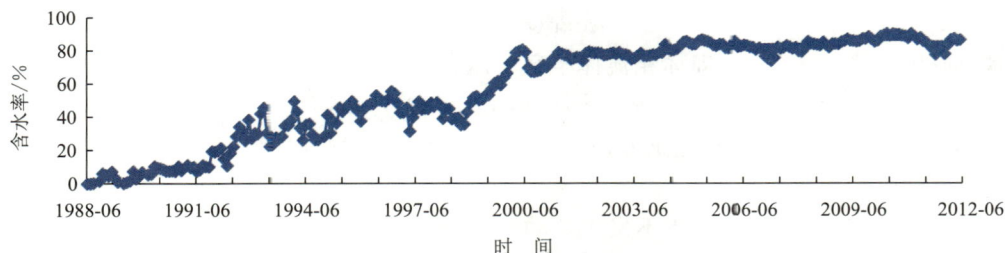

图 4-3-15　精细数值模拟含水率变化曲线

### 4.3.3.2.2　第一阶段历史拟合

国内外许多学者均已通过室内实验及矿场试验证实低渗透油藏流体渗流需突破启动压力梯度。黄延章认为,存在于孔隙介质孔道中部的流体(称为体相流体)和直接与孔隙介质内表面相接触的流体(称为边界流体)的渗流特征是有区别的(图 4-3-16)。这些边界流体的性质受界面现象影响,紧靠在孔道壁上形成一个边界层。边界层内部的流体不易发生流动。边界层的厚度受启动压力梯度的影响。启动压力梯度越大,边界层厚度越小,则体相流体半径越大。反之,启动压力梯度越小,边界层厚度越大,则体相流体半径越小。这种边界流体的影响是导致低渗透油藏发生非线性渗流的主要影响因素之一。

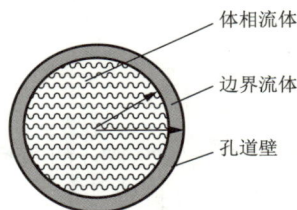

图 4-3-16　渗流流体在孔道中的分布

因此,边界层厚度的变化导致孔道中流动孔隙度发生变化,进而导致渗透率发生变化。这种渗透率是有别于空气渗透率即绝对渗透率的,本书称为视渗透率。

根据 Kozeny 公式,视渗透率 $K$ 与喉道大小存在如下关系:

$$K = n\frac{\pi r^4}{8}$$

式中,$r$ 表示喉道半径;$n$ 表示单位面积上的毛管数。

对于相同的储层,单位面积上的毛管数是固定的,因此视渗透率 $K$ 与空气渗透率 $K'$ 之间存在以下关系:

$$\frac{K'}{K} = \frac{n\frac{\pi r^4}{8}}{n\frac{\pi R^4}{8}} = \frac{r^4}{R^4}$$

即

$$K' = \frac{r^4}{R^4}K$$

式中,$R$ 为边界流体半径。

由上式可以看出,视渗透率小于空气渗透率。

徐绍良、李中锋、刘卫东等均在实验室条件下利用等直径微圆管测量了压力梯度与边界层厚度之间的关系,发现边界层厚度 $\delta$ 与压力梯度 grad $P$ 为指数关系。

$$\delta = a\exp(b\,\text{grad}\,P) + c$$

则体相流体半径 $r = R - \delta$,即体相流体半径与压力梯度也为指数关系。可表示为:

$$r = R - [a\exp(b\,\text{grad}\,P) + c]$$

式中,$R$ 为边界流体半径;$P$ 为压力;$a$,$b$ 为与微管和流体物理性质有关的常数;$c$ 为流体不发生流动时的边界层厚度。

假定两个定解条件:当流体不发生流动时,即 grad $P = 0$,此时体相流体半径 $r = 0$;当 grad $P$ 趋近与无穷大时,$r = R$。由此可得:

$$\begin{cases} a + c = R \\ R - c = R \end{cases}$$

则历史拟合过程中,需要拟合的参数为 $b$。可以得到:

$$r = R[1 - \exp(b\,\text{grad}\,P)]$$

于是有:

$$K' = \frac{r^4}{R^4}K = [1 - \exp(b\,\text{grad}\,P)]^4 K$$

关于需要拟合的参数 $b$,在数值模拟过程中可以采用迭代法来进行拟合。给定一个初值 $b_1$,并设定一个大于 1 的算子 $w_1$,然后进行拟合。若拟合值高于实际值,则说明设定倍数较高,然后乘以一个小于 1 的算子 $w_2$;反之,则继续乘以算子 $w_1$。以此类推,直到完成历史拟合。

由表 4-3-3 可以看出,在 6 次拟合后累产油的误差仅为 1.8%。从视渗透率分布图(图 4-3-17 和图 4-3-18)可以看出,阶段末的视渗透率要远高于阶段初的视渗透率。

表 4-3-3　第一阶段拟合

| 次数/次 | 累产油/m³ | 目标值/m³ | 误差/% | $b$ |
|---|---|---|---|---|
| 1 | 157 123 | 174 616 | 10.0 | −0.01 |
| 3 | 163 261 | 174 616 | 6.5 | −0.017 28 |
| 6 | 171 532 | 174 616 | 1.8 | −0.029 86 |

#### 4.3.3.2.3　第二阶段历史拟合

在第二阶段中,注水开发影响使储层物性发生变化,历史拟合过程中需要调整渗透率参数来完成单井及全区的指标拟合。在定量判别井间连通性的基础上,以渗流能力为主要参考因素进行最优化,通过单纯形法求解储层渗透率调整系数。

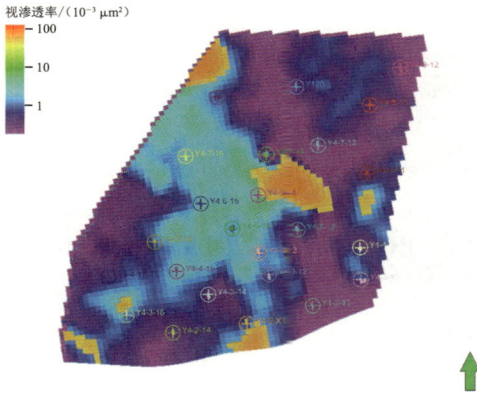

图 4-3-17　第一个时间步的视渗透率分布

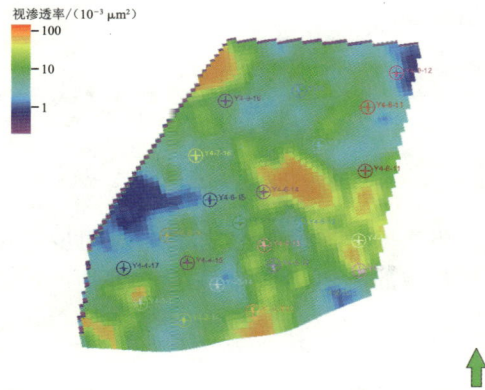

图 4-3-18　第一阶段末视渗透率分布

### 1) 井间连通性判别

油藏的注水井、生产井及井间介质是一个完整的系统,水井注入量(激励)是系统的输入信号,油井产液量(响应)则是系统的输出信号。利用数值模拟方法,保持油井井底压力恒定,计算得到注入量为单位阶跃信号和单位矩形脉冲信号下的生产井产液量响应,如图4-3-19 所示。可以看出,由于注入信号在井间传播过程中的损耗,生产井产液量相比注入信号存在一定的衰减和延时。

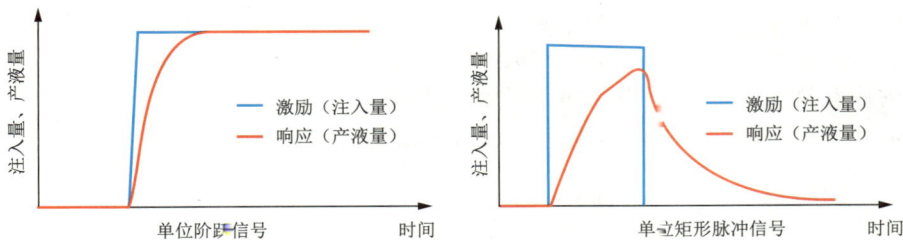

图 4-3-19　注采系统信号响应示意图

图中油井的单位阶跃信号的响应特征表明,注采系统具有一阶线性时滞系统的特征。在工程实践中,一阶系统不乏其例,有些高阶系统的特性常可用一阶系统来表示。一阶线性时滞系统的传递函数 $H(s)$ 为:

$$H(s) = \frac{1}{\beta+1}$$

式中,$\beta$ 为一阶线性时滞系统的时间常数,表征信号的时滞性。

根据注采系统的传递函数,一阶线性时滞系统的零状态单位阶跃响应 $q(t)$ 为:

$$q(t) = H(t) = 1 - e^{-t/\beta} \qquad (t > 0)$$

以生产井 $j$ 井为中心,考虑有 $I$ 口注水井,设注水井 $i$ 对 $j$ 井产液信号的影响权重系数为 $\lambda_{ij}$,则所有注水井对 $j$ 井产液的激励为 $\sum_{i=1}^{I} \lambda_{ij} i_i(t)$,其中 $i_i(t)$ 为第 $i$ 口注水井 $t$ 时刻的注水量。注入量取月平均值,以第一个月 $n_0$ 为例,生产井 $j$ 在注入脉冲作用下的产液量信号响应为：

$$q_j(t)=\begin{cases}\sum_{i=1}^{I}\lambda_{ij}i_i(t)(1-e^{-t/\beta_j}) & (n_0<t\leqslant n_0+1)\\ \sum_{i=1}^{I}\lambda_{ij}i_i(1)(1-e^{-t/\beta_j})e^{-(t-1)/\beta_j} & (t\geqslant n_0+1)\end{cases}$$

当注入量连续变化时，将各时间步注入井注入脉冲在生产井上的响应相叠加，并考虑初始产液的影响，则 $n$ 时刻生产井的产液量 $q_j(n)$ 可表示为：

$$q_j(n)=q_j(n_0)e^{\frac{-(n-n_0)}{\beta_p}}+\sum_{i=1}^{I}\lambda_{ij}\sum_{m=1}^{n}e^{\frac{m-n}{\beta_j}}(1-e^{-\frac{1}{\beta_j}})i_i(m)$$

同时考虑井底压力变化或生产井间干扰引起的不平衡项，生产井 $j$ 的产液量估计值为：

$$\dot{q}_j(n)=\alpha_j+q_j(n_0)e^{\frac{-(n-n0)}{\beta_p}}+\sum_{i=\beta}^{I}\lambda_{ij}\sum_{m=1}^{n}e^{\frac{m-n}{\beta_j}}(1-e^{-\frac{1}{\beta_j}})i_i(m)$$

式中，$\dot{q}_j(n)$ 为生产井 $j$ 在 $n$ 时刻的产液量估计值，$m^3/d$；$\alpha_j$ 为不平衡常数，$m^3/d$；$q_j(n_0)$ 为生产井 $j$ 的产液量初始值，$m^3/d$；$i_i(m)$ 为第 $i$ 口注水井 $m$ 时刻的注水量，$m^3/d$；$\beta_p$ 为生产井 $j$ 和第 $i$ 口注入井间产液量初值的影响权重；$\lambda_{ij}$ 为连通系数，表征井间的动态连通程度；$\beta_j$ 为时滞常数，表征注采井间信号的耗散程度。

上式包含 3 部分：第一部分为表征注采不平衡的常数项；第二部分为产液量初始值的影响；第三部分为注入信号预处理后的修正值。一般情况下，产液量初始值的影响较小，可不予考虑。

上式中待求解的参数较多，对于每一个生产井，须求解特征参数 $\lambda_{ij}$，$\beta_j$ 及 $\alpha_j$，当注采井较多时求解较困难。笔者采用拟牛顿算法反演上述模型。该算法被认为是解决一般优化问题的最有效方法之一，且其求解为超线性收敛。

设油井 $n$ 时刻的实际产液数据为 $q_j(n)$，构造如下优化问题：

$$\min f(x)=\sum_{n=1}^{t}[q_j(n)-\dot{q}_j(n)]^2,\quad x=(\lambda_{1j},\lambda_{2j},\cdots,\lambda_{Ij},\beta_j,\alpha_j)$$

利用拟牛顿算法求解该问题的一般迭代格式为：

$$\boldsymbol{x}^{(k+1)}=\boldsymbol{x}^{(k)}+\alpha\boldsymbol{d}^{(k)}$$

其中

$$\boldsymbol{d}^{(k)}=-\boldsymbol{B}_k^{-1}\boldsymbol{g}^{(k)}$$
$$\boldsymbol{g}^{(k)}=\Delta f[\boldsymbol{x}^{(k)}]$$

式中，$\alpha$ 为搜索步长，可采用线性搜索的计算方法得到；$\boldsymbol{d}^{(k)}$ 为搜索方向；$\boldsymbol{B}_k$ 为拟牛顿修正矩阵，它是 $f[\boldsymbol{x}^{(k)}]$ 的 Hessian 矩阵或其近似矩阵；$\boldsymbol{g}^{(k)}$ 为 $\boldsymbol{x}^{(k)}$ 处的梯度。

BFGS 法是目前构造修正矩阵 $\boldsymbol{B}_k$ 最有效的一类方法。令

$$\boldsymbol{s}^{(k)}=\boldsymbol{x}^{(k+1)}-\boldsymbol{x}^{(k)}$$
$$\boldsymbol{y}^{(k)}=\Delta f[\boldsymbol{x}^{(k+1)}]-\Delta f[\boldsymbol{x}^{(k)}]$$

其修正公式为：

$$\boldsymbol{B}_{k+1}=\boldsymbol{B}_k-\frac{\boldsymbol{B}_k\boldsymbol{s}^{(k)}\boldsymbol{s}^{(k)\mathrm{T}}\boldsymbol{B}_k}{\boldsymbol{s}^{(k)\mathrm{T}}\boldsymbol{B}_k\boldsymbol{s}^{(k)}}+\frac{\boldsymbol{y}^{(k)}\boldsymbol{y}^{(k)\mathrm{T}}}{\boldsymbol{y}^{(k)\mathrm{T}}\boldsymbol{s}^{(k)}}$$

基于该优化问题的拟牛顿算法 d1 计算步骤为：

① 取初始点 $\boldsymbol{x}^0$，初始对称正定矩阵 $\boldsymbol{B}_0$，精度 $\varepsilon > 0$，令 $k = 0$；

② 若 $\|\Delta f[\boldsymbol{x}^{(k)}]\| \leqslant \varepsilon$，则求解结束，问题的解为 $\boldsymbol{x}^{(k)}$，否则转步骤③；

③ 求解线性方程组 $\boldsymbol{B}_k \boldsymbol{d}^{(k)} + \Delta f[\boldsymbol{x}^{(k)}] = 0$，得解 $\boldsymbol{d}^{(k)}$；

④ 采用 Armijo 型线搜索确定步长 $\alpha_k$，令

$$\boldsymbol{x}^{(k+1)} = \boldsymbol{x}^{(k)} + \alpha_k \boldsymbol{d}^{(k)}$$

若 $\|\Delta f[\boldsymbol{x}^{(k+1)}]\| \leqslant \varepsilon$，则得解 $\boldsymbol{x}^{(k+1)}$，否则由 BFGS 修正公式(4-3-40)确定 $\boldsymbol{B}_{k+1}$，令 $k = k+1$，转步骤③。

上述求解为一般无约束优化问题，求得的解可能出现负值。在实际应用中可加入约束条件 $\lambda_{ij} > 0$ 和 $\beta_j > 0$ 来保证反演结果的可靠性，此时可根据罚函数法将约束优化问题转化成无约束问题，再根据上述计算步骤进行求解。

### 2) 储层参数调整标准

关于储层参数调整，油藏数值模拟工作者一般结合自己的经验及对油藏的认识来进行调整，目前尚无确定的标准，因此难度较大。本书以实际开发数据为基础，基于上述系统分析法定量判别井间连通性，进而确定模型中各网格的渗透率变化因子，量化参数调整值，达到历史拟合标准。

设一口水井 $I$ 周围与 $i$ 口油井连通，通过系统分析法计算各油井与该水井之间的连通系数为 $b_i$，与该水井之间的渗流系数为：

$$\frac{2\pi K_{ij} h_{ij}}{\mu \ln\left(\dfrac{R_e}{R_w}\right)}$$

其中，$K_{ij}$ 表示第 $i$ 油井 $j$ 单砂体与水井 $I$ 对应单砂体的渗透率，$10^{-3}~\mu m^2$；$h_{ij}$ 表示井间单砂体的有效厚度，m；$\mu$ 表示油或水的黏度，mPa·s；$R_e$ 表示泄油半径，m；$R_w$ 表示井筒半径，m。

设定拟合需要修改的渗透率变化系数为 $\lambda_{ij}$，设定有 $m$ 口油井和 $n$ 个单砂体，建立如下线性规划：

$$\begin{cases} \min \quad \displaystyle\sum_{j=1}^{n}\sum_{i=1}^{m} \frac{2\pi\lambda_{ij}K_{ij}h_{ij}}{\mu\ln\left(\dfrac{R_e}{R_w}\right)} \\[3ex] \displaystyle\sum_{j=1}^{n}\sum_{i=1}^{m} \frac{2\pi\lambda_{ij}K_{ij}h_{ij}}{\mu\ln\left(\dfrac{R_e}{R_w}\right)} \geqslant \sum_{j=1}^{n}\sum_{i=1}^{m} \frac{2\pi K_{ij}h_{ij}}{\mu\ln\left(\dfrac{R_e}{R_w}\right)} \\[3ex] \dfrac{\displaystyle\sum_{j=1}^{n} \frac{2\pi\lambda_{ij}K_{ij}h_{ij}}{\mu\ln\left(\dfrac{R_e}{R_w}\right)}}{\displaystyle\sum_{j=1}^{n}\sum_{i=1}^{m} \frac{2\pi\lambda_{ij}K_{ij}h_{ij}}{\mu\ln\left(\dfrac{R_e}{R_w}\right)}} = b_i \\[3ex] \lambda_{ij} \geqslant 0 \end{cases}$$

如果该水井有吸水剖面资料,设各层的相对吸水量为 $a_j$,该层有 $m$ 口油井和 $n$ 个单砂体,则可在上述线性规划中增加约束条件:

$$\frac{\sum_{j=1}^{n}\sum_{i=1}^{m}\dfrac{2\pi\lambda_{ij}K_{ij}h_{ij}}{\mu\ln\left(\dfrac{R_e}{R_w}\right)}}{\sum_{j=1}^{n}\sum_{i=1}^{m}\dfrac{2\pi\lambda_{ij}K_{ij}h_{ij}}{\mu\ln\left(\dfrac{R_e}{R_w}\right)}}=a_j$$

利用修正单纯形法进行计算,可得到上述线性规划的最优解 $\lambda_{ij}$,$\lambda_{ij}K_{ij}$ 即调整后的渗透率。对渗透率发生变化的网格所属的类别重新归类,选择相应的油水相对渗透率曲线,即可达到拟合标准。

### 3) 第二阶段拟合结果

首先判定井间连通性,图 4-3-20 中箭头由生产井指向注入井,其大小与连通系数值相对应,直观地反映了各井组注入井与周围生产井之间相对连通性大小。从表 4-3-4 中可以看出,与 Y4-5-12 井连通性最好的井为 Y4-4-11 井,其连通系数最大(表 4-3-5)。然后利用式(4-3-42)对储层渗透率进行修正,计算出井间渗透率调整系数,并以此为硬数据,利用 Petrel 软件重新模拟渗透率场,保证网格间渗透率变化的连续性(图 4-3-21)。从 Y4-5-12 井的含水率拟合曲线可以看出,第二阶段拟合效果较好(图 4-3-22)。

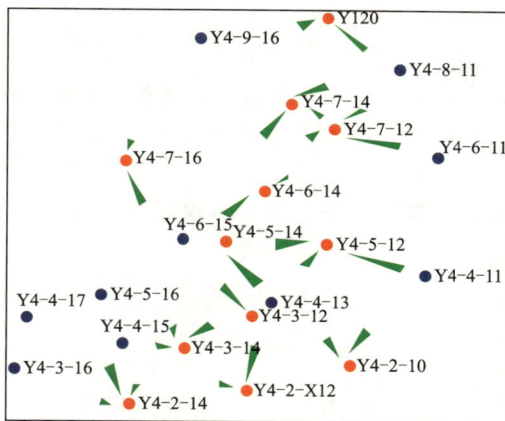

图 4-3-20　井间连通性示意图

### 4.3.3.2.4　第三阶段历史拟合

由于 Y4-4-17 井、Y4-5-16 井和 Y4-4-15 井在第二阶段已经报废,第三阶段并未注水,因此这三口井对附近的生产井并未产生影响(图 4-3-23)。这三口井附近的渗透率与第二阶段相比并未发生改变,主要发生变化的是其他注水井附近的渗透率略有增大(图 4-3-24)。图中 Y4-3-14 井在第二阶段主要受 Y4-5-16 井、Y4-4-15 井和 Y4-4-13 井注水影响,在第三阶段主要受 Y4-4-13 井和 Y4-6-15 井影响,从而导致这两口井间渗透率增大（表 4-3-6 和表 4-3-7）。从 Y4-3-14 井的含水率拟合曲线可以看出，第三阶段拟合效果较好（图 4-3-25）。

表 4-3-4　Y4-5-12 井间渗透率调整

| 连通水井 | 层　位 | 调整前渗透率 /(10$^{-3}$ μm²) | 调整后渗透率 /(10$^{-3}$ μm²) | 调整系数 |
|---|---|---|---|---|
| Y4-6-15 | 6$^1$ | 3.2 | 4.576 | 1.43 |
| | 6$^2$ | 3.1 | 3.596 | 1.16 |
| | 7$^1$ | 1.6 | 1.6 | 1 |
| | 7$^{21}$ | 3.36 | 4.2 | 1.25 |
| | 7$^{22}$ | 3.3 | 3.3 | 1 |
| Y4-4-11 | 6$^1$ | 13.2 | 17.292 | 1.31 |
| | 6$^2$ | 10.8 | 12.528 | 1.16 |
| | 7$^1$ | 7.3 | 7.3 | 1 |
| | 7$^{21}$ | 12.8 | 27.904 | 2.18 |
| | 7$^{22}$ | 9.6 | 10.272 | 1.07 |
| Y4-4-13 | 6$^1$ | 6.6 | 6.6 | 1 |
| | 6$^2$ | 6.6 | 6.6 | 1 |
| | 7$^1$ | 7.3 | 7.3 | 1 |
| | 7$^{21}$ | 6.1 | 6.1 | 1 |
| | 7$^{22}$ | 6.3 | 6.3 | 1 |

表 4-3-5　Y4-5-12 井连通系数

| 油　井 | 水　井 | 连通系数 |
|---|---|---|
| Y4-5-12 | Y4-6-15 | 0.36 |
| | Y4-4-11 | 0.53 |
| | Y4-4-13 | 0.11 |

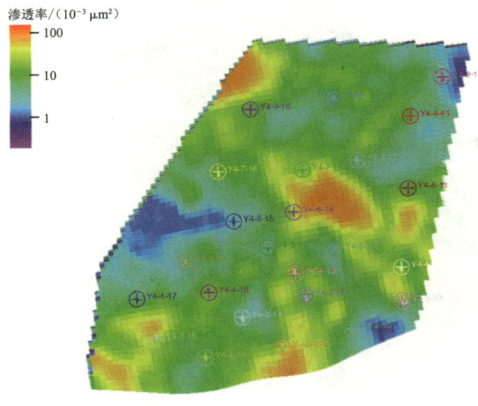

图 4-3-21　第二阶段末渗透率分布

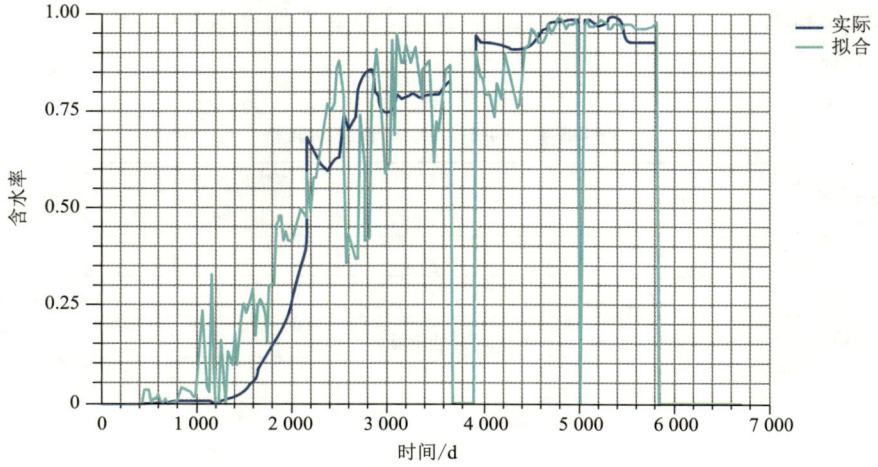

图 4-3-22　Y4-5-12 井含水率拟合曲线

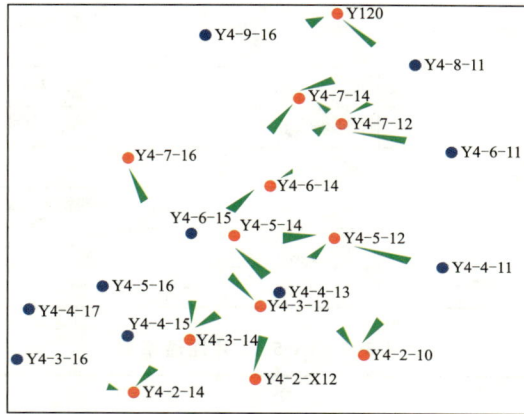

图 4-3-23　井间连通性示意图

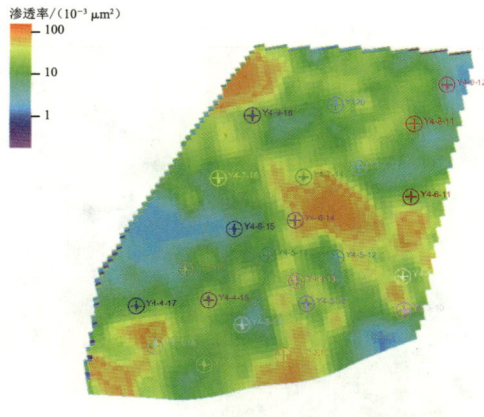

图 4-3-24　第三阶段末渗透率分布

表 4-3-6　Y4-3-14 井连通系数

| 油　井 | 水　井 | 第二阶段连通系数 | 第三阶段连通系数 |
|---|---|---|---|
| Y4-3-14 | Y4-5-16 | 0.18 | 0 |
| | Y4-4-15 | 0.27 | 0 |
| | Y4-4-13 | 0.52 | 0.61 |
| | Y4-6-15 | 0.03 | 0.39 |

表 4-3-7　Y4-3-14 井间渗透率调整

| 连通水井 | 层　位 | 调整前渗透率 /($10^{-3}\mu m^2$) | 调整后渗透率 /($10^{-3}\mu m^2$) | 调整系数 |
|---|---|---|---|---|
| Y4-5-16 | $6^1$ | 4.4 | 4.4 | 1 |
| | $6^2$ | 4.7 | 4.7 | 1 |
| | $7^1$ | 2.6 | 2.6 | 1 |
| | $7^{21}$ | 3.8 | 3.8 | 1 |
| | $7^{22}$ | 3.7 | 3.7 | 1 |
| Y4-4-15 | $6^1$ | 8.6 | 8.6 | 1 |
| | $6^2$ | 8.2 | 8.2 | 1 |
| | $7^1$ | 3.7 | 3.7 | 1 |
| | $7^{21}$ | 8.5 | 8.5 | 1 |
| | $7^{22}$ | 8.1 | 8.1 | 1 |
| Y4-4-13 | $6^1$ | 6.6 | 26.136 | 3.96 |
| | $6^2$ | 6.6 | 18.018 | 2.73 |
| | $7^1$ | 3.6 | 3.6 | 1 |
| | $7^{21}$ | 5.3 | 11.236 | 2.12 |
| | $7^{22}$ | 5.7 | 9.519 | 1.67 |
| Y4-6-15 | $6^1$ | 3.3 | 10.593 | 3.21 |
| | $6^2$ | 3.2 | 8.128 | 2.54 |
| | $7^1$ | 2.1 | 2.1 | 1 |
| | $7^{21}$ | 2.6 | 4.238 | 1.63 |
| | $7^{22}$ | 2.7 | 3.402 | 1.26 |

从各阶段渗透率分布图对比结果看,渗透率呈逐渐增大的趋势,一类储层增加比例较大,二类储层次之,三类储层增加比例最小。从储层分类对比看,一类储层和二类储层的比例增大,三类储层比例有所减小(图 4-3-26 和图 4-3-27)。这说明随着注水开发时间变长,渗透率往增大的趋势变化。这也表明长期水驱过程中矿物颗粒运移的作用明显:对于储层物性相对较好、孔喉直径相对较粗的储层,黏土总量减少的幅度大,矿物颗粒迁移的

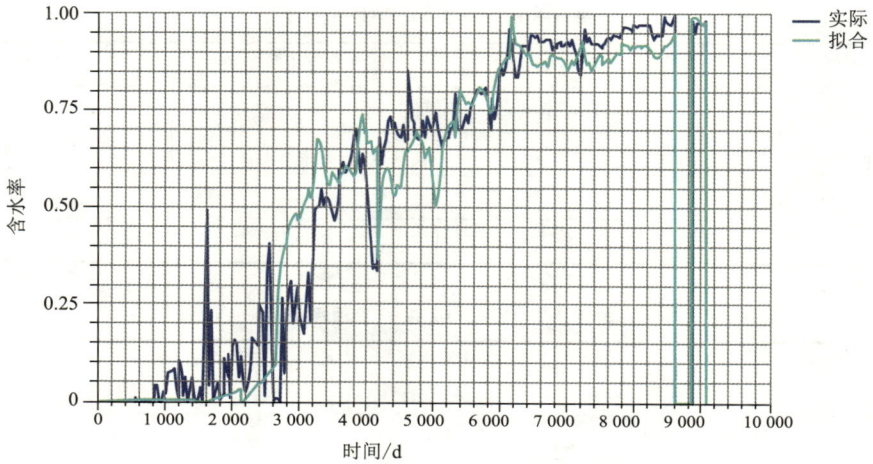

图 4-3-25 Y4-3-14 井含水率拟合曲线

比例大,所以储集层物性和孔隙结构变化幅度也大;而对于储层物性相对较差、孔喉直径相对较细的储层,矿物颗粒迁移的比例小,泥质不易被水流冲出,所以储集层物性和孔隙结构变化幅度较小。

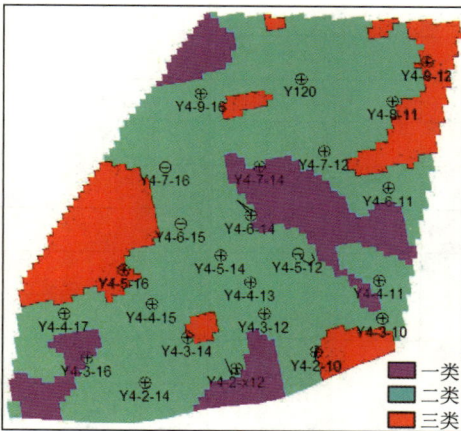

图 4-3-26 6¹ 砂体储层分类平面图

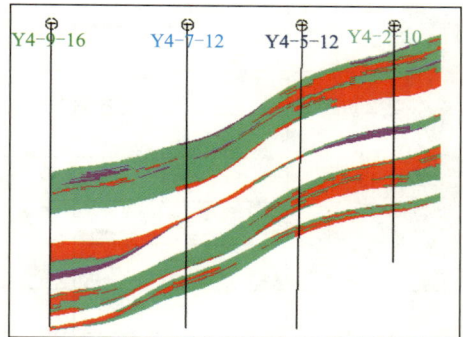

图 4-3-27 Y4-9-16 井—Y4-2-10 井储层分类剖面图

### 4.3.3.3 压裂井历史拟合

#### 4.3.3.3.1 高速非达西渗流等效模型

葛家理等建立了石油渗流各种形态的统一公式:

$$v = c \left( \frac{\Delta p}{\Delta L} \right)^n$$

当 $1/2 < n < 1$ 时,流体处于亚高速渗流状态;当 $n = 1/2$ 时,流体处于高速渗流状态。此处选取 $n = 1/2$ 来模拟流体在人工裂缝中的高速非达西渗流。

常规达西渗流的动态方程为:

$$v' = \frac{K'}{\mu}\left(\frac{\Delta p'}{\Delta L}\right)$$

为达到等效渗流的效果,两端的压差(即流体渗流速度)是相同的,即 $v = v'$,$\Delta p' = \Delta p$,于是可得到:

$$K' = K\left(\frac{\Delta p}{\Delta L}\right)^{n-1}$$

假定油井以定产量生产,第 $m$ 个时间步的压差为 $\Delta p^m$,则有:

$$v^m = \frac{K^m}{\mu}\left(\frac{\Delta p^m}{\Delta L}\right)^n$$

下一个时间步 $m+1$ 的渗透率为:

$$K^{m+1} = K^m\left(\frac{\Delta p^m}{\Delta L}\right)^{n-1}$$

下一个时间步 $m+1$ 的渗流速度为:

$$v^{m+1} = \frac{K^{m+1}}{\mu}\left(\frac{\Delta p^{m+1}}{\Delta L}\right) = \frac{K^m\left(\frac{\Delta p^m}{\Delta L}\right)^{n-1}}{\mu}\left(\frac{\Delta p^{m+1}}{\Delta L}\right) = \frac{K^m(\Delta p^m)^{n-1}\Delta p^{m+1}}{\mu \Delta L^n}$$

如果时间步长足够小,$\Delta p^m \approx \Delta p^{m+1}$,则有:

$$v^{m+1} = \frac{K^m(\Delta p^{m+1})^n}{\mu \Delta L^n} = \frac{K^m}{\mu}\left(\frac{\Delta p^{m+1}}{\Delta L}\right)^n$$

这符合高速非达西渗流的公式。

考虑到人工裂缝网格渗透率逐渐降低,模拟过程中每计算一个时间步应根据渗流速度计算雷诺数,判定是否属于高速非达西渗流状态。

计算第 $m+1$ 个时间步的渗流速度为:

$$v^{m+1} = \frac{K^{m+1}}{\mu}\frac{\Delta p}{\Delta L}$$

重新计算第 $m+1$ 个时间步的雷诺数 $Re = \dfrac{v^{m+1}\rho\sqrt{K}}{17.5\mu\phi^{\frac{3}{2}}}$。若大于 0.2,则遵循高速非达西渗流;否则为达西渗流,下一个时间步按照达西渗流求解。

### 4.3.3.3.2  历史拟合

按原始模型中 Y4-3-10 井裂缝的渗透率进行拟合,发现含水率低于实际值,然后按高速非达西等效渗流模型进行渗透率校正(图 4-3-28 和图 4-3-29),可以较好地拟合该井含水率(图 4-3-30 和图 4-3-31)。

### 4.3.3.4  拟合结果

#### 4.3.3.4.1  全区指标拟合结果

通过上述方法,对渤南油田四区 35 口油井进行拟合。从图 4-3-32 至图 4-3-35 可以

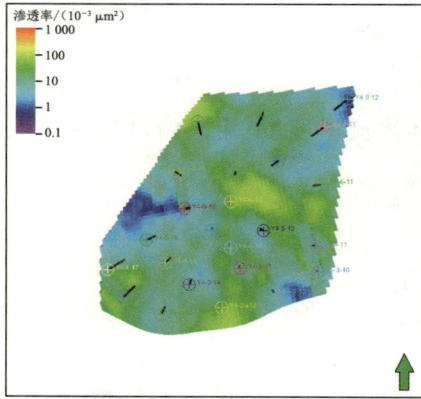

图 4-3-28　第一次调整结果

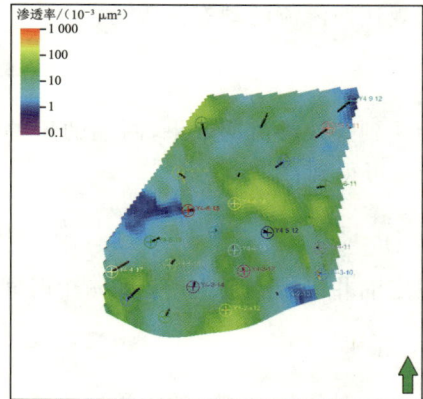

图 4-3-29　第二次调整结果

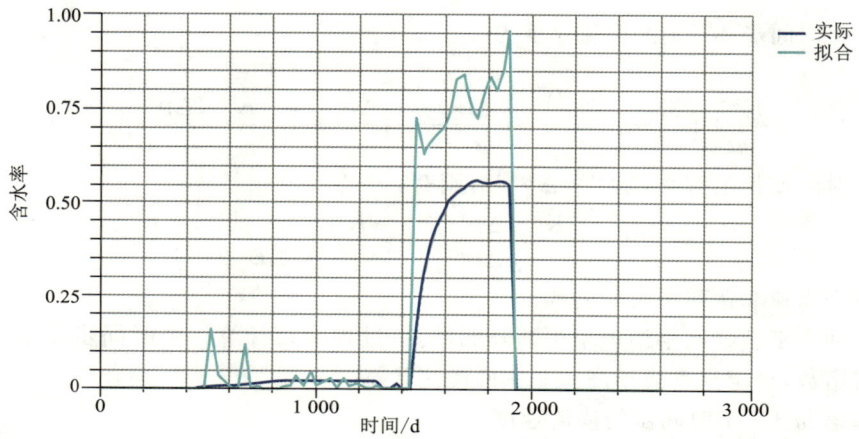

图 4-3-30　Y4-3-10 井含水率第一次拟合曲线

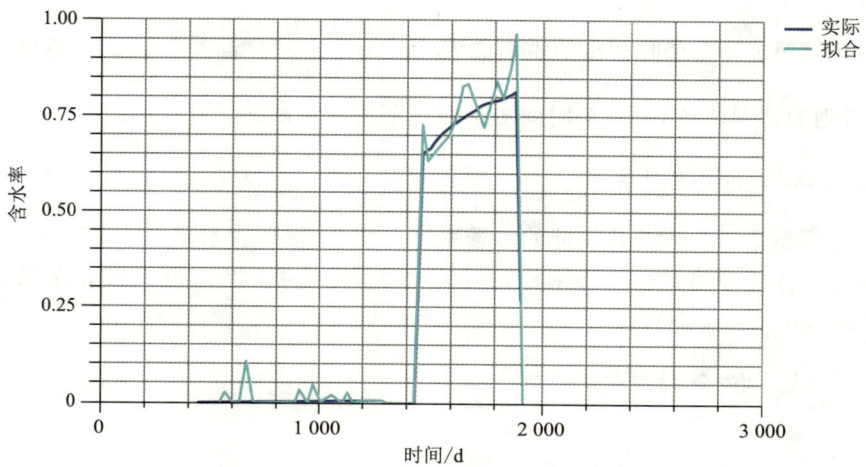

图 4-3-31　Y4-3-10 井含水率第二次拟合曲线

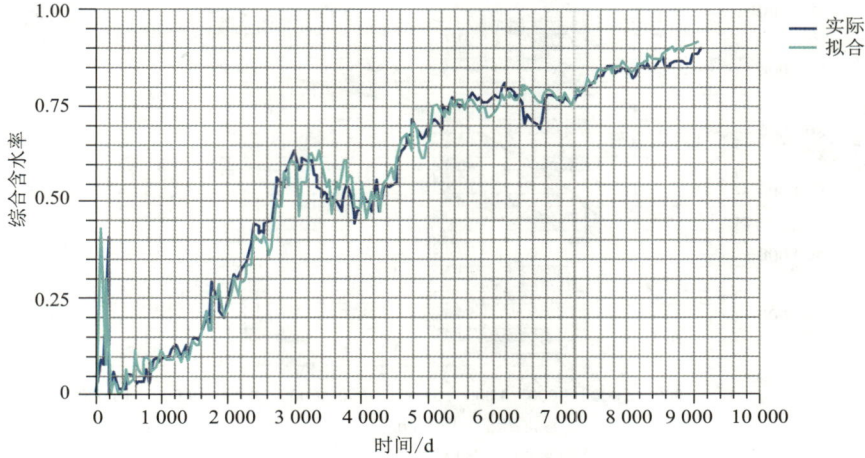

图 4-3-32　全区综合含水率拟合曲线

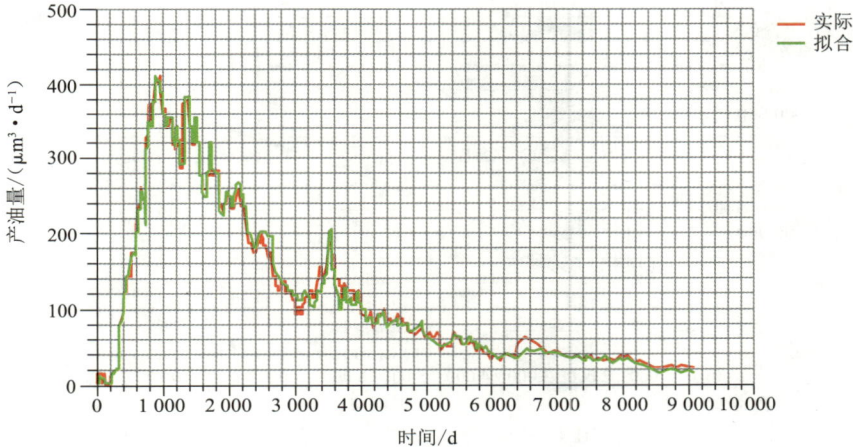

图 4-3-33　全区产油量拟合曲线

看出,综合含水率曲线与实际曲线的吻合度高,生产 3 000 d 后由于补孔、钻新井等措施影响,含水率下降,拟合结果趋势与实际曲线较一致,累产油误差不到 1%。整体来看,全区指标拟合曲线与实际开发曲线较一致,拟合效果好。

### 4.3.3.4.2　单井拟合结果

拟合油井共 35 口,其中拟合好的 31 口,占 88.6%(图 4-3-36 和图 4-3-37);拟合中等的 2 口,如 Y37-31 井,占 5.7%;拟合差的 2 口,如 Y4-5-20 井,占 5.7%。

Y37-31 井距离边水近,导致拟合结果含水率迅速抬升(图 4-3-38)。Y4-5-20 井初期投产 6 砂组和 7 砂组,拟合效果较好。在生产 4 000 d 后上返到 2 砂组,距离边水近,导致含水率迅速抬升(图 4-3-39)。

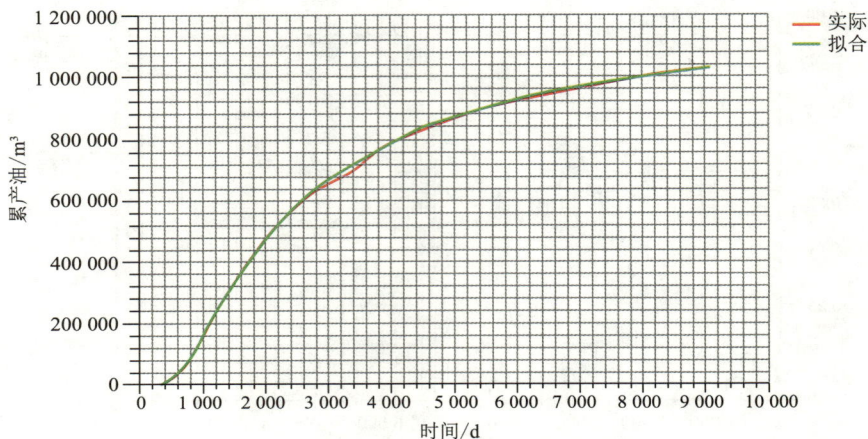

图 4-3-34　全区累产油拟合曲线

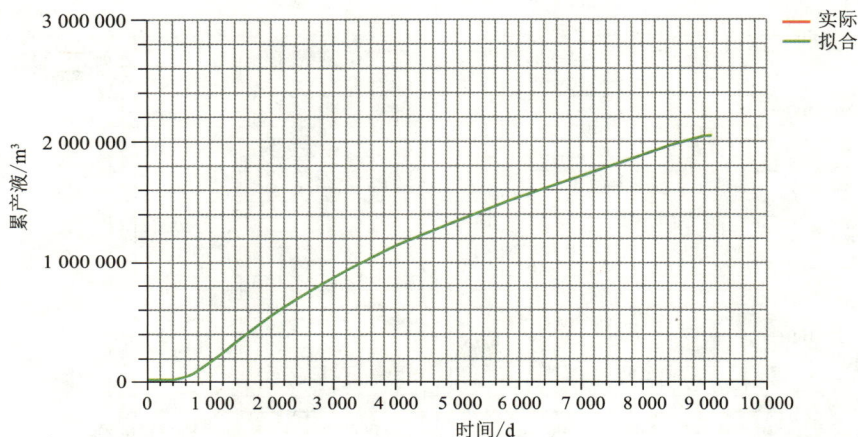

图 4-3-35　全区累产液拟合曲线

## 4.3.4　剩余油控制因素及分布模式

### 4.3.4.1　剩余油分布影响因素

影响剩余油分布的因素既有宏观地质与开发因素方面,又有微观渗流机理方面。低渗透油藏注水开发时的启动压力梯度和贾敏效应均与储层相关,储层物性好,孔喉半径大,流体渗流过程中启动压力梯度小,贾敏效应不明显;反之,启动压力梯度大,贾敏效应起到明显的阻挡作用。可见,剩余油分布的研究应该将上述影响因素作为一个互相影响、相辅相成的整体来研究。由于微观渗流机理的差异是宏观地质和开发因素造成,因此下面主要从地质和开发方面介绍影响低渗透油藏剩余油分布的主要因素。

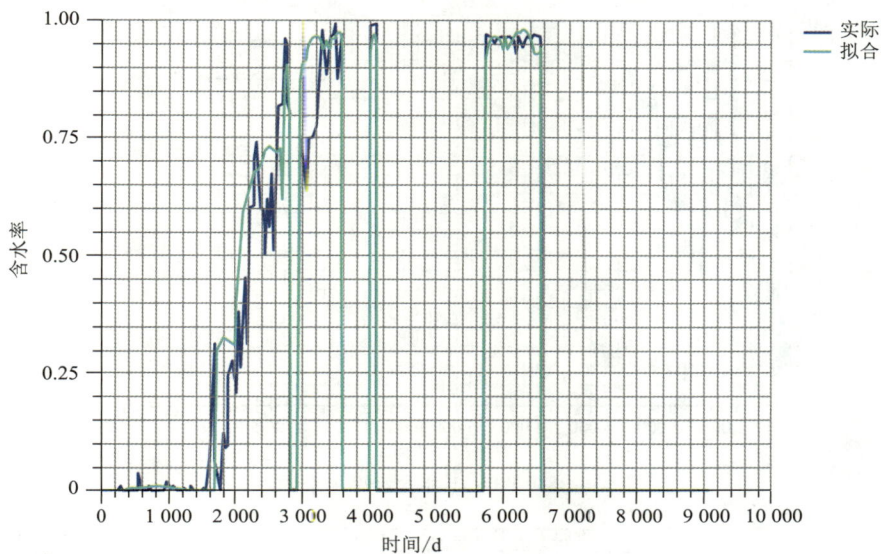

图 4-3-36　Y4-15-10 井含水率拟合曲线

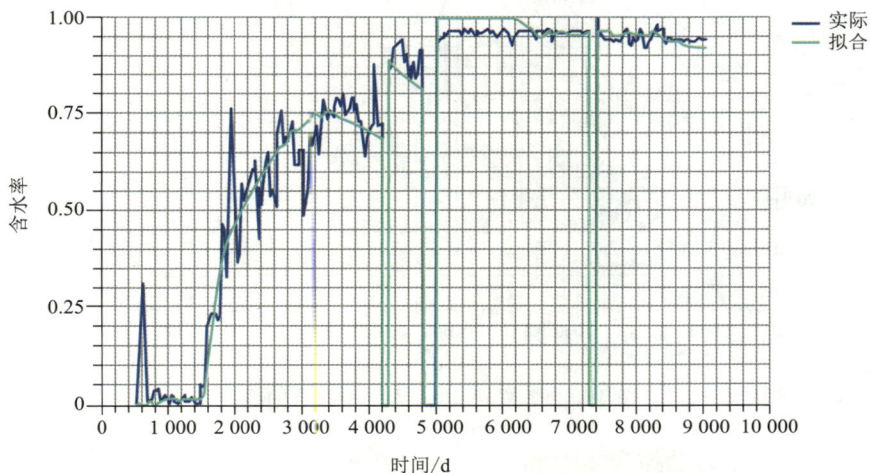

图 4-3-37　Y4-7-6 井含水率拟合曲线

#### 4.3.4.1.1　地质因素

1）平面非均质性

低渗透油藏的特殊性在于流体渗流过程中存在启动压力梯度。从储层条件来说,影响低渗透油藏剩余油分布的主要因素是储层非均质性引起的启动压力梯度差异。同样的条件下,注入水易沿着启动压力梯度小的方向波及,井间剩余油饱和度较低;启动压力梯度大的区域则难以受到波及,井间剩余油饱和度较高,如 Y4-9-16 井与 Y4-8-11 井同为注水井,因 Y4-8-11 井与 Y120 井间以及 Y4-9-16 井与 Y120 井间渗透率的差异性,井间剩余油饱和度差异较大(图4-3-40)。解决这种影响因素的对策是进行井网调整,改变注水

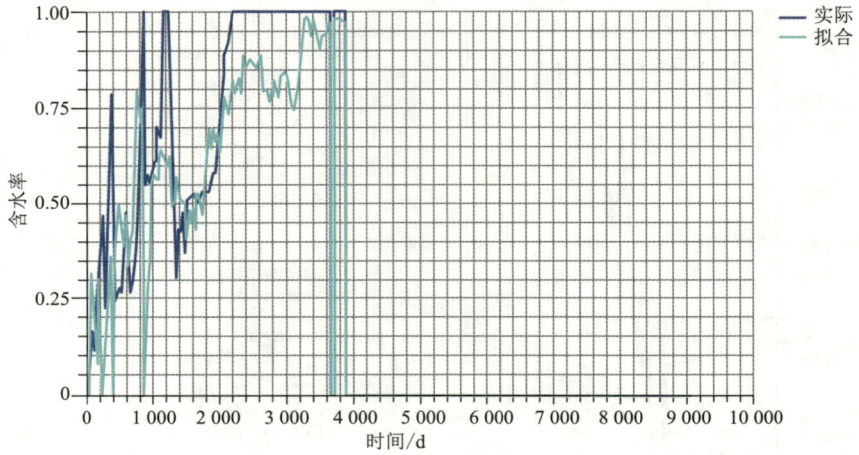

图 4-3-38　Y37-31 井含水率拟合曲线

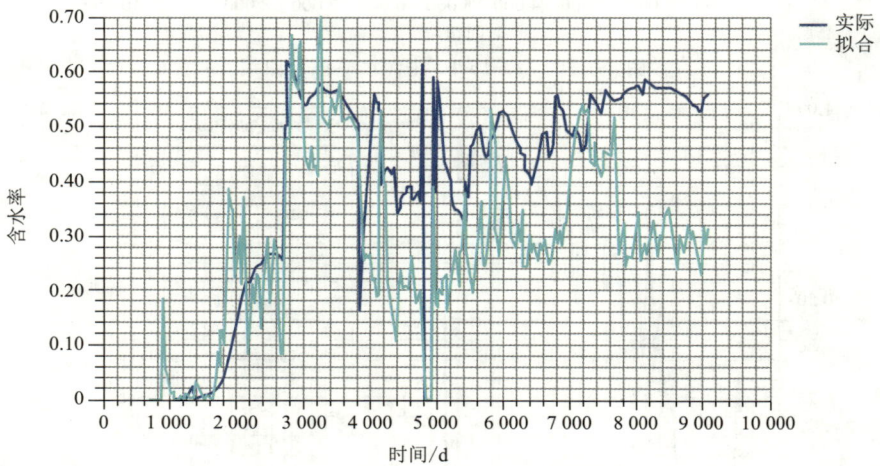

图 4-3-39　Y4-5-20 井含水率拟合曲线

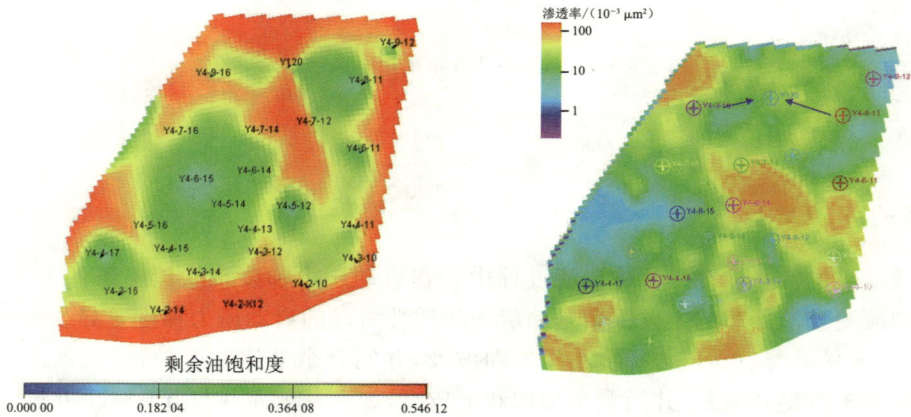

（a）剩余油饱和度分布　　　　　　（b）渗透率平面分布

图 4-3-40　平面非均质性引起的剩余油平面差异

流线,有效动用井间剩余油。

### 2)层间非均质性

层间非均质性往往导致不同层位水淹特征、油层动用程度存在较大差异。如 $7^1$ 砂体的物性最差,启动压力梯度最大,注入水难以波及,出现剩余油富集的特征(图 4-3-41 和图 4-3-42)。然而与其他层合注时,该砂体吸水能力差,剩余油动用难度较大。解决这种影响因素的主要对策是进行矢量化压裂,同时注水井采取分层注水措施,削弱层间非均质性的影响。

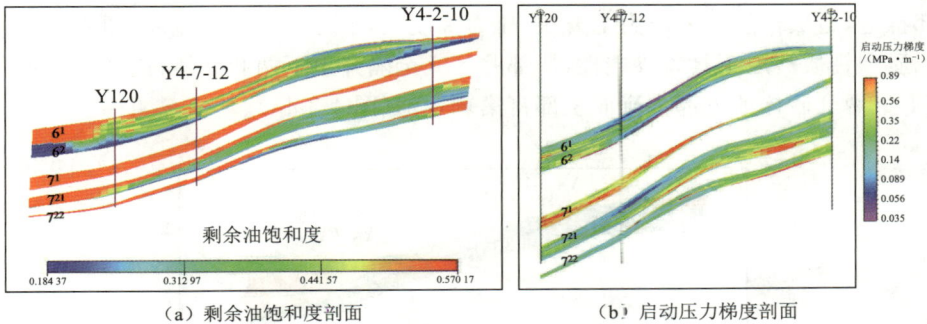

（a）剩余油饱和度剖面　　（b）启动压力梯度剖面

图 4-3-41　层间非均质性引起的剩余油垂向差异

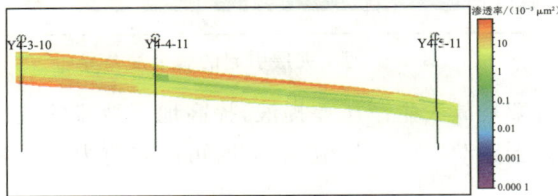

（a）渗透率剖面

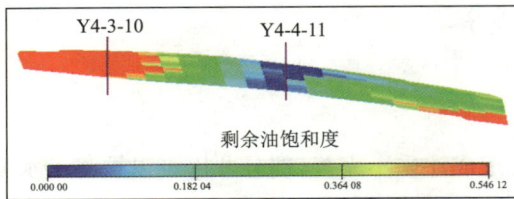

（b）注水开发初期剩余油饱和度剖面

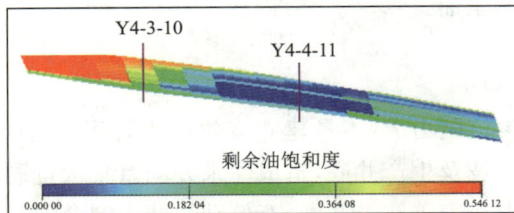

（c）注水开发后期剩余油饱和度剖面

图 4-3-42　物性夹层引起的剩余油差异

143

### 3）夹　层

在注水开发过程中,夹层对地下流体具有隔绝能力或遮挡作用,因而对水驱油过程有很大影响。渤南油田四区砂体内部结构复杂,物性自下而上一般表现出正韵律或多个正韵律的组合特征,各韵律层间常发育物性夹层、泥质夹层、钙质夹层等多种夹层类型。在注水开发过程中,夹层对地下流体具有不同程度的隔绝能力或遮挡作用。

当一套砂体存在物性夹层时,注水初期受启动压力梯度大小及物性夹层遮挡作用的影响,注入水易沿着启动压力梯度小的韵律段推进,层内剩余油表现出多段特征。随注水时间变长,由于物性夹层本身亦存在渗透性,受重力作用影响,注入水突破物性夹层,沿油层下部推进,造成油层下部压力上升快,压力梯度大,下部流体发生流动(图 4-3-42)。

泥质和钙质夹层不具备渗透性,局部井区完全隔开上下两套砂体,遮挡注入水向下渗透,使上下两套砂体的下部水淹而上部富集剩余油(图 4-3-43)。

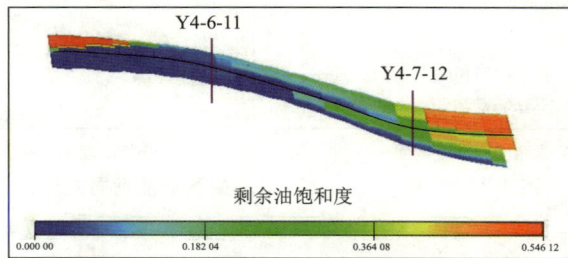

图 4-3-43　泥质夹层引起的剩余油差异

解决夹层因素的对策是放大生产压差提液,提高地下液流的流速,促使一些位于低渗透层(或区段)的原油克服启动压力开始流动,同时可削弱重力的不利影响,从而改善开发效果,提高油藏采收率。

#### 4.3.4.1.2　开发因素

##### 1）井网方式

井网方式不合理容易造成注采不完善,部分井区难以被注入水波及,容易造成井间富集大量剩余油。有效解决这种影响因素的主要对策是钻加密井,形成合理注采井网,完善注采系统,有效动用井间剩余油。

##### 2）注采井距

井距过大,注采井间渗流阻力大,不易建立有效的驱替压差,注入水所产生的能量大多消耗在注水井附近,难以波及生产井底,造成注采井间富集大量剩余油。解决这种影响因素的对策是井间加密,形成完善注采井网,有效动用此类剩余油。

总的来看,影响低渗透油藏剩余油平面分布的主要因素是局部井区注采井网不能适应沉积微相、成岩相、人工裂缝等因素造成的储层非均质性;影响层内剩余油分布的主要因素是夹层;影响层间剩余油分布的主要因素是沉积环境控制的层间非均质性。

### 4.3.4.2  剩余油分布模式

#### 4.3.4.2.1  连片式剩余油分布模式

受多期扇体叠置的控制,砂体大片连通,具备形成连片式剩余油的基础条件。连片式剩余油的分布模式主要有两种:

第一种,受沉积环境的影响,深水环境沉积的砂体粒度小、物性差,在多层合采时受其他物性好的砂体干扰,注不进或采不出,储层动用状况差,形成连片式剩余油。如图4-3-44所示,$7^1$ 砂体剩余油分布表现出大片富集特征,正是由于 $7^1$ 砂体与其他砂体合采时受其他砂体干扰严重,注入量和产出量低,造成剩余油富集。

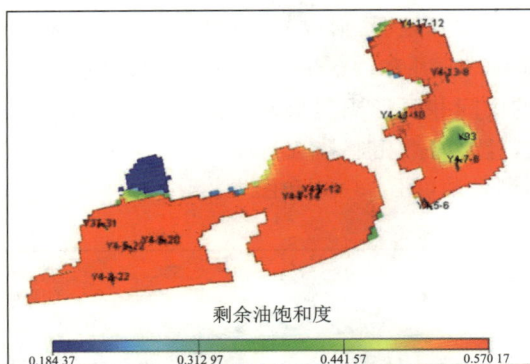

图 4-3-44   $7^1$ 砂体剩余油饱和度分布

第二种,前人油藏描述成果认为渤南油田四区西部油水关系复杂,试油结果出水,导致长期以来一直存在一个认识,即西部全部为水层或油水同层,因此西部一直未投产。二次测井结果认为西部构造高部位为纯油层,低部位为水层,中间为油水过渡带。油藏数值模拟结果表明西部富集大量剩余油(图 4-3-45)。

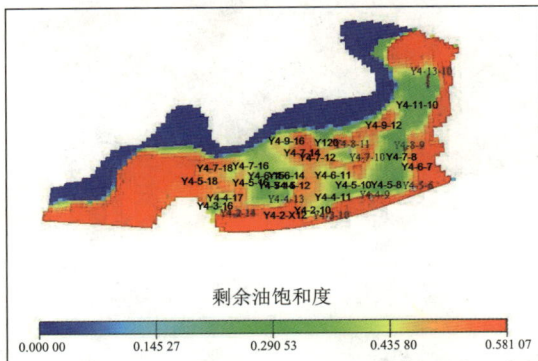

图 4-3-45   $6^1$ 砂体剩余油饱和度分布

#### 4.3.4.2.2 条带式剩余油分布模式

条带式剩余油分布模式中,受断层和砂体尖灭区的遮挡作用,注入水向断层和砂体尖灭区边界一侧波及较弱,沿断层和砂体尖灭区边界形成条带式剩余油。如 $6^1$ 砂体剩余油饱和度分布图(图 4-3-45)中,南部断层和右侧砂体尖灭区附近形成条带式剩余油。

#### 4.3.4.2.3 零散式剩余油分布模式

零散式剩余油的分布模式有 3 种,即局部井区注采井网分别与沉积微相、成岩相、人工裂缝走向的适应性差,形成零散分布的剩余油。

##### 1) 井网与沉积微相适应性差

沉积微相相变区附近,井网的适应性差,主相带注水,次相带采油,造成注入水沿着主相带推进,次相带受注入水波及较弱,形成零散式剩余油。如 Y4-7-14 井和 Y4-6-14 井的中间井区为河道侧缘,Y4-6-15 井和 Y4-8-11 井的注入水沿主相带方向推进,向这两口井波及较弱,在这两口井的中间井区形成剩余油。如 Y4-7-10 井的南侧为河间微相,注入水难以受 Y4-8-11 井波及,且河间微相遮挡 Y4-5-8 井的注入水向西侧推进,因此在河间砂体部位形成零散分布的剩余油(图 4-3-45 和图 4-3-46)。

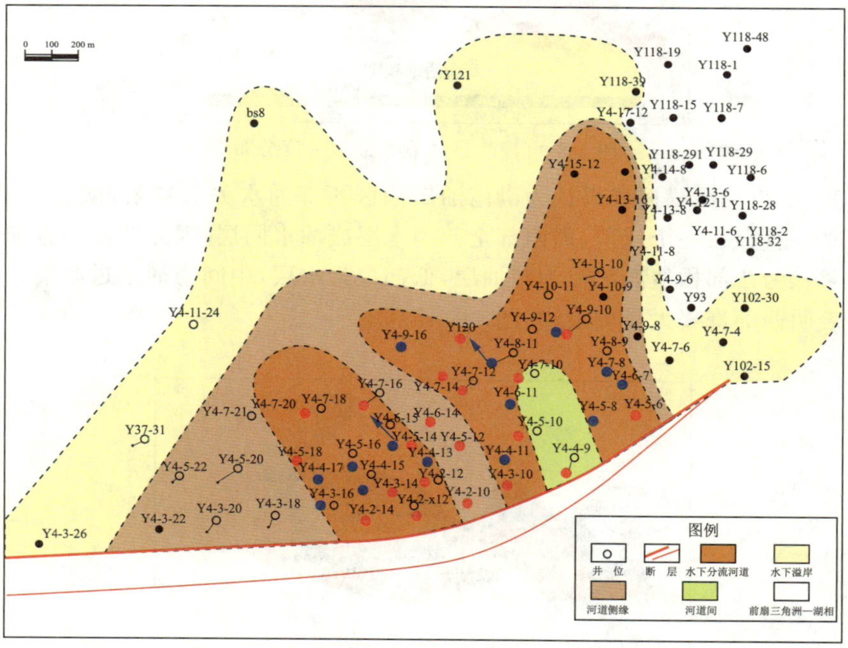

图 4-3-46 $6^1$ 砂体沉积微相分布

##### 2) 井网与成岩相适应性差

局部井区受钙质胶结和强溶蚀等成岩作用影响,钙质胶结区物性差,对注入水形成遮挡,形成零散分布的剩余油。强溶蚀区物性好,导致注入水沿溶蚀区推进,相对溶蚀区物性差的井区则受注入水波及弱,形成零散分布的剩余油(图 4-3-45 和图 4-3-47)。

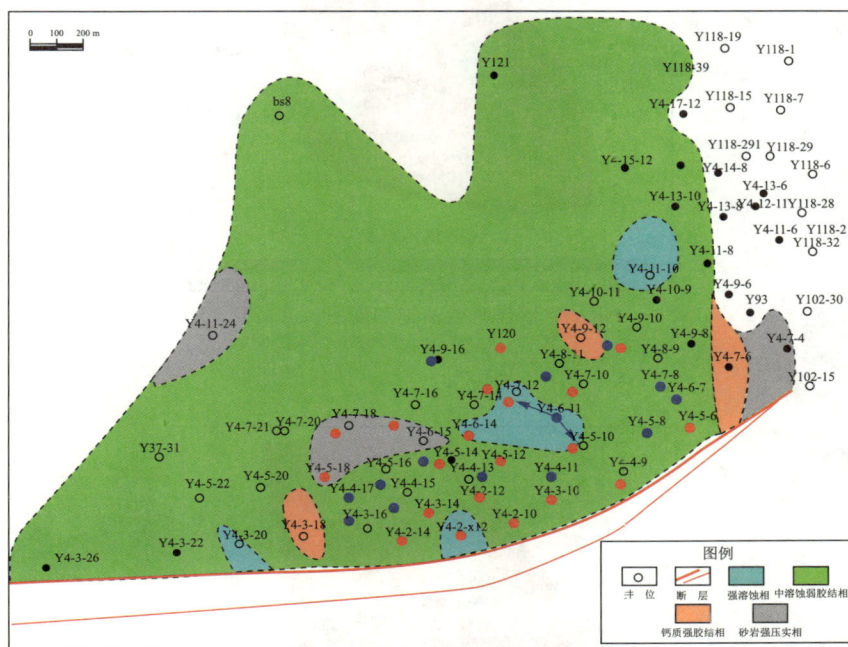

图 4-3-47  6¹ 砂体成岩相分布

### 3)井网与人工裂缝走向适应性差

人工裂缝能够大幅度提高储层渗透率,有效动用井间剩余油,也可以形成窜流通道,造成水窜。以 Y4-2-10 井与 Y4-7-16 井为例,在 1991 年 8 月,注入水未至井底。由于渤南油田四区人工裂缝方向为北西—南东向,因此 Y4-2-10 井与 Y4-7-16 井压裂后,人工裂缝的主方向分别朝向注水井 Y4-4-11 井与 Y4-6-15 井,造成注入水迅速推进,含水迅速抬升(图 4-3-48 至图 4-3-51)。1992 年 10 月,人工裂缝闭合,渗透率恢复至初始状态,受平面非均质性的影响,Y4-6-15 井和 Y4-4-11 井的注入水沿着高渗透条带向 Y4-7-14 井方向推进,而向 Y4-7-16 井和 Y4-3-10 井波及较弱,这两口井附近含油饱和度变化幅度不大(图 4-3-51)。Y4-2-10 井压裂以后,人工裂缝的主方向垂直于 Y4-4-11 井,注入水均匀推进,有效动用井间剩余油(图 4-3-52 和图 4-3-53)。从压裂累增油量统计情况也可以看出,Y4-2-10 井的单位有效厚度累增油量最大。

由此可见,人工压裂一定要与注采井网相匹配。沿注水井方向压裂容易造成水窜,垂直注水线方向压裂可以有效提高井间剩余油动用程度。Y4-2-10 井右侧物性差,渗透率低,启动压力梯度高,注入水难以波及。由于进行压裂改造作用,储层条件大为改善,Y4-2-10 井与 Y4-4-11 井间剩余油得到有效动用,剩余油饱和度较低。由于注采井网不合理,Y4-2-10 井西侧无注水井,虽西侧渗透率较高,启动压力梯度小,但剩余油饱和度依然较高。

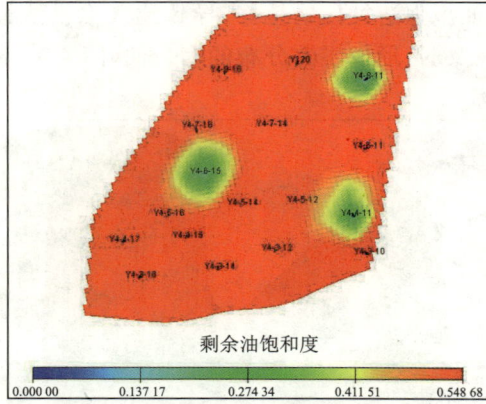

剩余油饱和度

| 0.000 00 | 0.137 17 | 0.274 34 | 0.411 51 | 0.548 68 |

图 4-3-48　$6^1$ 砂体剩余油饱和度图（1991 年 8 月）

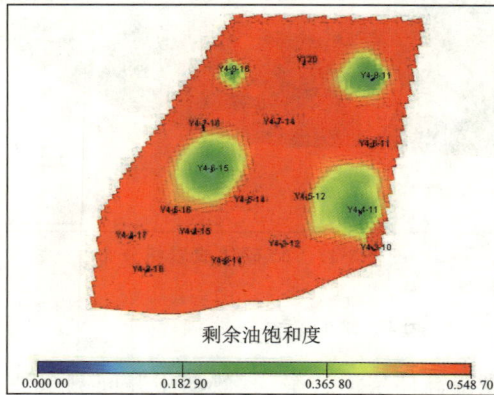

剩余油饱和度

| 0.000 00 | 0.182 90 | 0.365 80 | 0.548 70 |

图 4-3-49　$6^1$ 砂体剩余油饱和度图（1992 年 2 月）

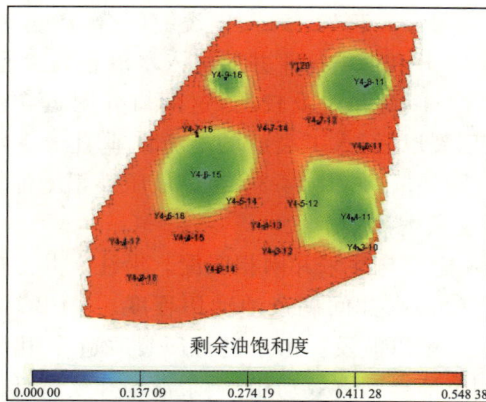

剩余油饱和度

| 0.000 00 | 0.137 09 | 0.274 19 | 0.411 28 | 0.548 38 |

图 4-3-50　$6^1$ 砂体剩余油饱和度图（1992 年 10 月）

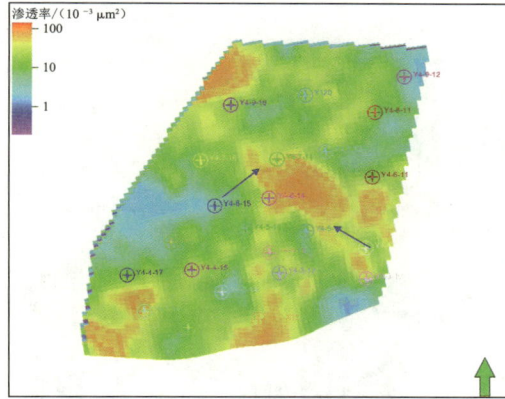

图 4-3-51　$6^1$ 砂体渗透率分布图

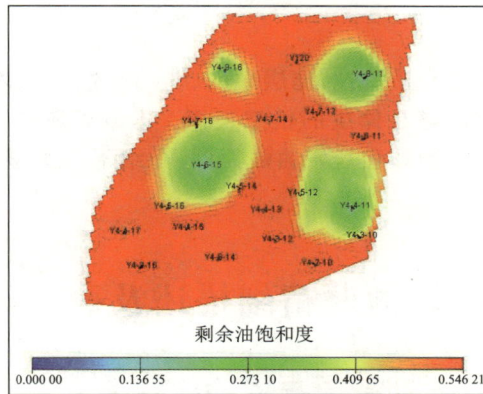

图 4-3-52　$6^1$ 砂体剩余油饱和度图(1993 年 1 月)

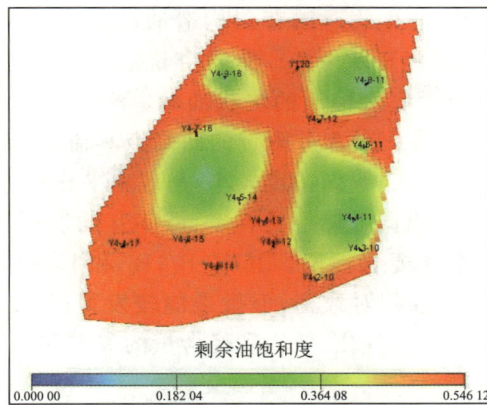

图 4-3-53　$6^1$ 砂体剩余油饱和度图(1996 年 1 月)

# 第 5 章 ▶

# 碳酸盐岩油藏精细描述及剩余油研究实例

碳酸盐岩油藏具有多重介质特性，储层成因、非均质性及流体运动规律复杂，制约该类油藏剩余油挖潜的关键问题是储层的精细表征。本章以流花 11-1 油田生物礁灰岩油藏和塔河油田二区岩溶缝洞型碳酸盐岩油藏为例，介绍不同类型碳酸盐岩油藏的精细描述及剩余油分布。

## 5.1 生物礁灰岩油藏精细描述及剩余油研究实例

### 5.1.1 生物礁灰岩油藏特点

流花 11-1 油田位于中国南海北部海域，油田所在海域水深 $200\sim380$ m，区域构造位于珠江口盆地东沙隆起中部，由流花 11-1、流花 4-1 和流花 11-1 东 3 个油藏组成，总面积约 317 $km^2$，是我国海上最大的生物礁滩背斜构造油田。其中，流花 11-1 油藏是该油田投入开发的主要油藏，以水平井开发为主。储层由新生代新近纪中新世生物礁、滩组成，油藏埋藏浅，厚度大，是一个由底水控制的块状油藏。流花 11-1 构造为一狭长且呈东低西高趋势的背斜构造，由流花 11-1-1A 井附近的西高点和流花 11-1-3 井附近的东高点组成，其间有一鞍部，横向规模较大，纵向幅度较小，呈现扁平丘状外形。主要含油层为新近系中新统珠江组生物礁灰岩，纵向上储层具有礁、滩间互的沉积特点。自上而下分为 A，$B_1$，$B_2$，$B_3$，C，D，E 和 F 八个主要岩性段。其中，$B_1$，$B_3$ 和 D 三段储层孔隙发育，物性较好；A，$B_2$，C 和 E 四段储层岩性相对致密，但微裂缝较发育；F 段大多为水层。原油性质属高相对密度、高黏度、低溶解油气比、低饱和烃含量的欠饱和原油，生物降解作用使原油性质自上而下变差。

该类油藏的特点是：

（1）储层由一套经溶蚀作用改造的生物礁、滩组成，属中—高孔渗储层，孔隙类型以次生孔隙为主,并有部分微裂缝和溶洞,沉积、成岩、构造等多因素导致储层类型多样,非均质性强,储层表征难度大。

（2）由于储层的多重介质特性,传统的岩芯、地球物理等渗透率解释方法准确度不够,不能真正反映地下孔隙介质、溶洞介质和裂缝介质形成的储层流体渗流特征,油藏地质建模难度大。

（3）由于隔夹层及储层非均质性等多种因素的影响,礁灰岩油藏油水分布复杂,含水率上升快,在油藏进入特高含水期开采阶段,地层中仍能找到低含水甚至不含水的油层,依然具有较大的剩余油潜力,但是剩余油分布规律复杂,预测难度大。

## 5.1.2　礁灰岩储层非均质综合表征

### 5.1.2.1　沉积-成岩演化模式控制的储层非均质特征

礁灰岩在垂向上具有礁、滩间互的沉积特点,生物礁体在成岩过程中经历了多种成岩环境,如海底成岩环境、大气淡水成岩环境及区域地下水-埋藏成岩环境等。这种特有的沉积-成岩演化模式决定了油藏独有的垂向非均质特征,形成了明显的 4 个高孔渗段和 4 个中低孔渗段间互沉积的储层特征。

#### 5.1.2.1.1　沉积微相及沉积模型

综合利用多种资料划分出生物礁相和生物滩相。根据生物及其碎屑含量,生物礁相进一步细分为珊瑚藻礁、珊瑚礁、珊瑚藻-珊瑚礁微相;生物滩相细分为有孔虫滩、生物碎屑滩及珊瑚藻屑-有孔虫滩微相（图 5-1-1）。取芯井纵向上具有非常相似的沉积旋回性,即礁、滩间互沉积。总的来看,有 3 个从滩到礁的沉积旋回。

珊瑚藻灰岩微相主要发育在礁核亚相,珊瑚藻含量一般大于 50%,大多呈缠绕状,也见碎屑状和枝架状,有孔虫分布于藻团和藻屑之间,以底栖型为主,偶见浮游型,孔隙类型以藻架溶孔和粒间溶孔为主,藻架溶孔连通性较差,藻间有少量缝合线分布。

珊瑚藻屑灰岩微相主要发育在礁核亚相,岩石普遍具有碎屑状结构,生物以珊瑚藻屑为主,含量一般超过 50%,有孔虫和棘皮含量较少,一般均小于 10%;基质部分有重结晶作用发生,发育粒间溶孔、粒内溶孔和生物体腔溶孔。

泥晶珊瑚灰岩微相主要发育在礁后亚相,珊瑚含量较多,一般大于 50%,珊瑚保存较完整,被泥晶充填,局部被珊瑚藻缠绕,其他生物碎屑较少,仅见一些零星分布的细粉晶大小的生物屑。溶解作用发育,主要形成粒内溶孔。

珊瑚藻屑-有孔虫灰岩微相多发育在生物滩相,有孔虫和珊瑚藻屑均呈碎屑状,二者含量均大于 20%,有孔虫为底栖型,棘皮多具次生加大边,溶解作用强烈,溶孔以粒间溶孔、基质溶孔、绿藻溶孔居多。

有孔虫灰岩微相发育在生物滩相,有孔虫大多为底栖型,含量大于 30%,珊瑚藻为碎屑状,含量小于 10%,其他生物也均为碎屑状,胶结物含量较少,仅见纤状和微粒状环边胶结,孔隙类型以粒间溶孔和有孔虫房室溶孔为主,个别孔缘具有马芽状,见少量微裂缝。

生物碎屑灰岩微相的生物均以碎屑状为主,极少数为皮壳状和支架状,有孔虫和珊瑚藻含量居多,棘皮具次生加大边,填隙物为泥晶基质,含极少量亮晶方解石胶结物,基质重结晶现象较为普遍,主要发育铸模孔、粒内溶孔和粒间溶孔,少量裂缝发育,粒间溶孔内径以 0.1~0.6 mm 居多,最大可达 2 mm。

珊瑚藻灰岩微相藻架溶孔,连通性差
LH11-1-1A井,1 262.4 m

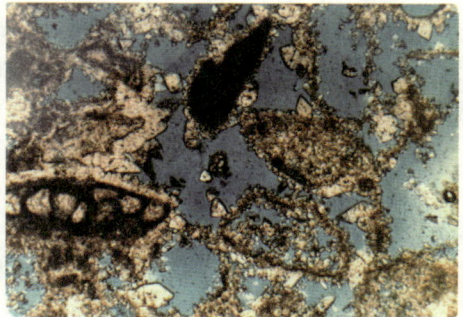

珊瑚藻屑灰岩微相粒间、粒内溶孔
LH11-1-1A井,1 227.8 m

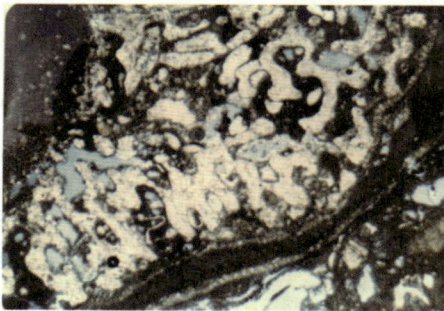

泥晶珊瑚灰岩微相
LH11-1-1A井,1 228.90 m

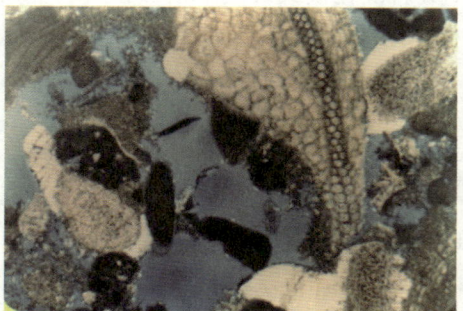

珊瑚藻屑-有孔虫灰岩微相棘皮次生加大
LH11-1-1A井,1 267.65 m

有孔虫灰岩微相
LH11-1-1A井,1 246.17 m

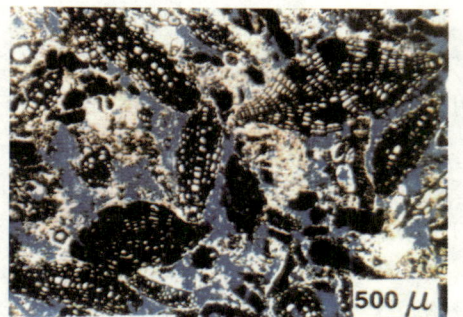

有孔虫灰岩微相粒间溶孔
LH11-1-1A井,1 244.72 m

图 5-1-1　生物礁、滩相沉积微相类型及特征

### 5.1.2.1.2　礁灰岩储层沉积-成岩演化模式

成岩作用对礁灰岩储层及其孔隙演化与发育有着重要影响,它改变了储层原始孔隙度和渗透率的分布状态,增强了储层的非均质程度。在有利沉积相带的基础上,成岩作用是储层储集性能的控制因素。流花11-1油藏的沉积-成岩演化模式共分8个时期(图5-1-2):早期造礁;早期暴露、溶蚀;晚期造礁;中期暴露、溶蚀;早期成藏;晚期溶蚀;晚期成藏;区域地下水溶蚀。

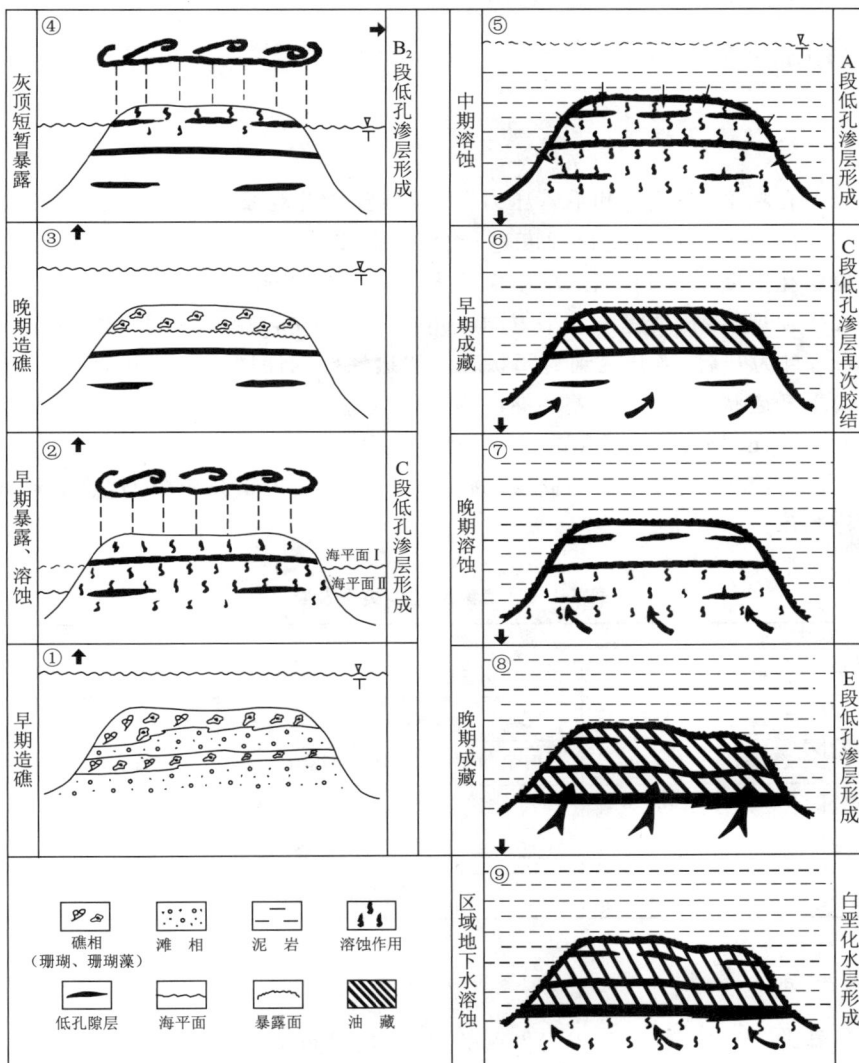

图5-1-2　礁灰岩储层沉积-成岩演化模式(转引自中海石油研究中心南海东部研究院,2002年)

早期暴露、溶蚀阶段中的两次海平面波动,致使古潜水面以下的潜流环境发生以胶结为主的成岩作用,形成了C段低孔渗层及E段不连续的低孔渗层。在中期暴露、溶蚀阶段,古潜水面以下的潜流环境形成了 B₂ 段低孔渗层,礁体短暂暴露后快速下沉,继而接受上覆陆架泥岩沉积,形成了较好的盖层条件,伴随泥岩的沉积压实,泥岩中的"再造水"侵入礁体,导致礁体内部的中期溶蚀;同时,上覆层的泥质、海绿石及铁质渗入礁顶,形成了 A 段低孔渗层;处于渗流环境的 D,B₃ 及 B₁ 段由于溶蚀作用而形成高孔渗带。在早期成藏阶段,由于油源供给程度有限,仅充注 C 段以上,在古油藏油水界面附近胶结作用发育,导致 C 段低孔渗层的形成。在晚期成藏阶段,油气再次进入礁体富集成藏,在油水界面附近发生深埋胶结作用,最终导致 E 段横向分布稳定的低孔渗层的形成,油藏形成后,其下的水层仍处在淡化后的区域地下水环境中,进一步溶蚀而形成 F 段高孔渗层。

### 5.1.2.1.3 储层非均质性

#### 1)储层类型的多样性

根据岩芯孔隙度、渗透率和毛管压力资料,结合岩芯观察及薄片鉴定结果,对储层中各种储集空间的组合关系和发育程度进行分析,将储集层划分为 5 种储集类型(表 5-1-1)。各储集层孔隙度由大到小依次为溶洞-孔隙型、孔隙型、过渡型、裂缝-致密型和致密型。岩芯观察发现溶洞、裂缝与水平方向夹角在 $60°\sim90°$,属高角度缝洞。裂缝长度一般为 $5\sim35$ cm,且为开启、半开启到封闭状态。渗透性好的储层一般为开启状态,渗透性较差的储层为半开启状态,渗透性差的储层为封闭状态。溶洞大小不一,长度一般为 $3\sim25$ cm,直径从 0.5 $\mu m$ 到 20 mm 不等。

礁灰岩具有溶洞、裂缝性质的储层超过 $50\%$,属于非单重介质类型,这对流体在储层中渗流的控制作用非常大。

**表 5-1-1 储集层孔隙类型及特征**

| 储集类型 | 孔隙连通程度 | 孔隙度/% | 渗透率/($10^{-3}\mu m^2$) | 孔喉分布 | 分布范围 | 所占比例/% |
|---|---|---|---|---|---|---|
| 孔隙型 | 稍差 | >20 | >40 | 双峰,粗或细端为主峰 | B₂,D | 38.23 |
| 溶洞-孔隙型 | 较好 | >20 | 大于孔隙型 | 双峰,粗端为主峰 | B₁,B₃,E | 33.70 |
| 裂缝-致密型 | 好 | 小于孔隙型 | 高渗 | 双峰,粗端为主峰 | C,B₂,E 部分段 | 4.17 |
| 过渡型 | 较差 | 8~20 | 低渗 | 双峰 | A,C,E,B₂ | 20.83 |
| 致密型 | 差 | <8 | <5 | 单峰 | 夹层部分 | 3.07 |

#### 2)隔夹层分类及分布

隔夹层是礁灰岩油藏沉积、成岩作用的产物,是层间、层内非均质性研究的重要内容。由于该油藏为块状油藏,隔层、夹层较难区分,故统称为隔夹层。

根据取芯井岩芯的观察及分析,结合测井资料确定孔隙度、渗透率、隔夹层厚度、密度及中子等参数的截止值,并将确定的截止值作为储层与隔夹层的界限标准(表 5-1-2 和图 5-1-3)。利用该标准将隔夹层分为 4 类,其中只有第 I 类在纵向上能真正起到封隔油水纵向运动的作用,其他 3 类隔夹层应划为差储层,但考虑到这些层与相邻高渗层的关系,将这些差储层划到隔夹层范围内。这 3 类隔夹层能够在纵向上对油水的纵向运动起到部分阻挡作用。

表 5-1-2 隔夹层类型、划分标准及特征

| 隔夹层类型 | 孔隙度/% | 渗透率/(10⁻³μm²) | 厚度/m | 密度/(g·cm⁻³) | 中子孔隙度/% | 岩芯描述 |
|---|---|---|---|---|---|---|
| I | <10 | <5 | >0.3 | >2.51 | <13 | 钙质胶结、致密,成岩作用强,孔、渗性极差,无油显示,不见缝洞。对油水具有好的阻挡作用 |
| II | 10~14 | 5~10 | >0.5 | >2.47 | 11~13 | 钙质胶结一般,成岩作用中等,具有较差孔渗性,不见油到油迹,无缝洞。对油水具有较好阻挡作用 |
| III | 11~16 | 10~25 | >0.5 | >2.45 | 13~18 | 有钙质胶结,但较差,成岩作用一般,具有一定孔渗性,含油性由油迹到油斑,由无缝洞到发育部分很小且连通性较差的缝洞。对油水具有一定阻挡作用 |
| IV | 13.5~18 | 25~50 | >0.5 | >2.45 | 14.6~19 | 钙质胶结及成岩作用差,具有一定孔渗性,含油性由油斑到油浸甚至含油,发育部分较小且连通性较差的缝洞。对油水具有较差的阻挡作用 |

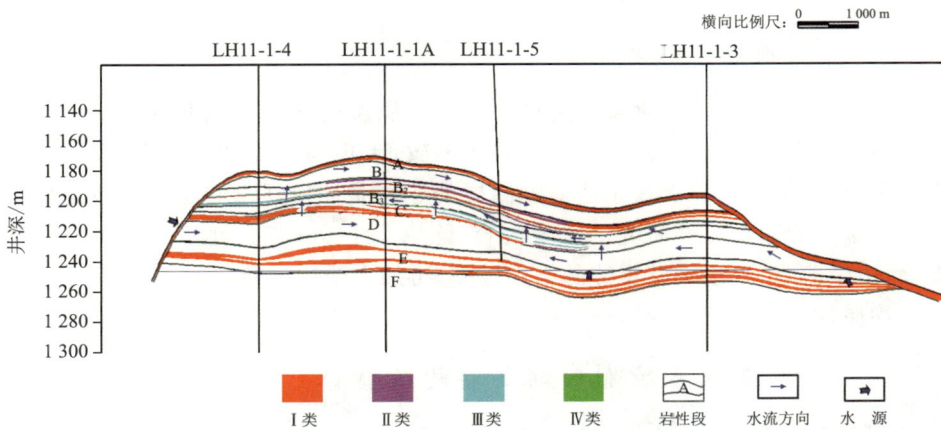

图 5-1-3 隔夹层剖面分布图

对于礁灰岩油藏,高密度、低孔渗段的反射系数较高,在地震剖面上表现为强振幅。该区 4 个低孔渗段 A,B₂,C 和 E 段的振幅均较强,而高密度、低孔渗段在该区为相对低渗的隔夹层,由此可见地震振幅能较好地反映相对低孔渗段的变化情况。

基于这种思路,利用三维地震体数据,通过三维可视化技术来描述相对低渗段隔夹层

的空间分布规律,如图 5-1-4 中虚线圈定的区域属强振幅区,隔夹层较发育。该区隔夹层的分布模式主要有如下 3 种:

(1)连续分布的隔夹层,厚度较大,均大于 0.8 m,平面分布的稳定性好,主要发育在 A 段顶部、E 段中部及 $B_2$ 段开发区东北角,垂向上阻挡底水的效果最好。

(2)条带状分布的隔夹层,在平面上呈条带状分布,厚度一般在 0.5~1.1 m 之间,主要发育在 E 段顶部、C 段局部井附近,常作为小范围内阻挡底水向上推进的隔挡层。

(3)零星分布的隔夹层,平面上分布零散,分布范围小,呈透镜状,单层厚度小,均小于 0.8 m,纵向上一般与储层呈互层分布或夹于厚储层之间,主要发育于 C 段、$B_2$ 局部区域,垂向上阻挡底水向上推进的作用较小。

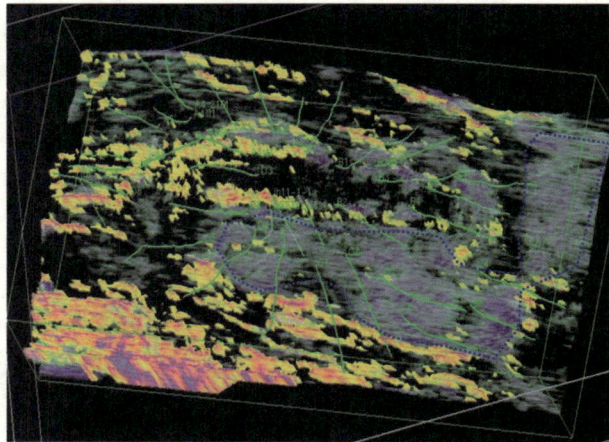

图 5-1-4　振幅与方差叠合图

### 3)平面非均质性

运用渗透率变异系数、突进系数及级差来表征储层的平面非均质性。这 3 个参数在开发区各段的分布大同小异,总体上变化趋势一致,表现为核部数值较小,翼部及东西两侧数值较大,反映出礁体翼部及东西两侧储层的非均质性较强。储层的有效厚度在平面上的变化也是平面非均质性研究的重要内容,除 A 段以外,各岩性段的储层厚度都表现为轴部厚、边缘薄,由于边缘储集体的物性较差,再加上受边界断层的影响,表现出开发区两翼的非均质性比轴部更强的特征。

#### 5.1.2.2　构造因素控制的储层非均质特征

构造断裂活动使储层产生大量断层和构造裂缝,这些断层和构造裂缝改变了储层的渗透方向,造成储层的渗透性在纵向、横向上的非均质性。

##### 5.1.2.2.1　断层及裂缝分布特征

流花 11-1 油藏仅西高点的南北两翼各发育一条较大的主干断层,南断层南倾,北断层北倾,从而在西高点构造主体部位形成地垒块形态。南断层的最大断距达 60 m,平面延伸长度达 6.5 km,纵向上由基底向上延伸到第四系底部,是流花 11-1 油藏最大的断层;北断层的最大断距为 33 m,平面延伸长度为 4.2 km,纵向上向下切割到基底,向上则延伸到粤海组。由于灰岩顶部以上地层沉积了一套巨厚的浅海陆架泥岩,故这两条断层的封闭性较好。其他断层的走向与圈闭轴向大体一致,断距通常较小,为 10~20 m,断层的平面延伸短,长 0.5~2.0 km,且多为北倾正断层。

该油藏发育构造缝、溶缝、层间缝和压溶缝 4 种类型的裂缝,绝大多数微缝开度大于 5 μm,能成为流体渗流的通道。构造缝多呈垂直分布,缝面较平直,延伸长度相对较大,岩芯中见到的构造缝最长约 1 m,部分构造缝具有溶蚀现象,沿缝面可见沥青痕迹。原有的裂缝在成岩阶段经淋滤溶蚀或岩石脱水而形成溶缝,溶缝包括肉眼可见的垂直分布的溶缝和镜下观察到的微溶缝,垂直溶缝一般发育于较致密的岩石中,局部与孔洞相连,微溶缝普遍存在于孔隙发育层中,微细而弯曲,多与溶蚀孔洞相连。由沉积物压实失水而形成的层间缝一般沿层理分布。压溶缝缝迹微细,参差不齐,呈锯齿状,常见有沥青、泥质、有机质、方解石和少量白云石充填,局部缝合线有溶蚀现象。各种类型的裂缝既是流体储集的场所,又是流体渗流的良好通道。

### 5.1.2.2.2　断层及裂缝对储层非均质的影响

垂直或较大角度的断层不但可以使原来连通的地层变成不连通,而且可以使不同时代的地层串通起来,从而大大增强油藏非均质的严重性和复杂性。如果断层是开启的,则会使层间关系更为复杂。从生产动态、原油性质随开发时间的变化规律及地质成因角度分析,流花 11-1 油藏开发区内只有 A6 井的断层为开启性断层,其余均为封闭性断层,总体上断层附近储层的平面非均质性较强。一些延伸较远的裂缝若不密封,则可能会造成水沿裂缝窜流,导致严重的纵向及平面矛盾,降低开发效果;延伸不远的裂缝同样会对开发效果有影响,微裂缝的发育在一定程度上可以提高单井的生产能力。这些裂缝在油田开发生产中起着重要的作用。该油藏发育的裂缝一方面可以提高生产井的生产能力;另一方面,其造成的底水垂向窜流亦可导致生产井很快被水淹,从而增强油藏的非均质性。

### 5.1.2.3　储层非均质综合指数

影响礁灰岩储层非均质性的因素主要包括沉积、成岩及构造 3 个方面,具体包括反映储层质量的参数(孔隙度、渗透率、隔夹层)和反映储层几何形态的参数(沉积微相、断层)等。根据非均质综合指数计算方法,求取宏观非均质综合指数($I_{RH}$),快速、直观地揭示该指数与剩余油储量分布之间的关系。

利用上述方法,获得 7 个岩性段非均质综合指数(表 5-1-3),$B_1$ 和 $B_3$ 段的 $I_{RH}$ 平均值和中值都略大于 0.5,最大值和最小值之比均略大于 2,储层质量总体表现为中等偏好;而 A、$B_2$、C 和 E 段的 $I_{RH}$ 平均值和中值都小于 0.5,$I_{RH}$ 最大值和最小值之比均大于 3,尤其 $B_2$ 段最大值甚至是最小值的几十倍,说明这 4 个岩性段储层质量较差,非均质性强。D 段的 $I_{RH}$ 平均值和中值均大于 0.5,最大值和最小值相差不多,表明 D 段储层质量最好。

**表 5-1-3 流花 11-1 油藏各层段非均质综合指数表**

| 层 位 | 最大值 | 最小值 | 中 值 | 平均值 | 标准偏差 |
|---|---|---|---|---|---|
| A | 0.781 | 0.212 | 0.455 | 0.478 | 0.161 |
| B₁ | 0.852 | 0.313 | 0.564 | 0.573 | 0.103 |
| B₂ | 0.728 | 0.076 | 0.386 | 0.387 | 0.163 |
| B₃ | 0.818 | 0.29 | 0.588 | 0.568 | 0.161 |
| C | 0.894 | 0.252 | 0.407 | 0.518 | 0.274 |
| D | 0.679 | 0.568 | 0.634 | 0.627 | 0.045 |
| E | 0.723 | 0.174 | 0.331 | 0.409 | 0.231 |

#### 5.1.2.4 油藏底水来源

##### 5.1.2.4.1 底水来源

通过对流花 11-1 油藏开发区隔夹层的研究，并结合开发动态资料以及三维地震资料，认为开发区的底水水源主要来自 4 个方向。一是来自东部 D 段低于油水界面以下的底水，此处为主力水源之一；二是来自东西向剖面上 LH11-1-3 井和 LH11-1-5 井之间的 D 段低于油水界面以下的水，对开发区来说此处为重要水源；三是来自南北向过 LH11-1-1A 井剖面 D 段低于油水界面以下的底水，此水源为油藏开发动力的主要补充水源；四是来源于 E 段隔夹层质量较差的底水。

##### 5.1.2.4.2 底水运动方向及其规律

由于水平井主要开采层段为 A 段至 B₃ 段，造成其层内压力降低，导致由 4 个水源方向来的底水首先通过 D 段，并携带着 D 段的一部分油，从未被 C 段隔夹层控制区域进入 B₃ 段。由于在 B₃ 段的下部有一高渗段，水沿 B₃ 段下部的高渗段向上运移。由于开发区东北、东部及西北地区地层较低，而西部和南部地层则相对较高，所以当水进入 B₃ 段后，首先沿底部高渗段向东北、北部及西北部运移。随着油田的开发，层内压力开始降低，首先水淹的是钻遇 B₃ 层的水平井和构造部位较低的水平井。随着水淹的进一步加强，水由 B₃ 层返到 B₂ 层和 B₁ 层，甚至返到 A 层，然后使西北部的井水淹，进而跨过核部高点向东部、南部翼部运移，造成相应层位的水平井相继水淹。

### 5.1.3 直井及水平井测井解释

测井解释是剩余油分布研究的一项关键技术，可以为地震反演、非均质研究、隔夹层研究、储量计算、地质建模等提供更加准确的油藏属性参数。生物礁灰岩的测井解释尤其是水平井测井解释有很大难度，用岩芯刻度的测井解释主要反映岩芯规模的储层参数变化情况,主要考虑孔隙型和极小微裂缝规模的储层。该地区以水平井为主,为充分利用所有井资料对储层进行准确评价,分别建立直井和水平井的测井解释模型。

### 5.1.3.1 直井测井解释模型

#### 5.1.3.1.1 地层骨架模型

地层骨架模型是建立其他模型的基础。生物礁灰岩骨架成分主要以方解石为主,其他矿物含量很少,可以不考虑,这为建立泥质含量、孔隙度等参数模型提供了依据。

#### 5.1.3.1.2 泥质含量模型

1) 泥质含量模型

通过骨架成分分析,目的层段除局部高自然伽马值外,其余自然伽马值均较小,所以目的层段可以看成近似的纯净地层。泥质含量 $V_{sh}$ 对储层其他参数的影响很小,可采用如下经验公式:

$$V_{sh} = \frac{2^{GCUR \times S} - 1}{2^{GCUR} - 1}$$

$$S = \frac{GR_{log} - GR_{min}}{GR_{max} - GR_{min}}$$

式中,$GR_{log}$,$GR_{min}$,$GR_{max}$ 分别为当前处理点自然伽马测井值、处理层段自然伽马最小值和最大值;$GCUR$ 为经验参数,取 3.7。

从测井曲线分析,在 $B_2$ 段和 $B_3$ 段有一局部高自然伽马值段,岩石骨架成分分析的方解石含量为 99% 以上,一般认为是纯净岩性地层。

从其成因分析可知,该段放射性是由于生物有机质吸附铀矿物造成的有机放射性物质形成的,而非泥质含量高原因造成的高放射性,所以对该段泥质含量进行处理时应加以特殊考虑。

2) 孔隙度和渗透率模型

分区、分层位建立孔隙度和渗透率测井解释模型,不同井区、层位约束不同,所建立的孔隙度解释模型不同。根据对直井孔隙度测井资料与岩芯分析孔隙度资料对比、标定,并参考孔隙度测井解释理论模型,建立孔隙度解释模型。当孔隙度测井资料不全时,采用补偿中子测井资料建立孔隙度解释模型。根据直井岩芯分析孔隙度与渗透率资料关系,建立不同井区、层位的渗透率测井解释模型。

3) 含油饱和度模型

采用 Ariche 公式,并对模型中的参数进行修正和标定,使之适合研究区储层含油饱和度的求取。

4）束缚水饱和度模型

根据束缚水饱和度与毛管压力关系，通过研究束缚水饱和度与 $\left(\dfrac{K}{\phi}\right)^{1/2}$ 的关系，建立束缚水饱和度解释模型。

5）残余油饱和度模型

根据残余油形成条件及相关因素分析，通过研究与残余油饱和度相关参数的关系，建立残余油饱和度解释模型。

6）油水相对渗透率模型

根据油、水相对渗透率实验数据，并结合对含水饱和度、残余油饱和度、束缚水饱和度、油水两相共渗区间跨度、$\left(\dfrac{K}{\phi}\right)^{1/2}$、渗透率等参数与油、水相对渗透率关系的研究，建立油水相对渗透率解释模型。

7）可动油饱和度模型

利用束缚水饱和度、残余油饱和度、含水饱和度、含油饱和度模型，可以得到可动油饱和度和可动水饱和度模型。

### 5.1.3.2 水平井测井解释模型

#### 5.1.3.2.1 孔隙度解释模型

孔隙度是一个体积范围内的参数，对于水平和垂直方向上的变化可认为基本不变。根据孔隙度测井理论，在建立水平段孔隙度解释模型时，可以依据直井段岩芯分析标定结果，参考取芯井与直井位置的分布关系，分层建立孔隙度测井解释模型。对于水平井孔隙度测井解释模型的建立，采用直井分层位建立模型的平均模型作为水平井孔隙度解释模型。

#### 5.1.3.2.2 渗透率测井解释模型

渗透率与孔隙度参数不同，渗透率具有方向性，所以水平方向与垂直方向渗透率不同。在建立水平段渗透率解释模型及对水平井测井资料进行解释时，要充分考虑到这种差异。根据岩芯观察洞、缝与水平方向夹角关系，利用直井取芯分析渗透率资料对测井资料标定的结果及水平渗透率与垂直渗透率的相关关系，共同建立水平段渗透率测井解释模型。由于低角度裂缝和洞的存在，实际上水平井段比直井段增加了更大的渗流面积，在同样长度井段的情况下，岩芯能标定的渗透率要比直井井段渗透率大。

建立水平段渗透率测井解释模型方法是：参考取芯井位置平面分布，考虑纵向不同层位渗透率模型差异，采用直井分层位解释模型的平均模型，并乘以水平方向与垂直方向渗透率的校正系数,作为水平井渗透率的解释模型。

### 5.1.3.2.3　含油饱和度解释模型

含油饱和度解释模型采用 Ariche 公式,但所采用的参数不同。Ariche 公式中水平段与直井段存在差异的参数的确定遵循以下原则:

(1) $n$ 和 $b$ 值确定。根据水平及垂直方向的岩芯实验室岩电实验结果,得到不同层位的 $n$ 值,通过建立 $n$ 与 $b$ 值之间的关系得到 $b$ 值。

(2) 建立水平方向 $n$ 值与垂直方向 $n$ 值关系。根据水平方向 $n$ 值与垂直方向 $n$ 值及其差值与水平及垂直方向渗透率比值关系,建立水平方向 $n$ 值与垂直方向 $n$ 值的关系。所建立水平方向 $n$ 值及垂直方向的 $n$ 值能够较好反映地下储层情况。

(3) 残余油饱和度模型。根据水平段与直井段储层物性的差别,在直井残余油饱和度模型基础上对其进行修正,建立水平井段残余油饱和度 $S_{or}$ 的模型。

$$S_{or} = \left[ 17.914\,5 \left( \sqrt{\frac{K}{\phi}} \right)^{0.465\,5} \right]^{0.94}$$

### 5.1.3.3　测井解释精度分析

通过对流花 11-1 油藏测井资料的处理,并将解释结果与岩芯分析资料对比,建立的分区、层位测井解释模型与岩芯分析资料更加接近,精度得到明显提高。研究中还可得到可动油饱和度值,并通过测井处理得以在不同井点处得到可动油饱和度值,通过对可动油饱和度的分析更能体现油田在开发过程中储层可动油的变化情况。对岩芯分析得到的可动油饱和度与测井处理的可动油饱和度进行误差分析,可知其精度较高,可以用来分析可动油分布情况。

值得注意的是,这里的可动油饱和度只是在考虑实验室条件的理想情况下得到的,没有考虑裂缝、洞存在情况下对可动油饱和度降低的情况。

## 5.1.4　油藏属性参数求取及油藏精细地质建模研究

### 5.1.4.1　油藏精细地质模型基本思路

根据流花 11-1 油藏实际资料情况和油藏特点,以地震资料为主,从地震解释的构造界面和确定的岩性界面建立构造格架模型,通过含油范围约束建立有效厚度模型;利用地震反演孔隙度,并对其进行精度和误差分析,利用岩性边界约束,通过地层条件校正后得到地层有效孔隙度模型;在孔隙度模型基础上,利用所建立的渗透率模型,在岩性边界的约束下得到渗透率模型;利用所建立的含油饱和度模型,在含油范围边界的约束下得到含油饱和度模型(图 5-1-5)。

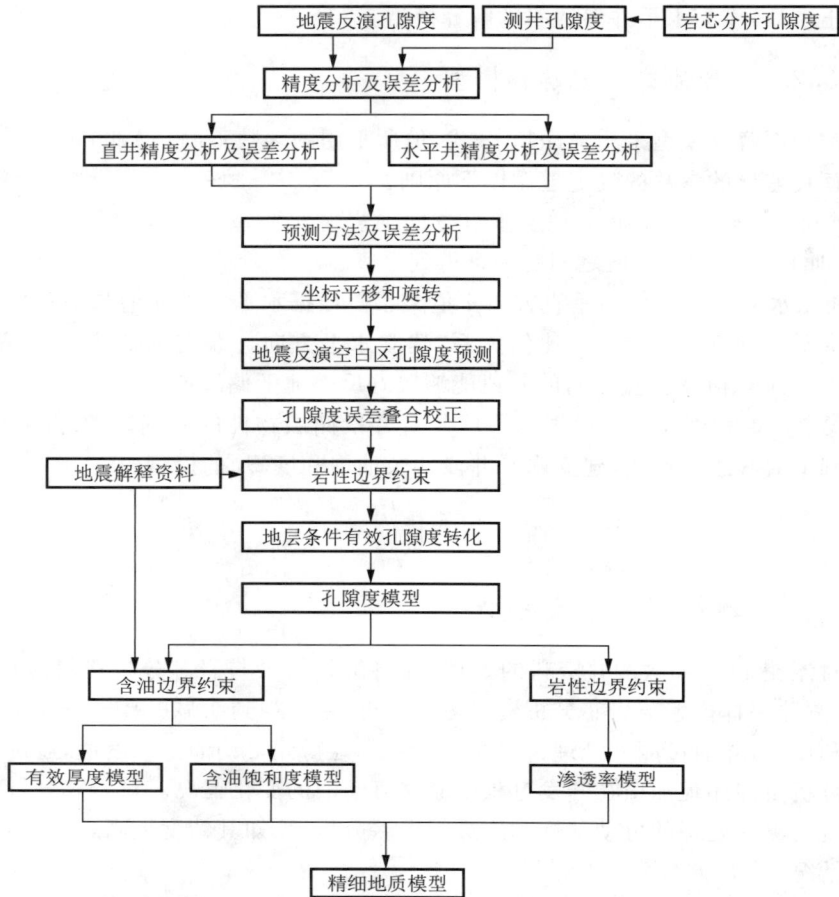

图 5-1-5　油藏精细地质建模研究流程

## 5.1.4.2　储层参数求取模型

### 5.1.4.2.1　孔隙度模型

#### 1) 地震反演孔隙度精度分析

测井和地震用于反映孔隙度的信息不同,测井主要利用补偿中子和密度对孔隙度进行解释,地震主要利用声波的传播速度(反射波)来求取孔隙度,且测井解释孔隙度和地震反演孔隙度的求取方法不同,所以测井解释孔隙度和地震反演孔隙度之间存在误差是很正常的。

相对于地震软数据,利用岩芯分析孔隙度标定后的测井孔隙度被认为是准确的孔隙度,用测井解释孔隙度检验地震反演孔隙度并对其精度进行分析。地震反演孔隙度精度检验主要从直井资料和水平井资料两个方面进行分析。

### 2）直井区孔隙度精度分析

对直井区资料，首先要解决的问题是资料的匹配问题。在直井纵向上测井解释孔隙度是 0.125 m 一个点，而地震反演提取的孔隙度是 1 ms 一个点。根据测井和地震反演孔隙度的尺度特点，按照地震反演孔隙度的尺度，对测井孔隙度进行粗化，对应于地震反演范围内的测井解释孔隙度点取平均值。在测井和地震尺度匹配后对其精度进行分析，地震反演孔隙度和测井孔隙度之间存在一个较大的系统误差，一般地震反演孔隙度要大于测井解释孔隙度，且不同井区、不同层段的系统误差不同。高孔地层的孔隙度误差要大于低孔地层，且一般高孔地层地震反演孔隙度大于测井解释孔隙度，而低孔地层的地震反演孔隙度小于测井解释孔隙度，或与测井解释孔隙度基本一致。

根据直井测井解释孔隙度与地震反演孔隙度的特点，分层段对地震反演孔隙度进行误差校正。

### 3）水平井区孔隙度精度分析

对水平井资料，首先要解决的问题也是资料匹配问题。在井轨迹方向（近似于水平的平面方向）上测井解释孔隙度是 0.125 m 一个点，而地震反演提取的孔隙度是 5 m×5 m 的网格点。根据测井和地震孔隙度的尺度特点，按照地震反演孔隙度的尺度对测井孔隙度进行粗化，对应于地震反演范围内的测井解释孔隙度点取平均值。在测井和地震尺度匹配后对其精度进行分析（图 5-1-6），受地层孔隙度高低和层段的影响，地震反演孔隙度和测井孔隙度之间存在一个较大的系统误差，且区域、不同层段的系统误差不同。同样存在高孔地层孔隙度误差大于低孔储层，且一般高孔地层地震反演孔隙度大于测井解释孔隙度，而低孔地层的地震反演孔隙度小于地震反演孔隙度，或与地震反演孔隙度基本一致。

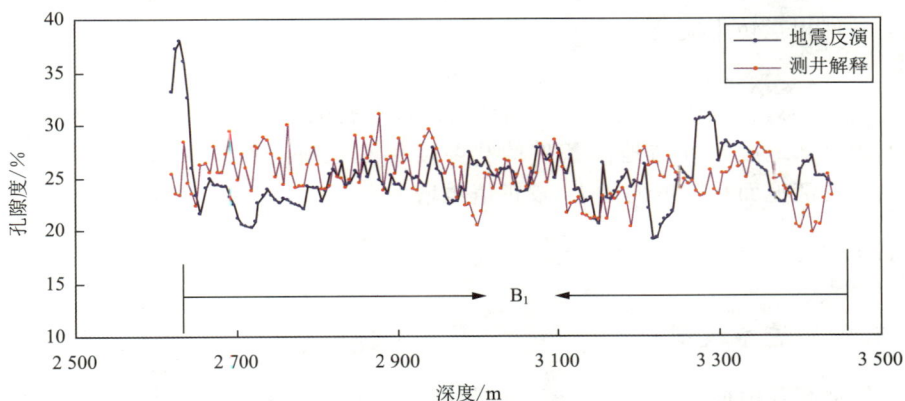

图 5-1-6　测井解释及地震反演孔隙度对比分析图（LH11-1-23）

根据水平井测井解释孔隙度与地震反演孔隙度的特点，采用沿着水平井轨迹，以层段和地层孔隙度情况分段对地震反演孔隙度进行误差校正的方法。

#### 4）地震反演孔隙度误差校正

地震反演孔隙度区域没有完全包括开发区，如果只用地震反演孔隙度的范围，会造成部分开发区内没有孔隙度值。为开展开发区地质模型研究，必须将开发区内缺失的孔隙度区补齐，利用地震反演孔隙度区内的孔隙度数据，采用插值的方法得到孔隙度缺失区内的孔隙度值。插值方法应用中，首先对多种插值方法进行对比，根据误差大小优选出所要的插值方法和模型，即 A，$B_1$，$B_2$，$B_3$，D，E 和 F 层段利用 Kriging 中的 Spherical 模型，C 层段利用 Kriging 中的 Liner 模型，根据优选的插值方法进行孔隙度缺失区的预测。在预测过程中同样考虑开发区方位角，并在坐标变换、平移、数据空间分析、插值方法优选等工作的基础上建立缺失区的孔隙度分布数据。

井网控制不住的井区含油面积与三维地震区存在较大面积的差别，利用该区各层整体的沉积、构造特征，结合测井、地震属性设置虚拟点的方法，采用与开发区孔隙度外推插值方法一致的方法，确定三维地震空白区的孔隙度分布。

利用以上孔隙度精度分析方法，直井分层段、水平井在层段约束下细分层计算地震孔隙度与测井解释孔隙度之间的误差。分层段将不同的误差值进行插值，得到按研究网格和地震反演孔隙度网格匹配的误差分布数据。将误差分布数据和地震反演孔隙度数据进行叠加，得到校正后的孔隙度。该孔隙度的特征与岩芯分析标定的测井孔隙度一致，属于地面有效孔隙度。要得到地层条件的有效孔隙度，必须对其进行校正。

#### 5）地下有效孔隙度模型

地层与地面温压条件不同，当地层中的岩芯样品取到地面后，其所处的温压环境均发生了很大变化。岩芯样品受影响最大的变化条件是压力的变化，地面岩芯的孔隙度与地层条件相比变大了，但要描述的对象是地层条件下的孔隙度，所以必须将地面条件的孔隙度校正到地层条件的情况。根据地层条件和地面条件孔隙度分析样品情况，建立地层条件与地面条件相互转化模型。

$$\phi_{under\_ground} = 0.957\ 1\phi_{ground}$$

式中，$\phi_{under\_ground}$，$\phi_{ground}$ 分别为地层条件和地面条件的孔隙度。

由上式可知地层条件与地面条件的孔隙度存在很好的线性关系，二者相差幅度在 2.3% 左右，且随地面孔隙度的增大，校正值也增大。

##### 5.1.4.2.2　渗透率模型

#### 1）孔隙渗透率模型

提供给油藏数值模拟的渗透率模型的数据来源有岩芯标定的测井渗透率、由地震反演孔隙度求取的渗透率以及动态测试数据标定的渗透率。由此产生的渗透率地质模型有两种，即岩芯标定的渗透率模型和动态测试标定条件下的渗透率模型。这两种渗透率只有动态标定下的渗透率能真正反映地层的流动特性，但在得到动态渗透率前必须先得到孔隙渗透率。

## 2）非单重介质（动态）渗透率模型

礁灰岩具有溶洞、裂缝性质的储层超过 50％，储层属于非单重介质类型，这对流体在储层中渗流的控制作用非常大。由动态测试资料，经过试井分析得到渗透率资料。非单重介质储层渗透率是将孔隙介质渗透率、孔洞介质渗透率和裂缝介质渗透率三者归一，都用孔隙介质渗透率来表示。而测井解释渗透率是以岩芯分析得到的渗透率为基础，岩芯分析渗透率基本上反映的是孔隙介质渗透率和部分小（微）裂缝渗透率，不能反映较大规模裂缝和大的溶洞介质渗透率。因此，利用岩芯测试渗透率对测井渗透率进行标定得到的是孔隙渗透率，不能代表非单重介质储层的真正渗透率。要得到储层的真正渗透率，必须利用动态渗透率对孔隙渗透率进行标定，这样才能使渗透率真实反映地下渗流情况。

A. 非单重介质渗透率模型

利用动态正常测试资料求取动态渗透率（除挤入 HCl 和串槽层外），在建立不同层段动态渗透率与孔隙渗透率之间关系模型基础上（图 5-1-7），通过该模型求取非单重介质渗透率，得到多重介质储层统一为孔隙度介质模型的渗透率。

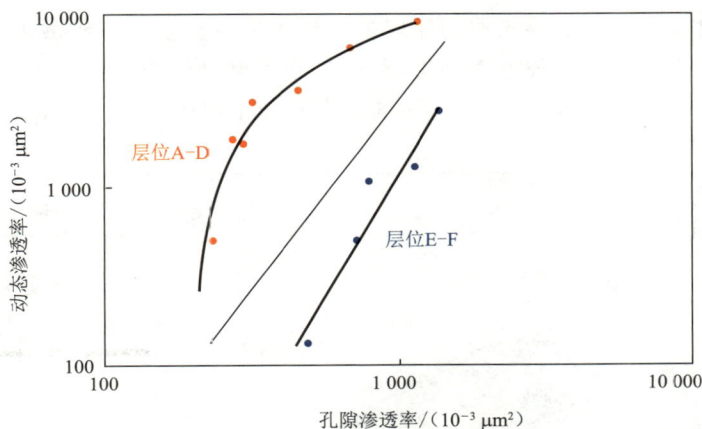

图 5-1-7　不同层段动态渗透率与孔隙渗透率相关关系图

B. 非单重介质模型实现方法

利用以上模型和经地震反演推得到的孔隙渗透率，得到地层条件非单重介质渗透率。当求取的非单重介质渗透率小于孔隙渗透率时，为孔隙渗透率；当求取的非单重介质渗透率大于孔隙渗透率时，为非单重介质渗透率。

C. 非单重介质渗透率与孔隙渗透率的关系

当孔隙渗透率较低时，非单重介质渗透率与孔隙渗透率一致，这说明在孔隙介质和含有少量极小微裂缝、微溶洞的情况下，孔隙渗透率能够较好地反映储层渗透率特征；当储层中裂缝、溶洞尺寸增大时，孔隙渗透率不能反映地下储层渗透性的真实特征，必须通过非单重介质渗透率来描述储层的渗透性特征。

### 5.1.4.2.3　含油饱和度模型

在建立地质模型时,利用经过修正后的地震反演孔隙度,在井资料控制不到的地方利用合适的方法从修正后的地震反演孔隙度来推导渗透率及含油饱和度。利用修正后的地震反演孔隙度求得渗透率后,采用分层位建立模型方法,利用所建立不同层段的含油饱和度模型分别求取不同层段的含油饱和度。

### 5.1.4.2.4　有效厚度模型

在构造模型(网格化模型)的基础上,采用研究层段的顶底构造界面约束得到该层的地层厚度网格化数据,利用该层的含油范围对该层段地层厚度范围进行约束,得到含油范围内的地层厚度。然后,将含油范围内的地层厚度与(减去隔夹层厚度)网格化数据进行叠加,得到要研究层段的有效厚度网格化数据。在建立有效厚度模型时,应保证直井井点上的有效厚度与测井解释的有效厚度一致。

### 5.1.4.3　地质模型建立

利用岩芯和测井多井解释求取的储层参数校正地震反演的三维数据体,并结合动态测试资料获得的非单重介质渗透率结果,利用多趋势融合的概率体约束的油藏地质建模方法建立礁灰岩油藏精细地质模型,揭示油藏参数分布规律(图 5-1-8 和图 5-1-9)。

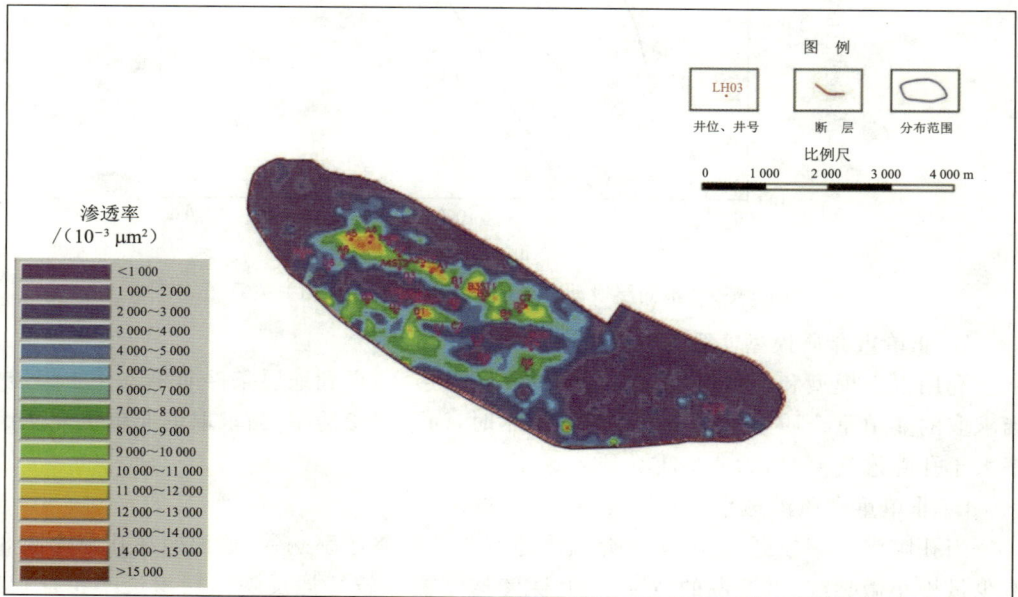

图 5-1-8　渗透率模型

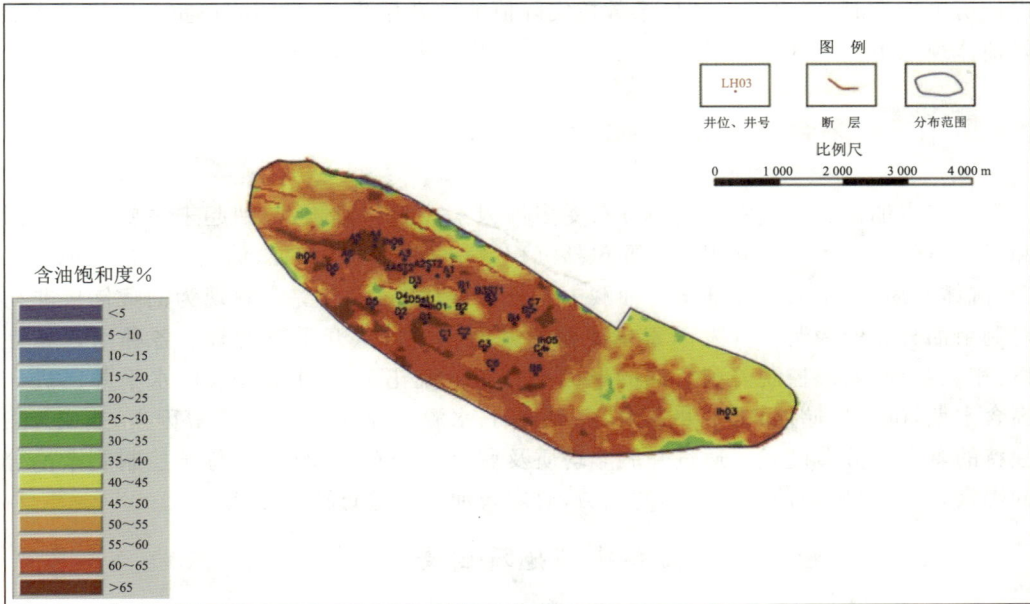

图 5-1-9　含油饱和度模型

以建立的礁灰岩多介质储层渗透率模型为例，通过生产动态分析和油藏数值模拟方法对模型的可靠性进行验证。从利用孔隙渗透率和非单重介质渗透率计算得到的采油指数与实际采油指数关系（图 5-1-10），可以看出非单重介质渗透率能更精确描述地下储层的流体渗流情况。在采油指数较小时地下储层渗透率主要以孔隙渗透率为主，此时由孔隙渗透率和非单重介质渗透率得到的采油指数的关系接近；但当采油指数较大时，地下储层渗透率主要以非单重介质渗透率为主，此时非单重介质渗透率能够更好地反映地下储层流体渗流特征，而孔隙渗透率却不能真正反映地下储层的流体渗流特征。

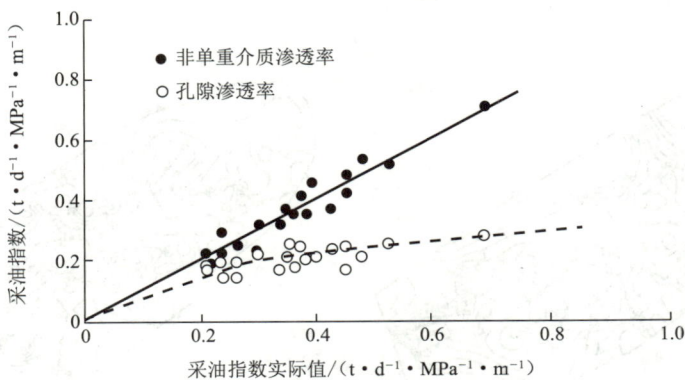

图 5-1-10　不同渗透率模型采油指数计算值与实际值关系

利用孔隙渗透率进行历史拟合时，底水向上传导系数取实际的水平与垂直方向渗透率比值时一般偏小，必须调整垂向传导系数值。调整幅度最大会超过实际值的 200 倍，一般为 50 倍左右，说明采用的渗透率要比实际渗透率小得较多。当改用非单重介质渗透率进行历史拟合时,底水向上传导系数按实际值能够满足要求,说明非单重介质渗透率能更好地体现地下储层的流体渗流情况。

## 5.1.5 剩余油分布规律

礁灰岩油藏剩余油的形成与分布受多种因素控制和影响,归纳起来主要有地质因素和开发条件两大类。地质因素主要包括沉积微相、油藏构造特征、储层非均质及隔夹层分布、流体性质、底水来源及油水在油藏中的分布规律等,它们综合表现为油藏储层非均质对剩余油分布的控制。开发因素主要包括井网、井轨迹、开采速度等。各种因素相互联系、相互制约,共同控制着剩余油的形成和分布。流花 11-1 油藏开发区水平井已进入特高含水期,礁灰岩储层、水平井开采、底水驱动、水源来源、层内非均质等因素,造成开发区独特的剩余油分布模式。通过开展非均质及剩余油分布规律研究,总结控制剩余油分布的因素,可指出剩余油相对富集的区域,对剩余油分布进行科学预测。

### 5.1.5.1 控制剩余油分布的地质因素

#### 5.1.5.1.1 储层非均质综合指数

储层非均质综合指数是各种地质因素的综合反映。研究发现油藏数值模拟得到的剩余油饱和度高值区与储层非均质综合指数在介于 0.5~0.7 的区域有较好的对应关系,表明剩余油储量富集于储层非均质性较强向较弱过渡的区带,即综合指数适中的区域是剩余油分布的有利相带。综合指数大于 0.7 的区域原始储层物性及含油性较好,基本上对应高渗带,底水很容易沿高渗带上窜而发生暴性水淹,而综合指数小于 0.5 的区域原始储层物性及含油性较差,对剩余油的开采不利。只有综合指数介于 0.5~0.7 的区域既具有较好的渗透性,又不会很快发生暴性水淹,且目前的水淹程度也不高,因此是剩余油进一步挖潜的主要目标(图 5-1-11)。

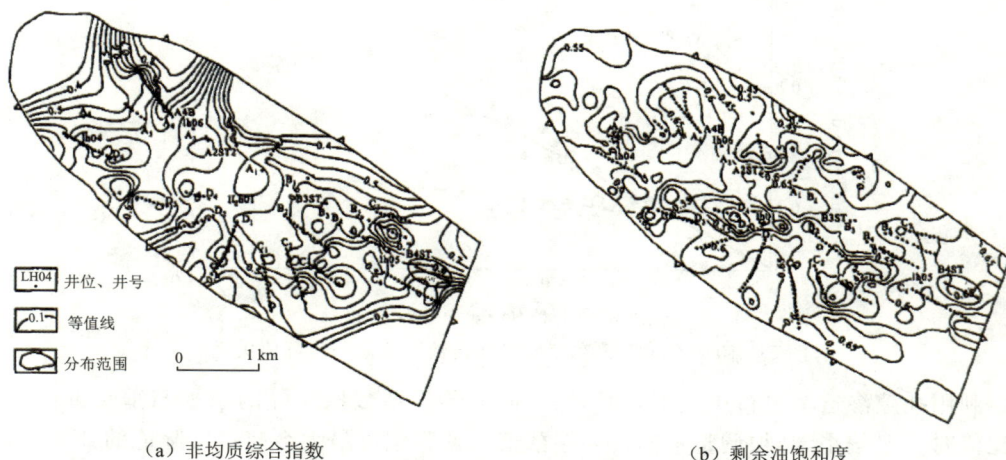

（a）非均质综合指数　　　　　　　（b）剩余油饱和度

图 5-1-11　非均质综合指数及剩余油饱和度等值线图

### 5.1.5.1.2　隔夹层分布影响油水运动规律及剩余油分布

隔夹层分布规律控制着油水在油藏中的运动,特别是控制着底水向上运动规律,进而控制着剩余油的形成与分布。根据不同类型隔夹层对油水纵向运动的阻挡作用,可以分析油、水在三维空间运动规律。A 段的隔夹层仅控制该段的油水运动;B₂ 段的隔夹层控制 A,B₁,B₂ 和 B₃ 段的油水运动,在 LH11-1-1A 井区附近高点 B₂ 段的隔夹层不发育,对来自西部水源的底水控制较差,东部 B₂ 段的隔夹层发育较好,使来自东部水源的水在 B₂ 段隔夹层的控制下沿着 B₃ 段高渗带向 LH11-1-1A 井区运移,最终绕过高点向 A,B₁ 和 B₂ 段的南北两侧及翼部运移(图 5-1-12);C 段的隔夹层对 D 和 E 段的油水运动有一定的阻挡作用;E 段的隔夹层质量较好,当该段隔夹层位于油水界面以上时,对底水向上推进有较好的控制作用,而当其位于油水界面以下时则不起控制作用。

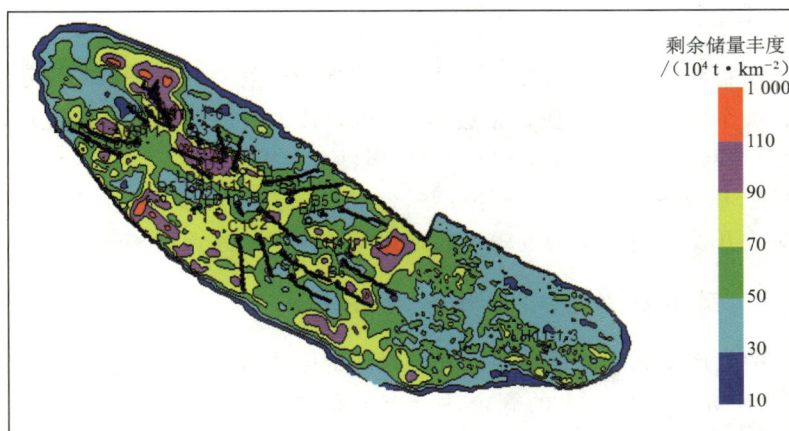

图 5-1-12　剩余储量丰度分布

A 段隔夹层只对 A 段的剩余油分布起控制作用,但 A 段储层物性较差,含油饱和度较低,经济可采剩余储量较小。对 A 段以下目的层段的剩余油分布起控制作用的主要是 B₂,C 和 E 段中发育的隔夹层。主力产油层 B₁ 段剩余油主要分布在井网控制较差的高部位及 B₂ 段隔夹层较发育的区域(图 5-1-4,图 5-1-9,图 5-1-12);B₂ 段剩余油主要分布在隔夹层中间井网控制较差的相对低渗处;B₃ 段剩余油主要分布在 C 段隔夹层较发育的位置;C 段渗透率普遍较低,经济可采剩余储量较小,剩余油主要分布在渗透率较小的区域;D 段储层的渗透率普遍较高且距离油水界面较近,水淹严重,剩余油主要分布在其上覆的与 C 段隔夹层发育位置对应的 D 段顶部;E 段剩余油主要分布在 LH11-1-5 井以西的渗透率较低的区域,该段的储量动用程度低。

### 5.1.5.1.3　断层与岩性尖灭

从生产动态、原油性质随开发时间的变化规律及地质成因角度分析可知,开发区内所有断层只有 A6 井的断层为开启型断层,其余均为封闭型断层。开发区剩余油主要分布在南北两条边界断层附近井网控制较差的区域,特别富集偏向核部一侧的次级断层与南北两侧边界断层之间的区域。岩性尖灭区附近渗透性较差,对底水的向上推进有遮挡作用,底水只能绕过这些遮挡物向上推进,这样将导致在井网控制较差的岩性尖灭区附近滞留一定数量的剩余油,扩边打侧钻井将取得较好的效果。

### 5.1.5.2　控制剩余油分布的开发因素

#### 5.1.5.2.1　流体性质及分布规律

平面上流体非均质性导致原油性质不同的井区的生产情况也不相同,从而影响剩余油在平面上的分布特征。低黏度原油的油水黏度比相对较小,底水的推进比较均匀,锥进不严重,驱油效率高,剩余油量较少;高黏度区底水推进不均匀,锥进比较严重,驱油效率低,剩余油富集。

#### 5.1.5.2.2　井网条件

所研究油藏重点开发区为主力油层 $B_1$ 段,大部分开发井的水平段均位于 $B_1$ 段,少数井钻达 $B_3$ 段,极个别井钻达 D 段。钻达 $B_3$ 段和 D 段的开发井的生产情况均较差。虽然 $B_3$ 段和 D 段的井网密度小,剩余油仍较富集,但钻井风险太大,不能作为挖潜剩余油的重点潜力区。虽然 $B_1$ 段的井网控制条件较好,但剩余油开采难度较大。因此,笔者认为剩余油潜力区应是开发区内井网密度较小的礁体南北两翼的东西两侧。

### 5.1.5.3　动静态结合综合预测剩余油分布

从水平井的生产动态和原油性质随开发时间的变化规律,结合静态认识,综合预测剩余油分布,认为研究区 C 段以上的剩余油分布最有利区是核部构造相对高点处,剩余油富集的层位为 A(中下部)、$B_1$(中上部)、$B_2$(中部相对高渗带)和 $B_3$(中上部)。总体上,南部剩余油较北部富集,东部比西部富集;C 段剩余油分布于开发区 C 段内中东部(向南北区域延伸)多层隔夹层发育之间的相对高渗带;D 段内的剩余油分布于 C 段 3 个隔夹层质量较差区域以外的由 C 段隔夹层所控制的区域内的中上部;E 段内的剩余油分布在 E 段顶部的隔夹层所控制的油水界面以上的区域内,E 段储量动用较差。封闭型断层附近井网控制较差的区域剩余油较富集。

## 5.2　岩溶缝洞型碳酸盐岩油藏精细描述及剩余油研究实例

### 5.2.1　岩溶缝洞型碳酸盐岩油藏特点

塔河油田构造位置隶属塔里木盆地沙雅隆起中段阿克库勒凸起西南部斜坡区(图 5-2-1),奥陶系发育典型的深层岩溶缝洞型碳酸盐岩油藏。阿克库勒凸起经过了加里东中期、海西早期和海西晚期多期次构造运动,凸起逐渐形成一个北东高、西南低的鼻凸构造。凸起北部地层剥蚀严重,由北向南地层剥蚀强度逐渐减弱。塔河油田由主体剥蚀区、过渡区和覆盖区 3 个区域组成。主体剥蚀区位于阿克库勒凸起轴部,经过加里东—海西期多期次构造抬升,使得志留纪、泥盆纪和中上奥陶统地层遭受剥蚀,中下奥陶统碳酸盐岩暴露地表;覆盖区中下奥陶统碳酸盐岩上部覆盖恰尔巴克组、良里塔格组和桑塔木组地层,过渡区位于主体剥蚀区和覆盖区之间的过渡区域。塔河油田二区、十区位于过渡区,既存在覆盖区,又存在主体剥蚀区。中下奥陶系是其主要产层,储集空间类型多样,孔、洞、缝均有发育,按照储集空间类型将储集体划分为裂缝-孔洞型、溶蚀洞穴型和裂缝型 3 类,其中以裂缝-孔洞型储集体为主。

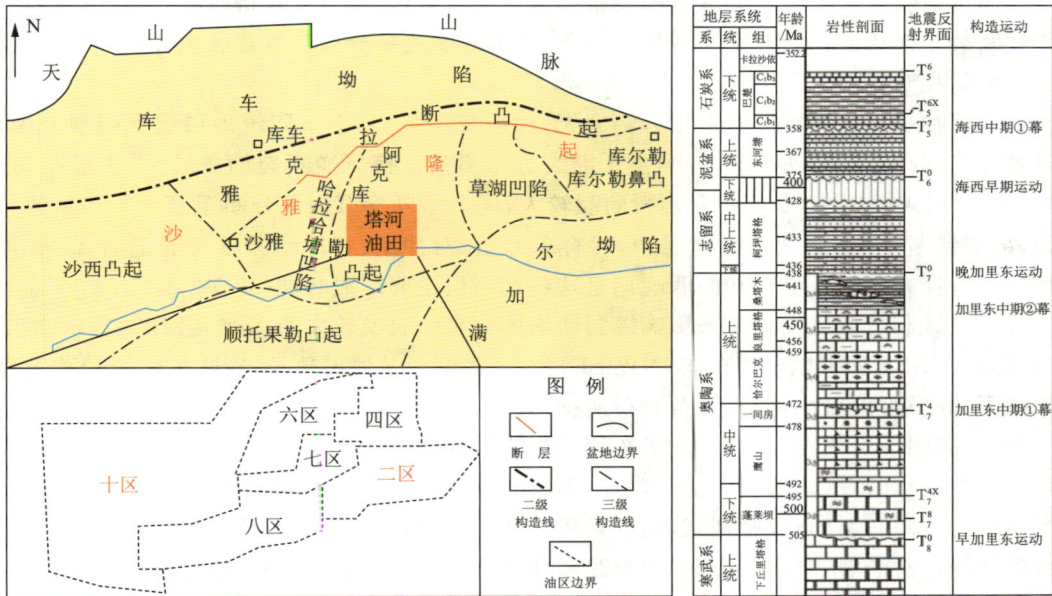

(a)塔河油田构造位置  (b)地层发育柱状图

图 5-2-1 塔河油田构造位置及地层发育柱状图

该类型油藏最突出的特点是:

(1)储集体埋藏深,经历多期构造运动,断裂系统复杂,储集体成因类型复杂,不仅受古暗河、古地貌等因素影响,还与深断裂关系密切。相对于砂岩油藏,剩余油分布严重受控于储集体类型与分布。

(2)储集体具有埋藏深、储集类型多变且后期改造作用显著、非均质性强、隐蔽性强等特点,导致地震反射波场复杂,缝洞储集体特别是内幕孤立岩溶储集体地震识别和预测难度大。

(3)油藏采油速度较低且自然递减较大,历经多年的开发,储集体连通性不断发生变化,剩余油分布认识难度增大。储集体刻画的精细程度、井间复杂的连通关系成为影响剩余油分布和精细开发的重要因素。

因此,该类油藏精细描述及剩余油研究的重点是基于成因的缝洞体结构精细描述和缝洞单元识别、基于储层精细描述的剩余油分布研究。

## 5.2.2 断裂体系差异性及断裂带精细描述

### 5.2.2.1 断裂体系差异性

多期次构造运动作用后,区域构造应力场的变化、地层发育情况以及构造位置的差异等,导致断裂在剖面构造样式、平面组合、形成时期、级次和性质等方面存在差异性。

#### 5.2.2.1.1 组合样式

通过对研究区三维地震资料断裂精细解释可知,塔河油田发育挤压断裂、走滑断裂和张性断裂。挤压逆冲断裂在全区均有分布,走滑断裂主要分布在覆盖区和过渡区,而张性断裂数量相对较少。

塔河油田主体剥蚀区构造抬升幅度大,构造变形强烈,上奥陶统地层遭受强烈剥蚀,以发育密集分布的挤压断裂为主,主干断裂分布不清。挤压逆断裂倾角较大,一般在 $60°$ ~ $80°$,断层规模较小,断距相对走滑断裂较大,向上多断穿 $T_7^0$,部分断至 $T_5^0$,向下延伸较短,部分错断 $T_8^0$ 进入寒武系地层中,发育单冲型、对冲型、背冲型和 Y 字形背冲、叠加型等构造样式。海西早期和海西晚期是这些逆断层主要形成时期(图 5-2-2a)。

覆盖区和过渡区发育 5 条影响缝洞储集体分布的规模较大的 X 形走滑断裂,以北东-南西向(NE-SW)和北西-南东向(NW-SE)为主,为断至基底的狭长、高陡主断裂带和平直的断面,规模可大可小,分左行及右行两种,发育正花状、负花状、半花状和直立型等垂向构造样式(图 5-2-2b)。直立型—半花状—花状构造样式反映了走滑断裂从初期形成到成熟的一个演化阶段,构造应力逐渐增强,走滑断裂两侧断裂带宽度也逐渐增大。走滑断裂平面组合主要有斜列式、雁列式、羽状式等。其中,斜列式多为断裂活动较弱区段,主要发育直立型走滑断裂,断面平直,平面直线延伸;雁列式多为派生断裂与主干断裂斜交形成。

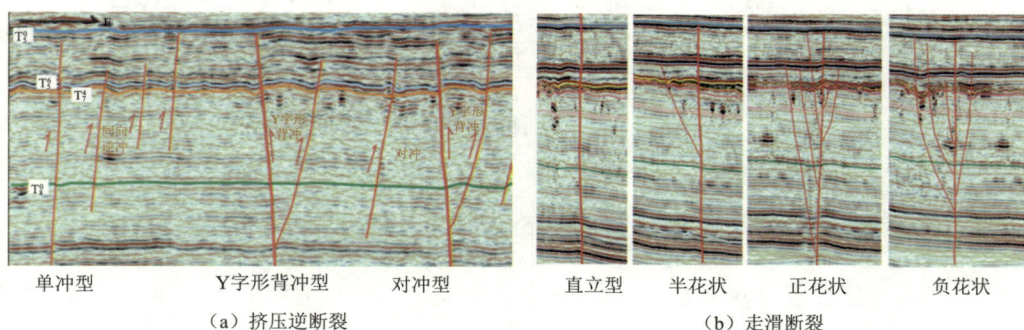

| 单冲型 | Y字形背冲型 | 对冲型 | | 直立型 | 半花状 | 正花状 | 负花状 |

(a) 挤压逆断裂　　　　　　　　　　　(b) 走滑断裂

图 5-2-2　断裂体系剖面构造样式

#### 5.2.2.1.2 分期性

奥陶系经历了四期构造运动,构造应力场和演化特征复杂,具有从简单到复杂、从小规模到大规模的特点,具有复杂的断裂系统。

加里东早期受到南北向(SN)拉张应力,形成了平面上呈北北西向(NNW)、北北东向(NNE)展布的张性正断层,倾角较大,断距相对较小。

加里东中期受到南北向(SN)挤压作用,发育一系列北东向(NE)与北西向(NW)"X"形剪切破裂带。由于应力场性质发生变化,构造发生反转,由正断转变为逆断性质,初始发育期以发育高陡且规模较小的直立型断裂为主。随着构造作用的加强,基底断裂逐渐向上扩张延伸,"X"形共轭剪切断裂形成,同时由于构造运动方式转化的不均一性,以发育北西向(NW)斜列式分布走滑断裂为主。该期断裂垂向断距较小,构造变形主要集中在断裂带附近,在压扭应力作用下发育直立型、半花状和花状走滑断裂。

海西早期区域应力场发生旋转,由南北向(SN)挤压转变为北西—南东向(NW-SE)压扭,剪切模式由纯剪走滑转变为单剪走滑。随着应力的进一步加大,部分加里东中期走滑断裂进一步活动,同时走滑断裂伴生断裂大规模发育。该时期阿克库勒凸起鼻状构造形成,潜山主体剥蚀区发育大量北东向(NE)、北西向(NW)、近东西向(EW)和近南北向(SN)挤压逆断层。

在海西晚期的南北向(SN)张扭应力作用下,早期主走滑断裂持续活动,向上终止于石炭系卡拉沙依组。同时在主走滑断裂两侧发育新生次级断裂,向下与主走滑断裂合并或相交。

### 5.2.2.1.3　继承性

根据主干断裂活动期平面展布特征和剖面演化史,对断裂的形成发育时间和定型期进行厘定分析,将研究区内断裂活动方式归纳为以下 3 类(图 5-2-3)。

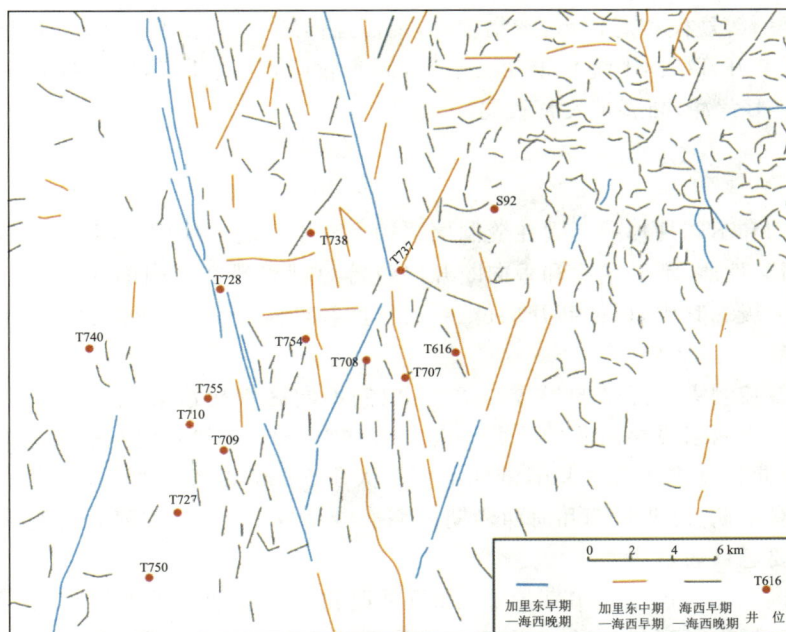

图 5-2-3　塔河油田斜坡区断裂活动分期图

1）加里东早期形成—海西晚期定型

该类断裂具有较强的继承性。断裂活动多沿早期的断裂发生。该类断裂继承性特点为沿早期断裂的发生部位继续活动，但断裂性质、特征会发生变化。加里东早期张性正断层经历了加里东中期南北向（SN）挤压作用，张性正断裂转变为压扭逆冲断裂，海西早期和海西晚期进一步受到压扭应力作用，压扭性逆断裂进一步发育。部分断裂在燕山期的张扭构造背景下继续发育，断裂性质从逆冲转变为正断裂，形成了张性正断裂-压扭性逆断裂或者张性正断裂-压扭性逆断裂-正断裂的多期构造反转作用。两组延伸较长的北西—南东向（NW-SE）断裂贯穿整个研究区，三组北东-南西向（NE-SW）断裂主要分布在南部区域。剖面上断裂断面陡直，向下断开 $T_9^0$，向上断至 $T_5^0$。

2）加里东中期形成—海西早期定型

该类断裂也具有两期继承发育特点。断裂具有持续性活动，断裂性质、样式、作用范围基本相同的特点。加里东中期受到挤压作用，形成压扭性逆断裂，海西早期在北西-南东向（NW-SE）压扭应力作用下，部分断裂进一步活动，海西早期结束后停止活动。该类断裂平面呈北西—南东向（NW-SE）展布，少量近东西向（EW）展布，剖面上断面陡直，向下可断开 $T_8^0$，向上断开 $T_7^0$，未断开 $T_5^6$。

3）海西早期—海西晚期断裂

该类断裂多一次形成，后期构造运动对其影响较小。覆盖区主要为大型走滑断裂的伴生断裂，延伸方向为北东向（NE）、北西向（NW）和近南北向（SN）3 组。潜山主体剥蚀区该类断裂发育，规模相对较小，密集发育，平面延伸短，方向多变。该类断裂纵向延伸较短，向下多只断开 $T_7^4$，向上终止于 $T_6^0$ 或 $T_5^0$，倾角较陡，为逆断层，构造样式主要有单冲、对冲和"Y"字形背冲，断裂带发育较弱。

5.2.2.1.4  分级性

不同级别和不同规模的断裂在缝洞储层的发育中所起的作用不同。根据断裂发育规模，再结合断裂性质、活动期次和垂向断开层位等原则对研究区内断裂级次进行划分，分为Ⅱ和Ⅲ两大级。其中，根据断开层位、断层长度和断距的大小，Ⅲ级又划分出Ⅲ-1，Ⅲ-2 和Ⅲ-3 三小级（图 5-2-4）。

Ⅱ级断裂控制大型区带的形成与演化，控制不同区带构造演化和地质结构的差异。Ⅱ级断裂主要为两组贯穿南北的北西—南东向（NW-SE）断裂和北东—南西向（NE-SW）断裂，平面延伸长度多大于 8 km，剖面上断距大于 50 m，断面陡直，自加里东早期形成，经历了加里东中期、海西早期和海西晚期多期次继承发育，具有较宽的断裂带，是岩溶作用流体的主要运移通道。

Ⅲ-1 级断裂多为加里东中期形成，海西早期和海西晚期继承性发育，为主干走滑断裂最早形成的派生断裂，与Ⅱ级组合成花状构造或半花状构造，断裂规模较大，平面延伸长度在 3～8 km，剖面断距在 30～50 m，向下断开 $T_8^0$，向上断开 $T_5^0$，断裂带较发育，也是流体运移的主要通道。Ⅲ-2 级断裂为加里东中期、海西早期和海西晚期形成的派生断裂,分布在Ⅱ级和Ⅲ-1 级两侧,平面延伸长度在 2～5 km,断距较小,剖面向下断开 $T_7^6$,向上可断至 $T_5^0$,断裂带发育较弱。Ⅲ-3 主要为海西早期和海西晚期形成的逆断裂和洞控断裂,平面延伸长度多小于 2 km,呈弯曲状,断距变化范围较大,多为一次构造运动形成。

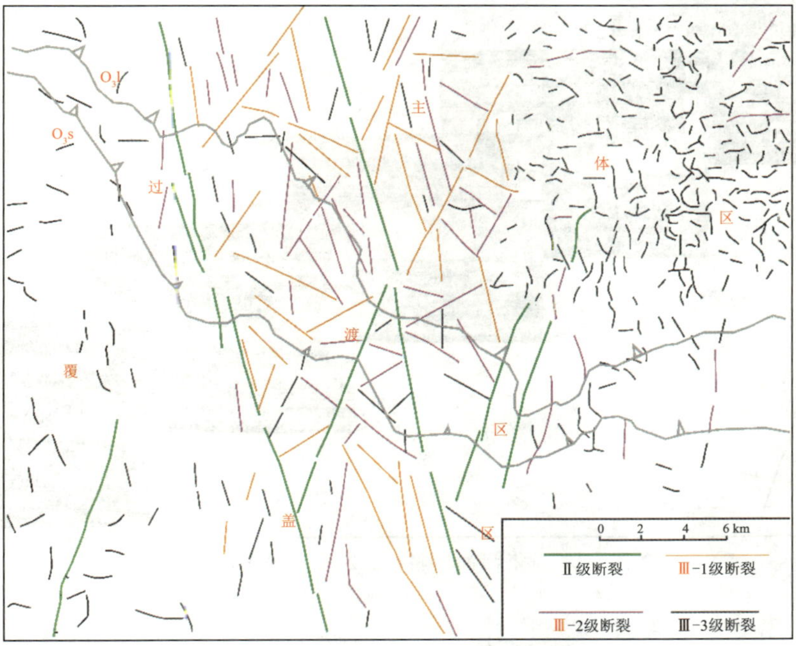

图 5-2-4　塔河油田斜坡区断裂分级图

### 5.2.2.1.5　平面分段性

从走滑断裂几何学特征来说,平面上有单一型和多段不连续型组合。由于构造应力场强度和运动方式转化的不均一性,大型走滑断裂平面上横向变化大,其断裂性质、规模和构造样式都存在复杂的差异性。

塔河油田大型走滑断裂具有明显的平面分段性,沿着断裂走向,不同部位表现出断裂的性质不同。主干断裂性质由剖面 1 的逆断层变为剖面 2 的正断层,剖面 3—剖面 5 再次转变为逆断层,表现明显的"海豚效应"特征。同时,主干断裂倾向由剖面 1 的西倾变为剖面 2 的东倾,剖面 3 至剖面 5 再次转变为西倾,具有明显的"丝带效应"特征。断裂构造样式和断裂规模也发生了变化,由剖面 1 至剖面 5,断裂的构造样式为复杂花状构造—花状构造—半花状构造—直立型,伴生断裂数量减少,断裂规模和断裂带宽度逐渐减小(图5-2-5)。

引起这种现象的主要原因是所受构造应力大小的不均一性。区域应力场的挤压应力经过研究区北部轮南地区发生分解,分解力是引起走滑断裂发生运动的主要动力来源。另外,加里东早期拉张作用形成的正断裂在加里东中期压扭作用下发生转化,底部断裂向上扩展的速率在不同地段也存在差异,因此加里东中期形成断续展布的斜列式断裂。到海西早期的继续挤压和海西晚期的拉扭作用,不同地段所受应力场大小和断裂向上扩展速率均存在差异。

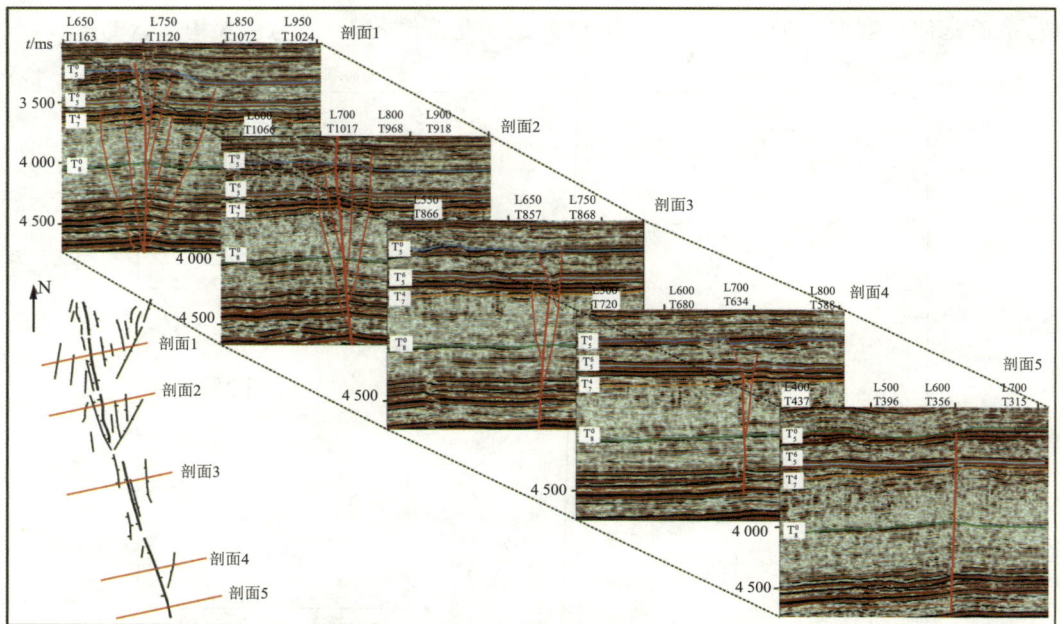

图 5-2-5　塔河油田斜坡区断裂分段平剖面图

### 5.2.2.1.6　分层性和分区性

主体剥蚀区海西早期和海西晚期形成大量逆断裂,过渡区和覆盖区主要发育走滑断裂。断裂纵向上具有明显的分层性,形成寒武系、奥陶—志留系、二叠—侏罗系等三大构造层的不同断裂系统。

主体剥蚀区和覆盖区断裂发育特征存在差异性(图 5-2-6)。主体剥蚀区断裂多数为逆断层,断裂规模相对较小,平面密集发育且延伸短,长度多小于 5 km,方向多变,剖面延伸较短,向下多只断开 $T_7^4$,向上终止于 $T_6^0$ 或 $T_5^0$,断面倾角较陡,构造样式主要有单冲、对冲和 Y 字形背冲。这些断裂多形成于海西早期大规模溶蚀期之后,为洞控断裂。过渡区和覆盖区断裂规模相对较大,主要发育大型 X 形走滑断裂及其伴生断裂。该区域断裂发育多具有继承性和多期性,对于加里东早期受到拉张作用形成的正断层,由于加里东中期南北向(SN)挤压作用,部分正断层转变为逆断层。海西早期和海西晚期进一步受到压扭应力作用,断裂进一步发育。海西晚期—燕山期受拉扭应力作用,部分走滑断裂继续活动,向上断至 $T_5^0$ 界面,断裂从逆冲转向正断,从而形成了张性正断裂—压扭逆断裂或张性正断裂—压扭逆断裂—正断裂的多期构造反转作用。因此,该区域断裂较复杂,断裂规模大,多期继承发育,构造样式为正花状、负花状、半花状等,剖面上断裂断面陡直,向下断开 $T_9^0$,向上断至 $T_5^0$。

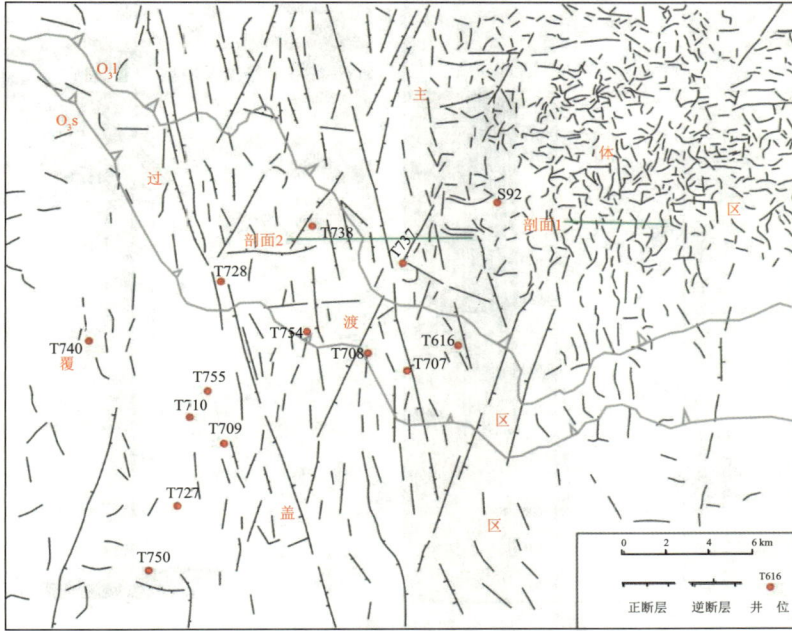

图 5-2-6 塔河油田斜坡区断裂平面分区图

## 5.2.2.2 断裂带内部结构识别与分布

### 5.2.2.2.1 断裂带内部结构识别

断裂带主要由断层核和破碎带两部分组成,从断层核—破碎带—围岩,孔隙度和渗透率总体变化呈先增大再急剧降低趋势,有黏结断层核部达到最低。破碎带和滑动面孔渗性最好,破碎带发育宽度是影响断裂带渗透率的主要因素。断裂带结构是造成流体横向运移非均质性的主要原因。以相似露头区断裂带结构为原型模型,将断裂带分为 4 种类型:

(1) Ⅰ类,仅发育破碎带型,发育较大规模断裂,研究区发育较多。

(2) Ⅱ类,断层核发育但破碎带不发育型,发育于断裂末端应力释放区。

(3) Ⅲ类,断层核和破碎带均不发育型,为断裂形成初期的断裂带特征。

(4) Ⅳ类,断层核和破碎带均发育型,较为少见。

在野外露头断裂带内部结构划分基础上,发现断裂带内部结构的测井响应特征为:

(1) 破碎带的声波时差($AC$)和中子孔隙度($CN$)相对于围岩略微增大,深浅电阻率($RD$ 和 $RS$)减小,FMI 成像测井上为深色高角度不规则形态和正弦曲线状,解释为高角度且张开度大的裂缝发育带。

(2) 断层核的声波时差($AC$)曲线值突然增大,同时中子孔隙度($CN$)曲线值也明显增大,密度($DEN$)曲线值明显减小,深浅电阻率($RD$ 和 $RS$)曲线值突然减小,并有一定幅度差,FMI 成像测井曲线为暗色团块状,可见明显的井壁垮塌现象,解释为裂缝强烈发育带,受到流体溶蚀而形成的大型溶蚀洞穴(图 5-2-7)。

177

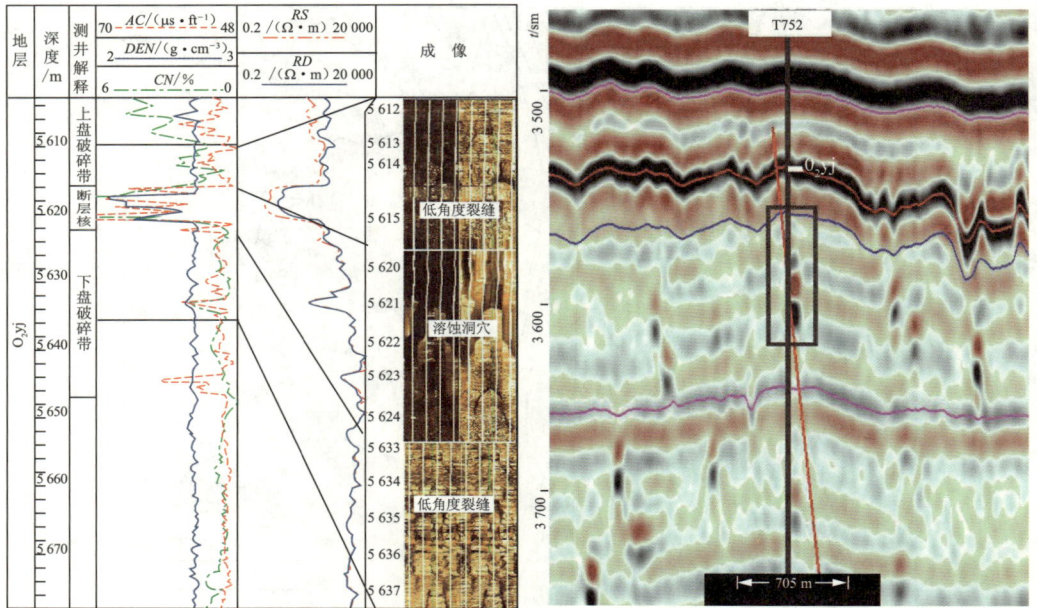

图 5-2-7　断裂带内部结构测井特征

从地震剖面上可以看出断裂两侧发育有较宽的破碎带,断裂附近发育有串珠状反射。

根据断裂带剖面发育特征、瞬时相位-相干复合属性切片可以识别出断裂带的分布范围。瞬时相位属性可以较好地反映地震反射同向轴发生错断、杂乱的部位,在剖面上断裂带呈条带状展布(图 5-2-8a)。在沿层瞬时相位-相干复合属性切片上可以精细刻画断裂带的边界,相干性越差,代表断裂带的破碎程度也越强;其宽度越大,断裂带影响范围也越大。断裂带周缘相干性差的区域,多为破碎带裂缝发育区域。平面上可以看到大型"X"剪切断裂发育较宽的断裂带,断裂带宽度多在 0.5～1.0 km 范围内,最宽可以达到 2 km(图 5-2-8b)。

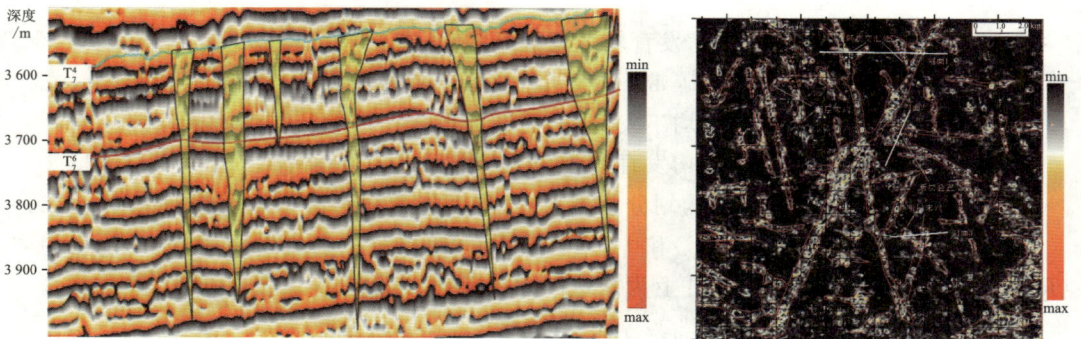

（a）瞬时相位属性剖面　　　　　　　　（b）瞬时相位-相干复合属性岩层切片

图 5-2-8　断裂带内部结构地震识别与预测

### 5.2.2.2.2 断裂带分布

断层核在整个断裂带中所占比例相当小,而破碎带发育宽度一般是断层核宽度的数百倍。破碎带分布在滑动面附近的变形围岩体,破碎带发育大量的裂缝系统和一些小断裂,多是地层沿滑动面运动过程中在两盘地层中形成的伴生裂缝系统。裂缝密度靠近断层核部达到最大,从断层核向围岩裂缝发育密度逐渐减小。

Kim 根据破碎带分布位置将走滑断裂破碎带分为尖端破碎带、围岩破碎带、连接破碎带和转换破碎带 4 种类型(图 5-2-9)。尖端破碎带发育在断层端部,这类破碎带是因为断层端部应力的集中或调节断层端部位移的快速变化所形成的,如经常见到在断层端部发育的羽状裂缝系统、马尾状裂缝系统、分支状裂缝系统和反向裂缝系统。尖端破碎带张性裂缝主要发育在走滑断裂端部拉张区域。围岩破碎带是指分布在断层滑动面两侧的裂缝系统,随着距断层滑动面距离的增加裂缝密度逐渐减小。围岩破碎带宽度随着断裂的断距和走滑位移的增大而增大。连接破碎带发育在两条断裂叠覆区的断垒带,对于右旋和左旋走滑断裂,两条断裂叠覆区均处于张扭下陷区,断裂活动强度较大,以发育正断裂为主,大多断垒带成为破碎带发育的主体部分,而转换破碎带主要发生在两条共轭"X"剪切断裂的相交部位,各种性质的裂缝均发育。

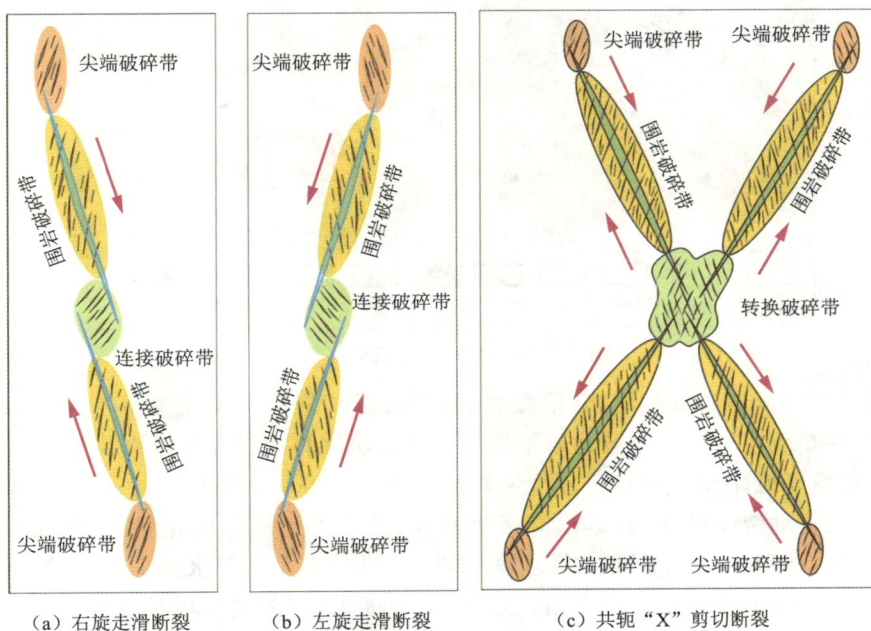

(a) 右旋走滑断裂  (b) 左旋走滑断裂  (c) 共轭"X"剪切断裂

图 5-2-9 走滑断裂主破碎带平面分布模式图

塔河油田奥陶系碳酸盐岩断层破碎带沿断裂带呈条带状分布,断裂两盘的破碎带多为不对称分布,断裂主动盘一侧破碎带宽度较大。沿断裂走向上断裂带形态与发育程度变化大。单一断裂的断裂带多呈条带状展布,断层叠覆区多呈条块状,分支断裂与主断裂相交时则多呈分支状,两条断裂相交部位破碎带范围明显增大(图 5-2-8b)。

## 5.2.3　岩溶缝洞储集体地球物理预测

### 5.2.3.1　岩溶地貌特征

与不整合面相伴生的岩溶古地貌控制了岩溶缝洞储集层的分布。恢复古地貌的最直接方法是确定奥陶系、志留系、石炭系等时期的基准海平面,通过基准海平面与风化壳面地形的相对高差准确恢复古地貌形态。古地貌的恢复方法有很多,根据塔河地区资料情况,经过优选,选用以印模法和残差厚度法为主,结合不整合类型的古地貌恢复方法。根据上覆地层充填厚度大小、下部残差厚度大小及不整合类型三者之间的对应关系,对古地貌单元进行划分(图 5-2-10)。印模法残差厚度正值代表正向地貌,负值代表负向地貌。

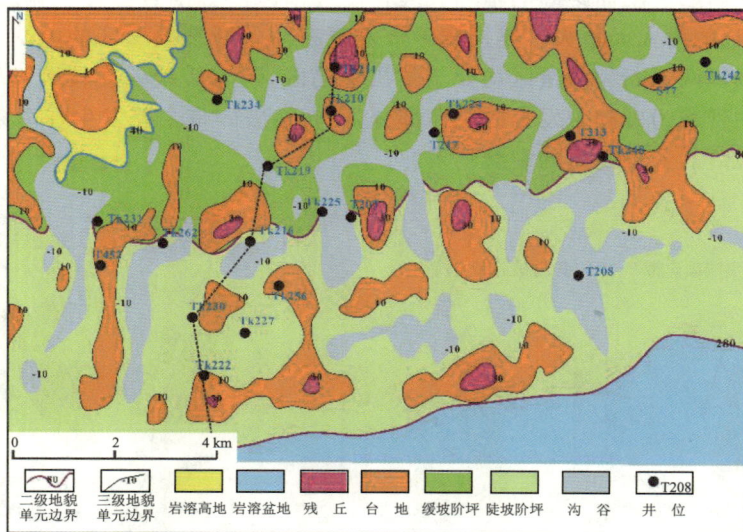

图 5-2-10　岩溶古地貌单元划分

研究区可划分出岩溶高地、岩溶缓坡、岩溶陡坡和岩溶山间盆地等 4 类二级地貌单位,二级地貌单元可进一步划分为岩溶残丘、台地、阶坪和沟谷等三级地貌单元。

(1)岩溶高地印模充填厚度小于 40 m,位于西北部,呈近南北向延伸,分布范围较小。古地形、古地势整体较高,远远高于潜水面,长期处于裸露风化状态,遭受强烈的侵蚀、溶蚀作用,地形相对较平坦,接受大面积降水作用,为大气淡水的主要补给区,水流顺裂缝、孔隙等向下发生渗流溶蚀作用,形成垂向溶蚀带,岩溶储集层较发育。印模充填厚度小于 40 m,残差厚度不小于 30 m,为岩溶高地上残丘地貌单元,发育在西北部岩溶高地中,位于台地之上,分布面积较小而孤立,近似丘状;印模充填厚度小于 40 m,残差厚度为 10~30 m,为岩溶高地上的台地地貌单元,在西北部岩溶高地上发育两个较大台地,分布在残丘四周,地形相对平缓,为残丘发育的基础;印模充填厚度小于 40 m,残差厚度 10 m,为岩溶高地上的阶坪地貌单元,处于岩溶高地中地势较低部位,位于岩溶台地之间。岩溶高地上沟谷发育较少。

（2）岩溶缓坡印模充填厚度为 40～80 m，位于研究区的北部，近东西向展布，分布在岩溶高地周围，地形、地势相对比较平坦，等值线相对稀疏，坡度一般为 1°～2°。岩溶作用除垂向渗流作用外，还有水平径流作用，地表径流速度慢，降水滞留时间长，岩溶产物不易被带走，储集空间易被后期充填。印模充填厚度为 40～80 m，残差厚度不小于 30 m，同向削蚀-超覆型不整合，为岩溶缓坡上残丘地貌单元，为岩溶缓坡区地势最高部位，单个面积较小，形似丘状，呈孤立状分布，遭受溶蚀风化作用较强；残差厚度为 10～30 m，同向削蚀-超覆型不整合，为岩溶缓坡上的台地地貌单元，近南北走向，分布面积较大，呈椭圆状或条带状展布，是岩溶缓坡的构成主体，地形平缓，是残丘发育基础；残差厚度为 −10～10 m，削蚀-假整合型不整合，为岩溶缓坡上的阶坪地貌单元，处于台地之间的宽隔地带，地势较低，分布广泛，同样是岩溶缓坡的主体构成部分，约占岩溶缓坡总面积一半，低洼处常被流水侵蚀沟谷分割；印模充填厚度为 40～80 m，残差厚度小于 −10 m，反向削蚀-超覆型不整合，为岩溶缓坡上的沟谷地貌单元，水流的下切侵蚀作用形成狭窄通道，呈树枝状近南北延伸，下切深度大于 10 m，主要发育 7 条较大岩溶沟谷，古水流自北向南流动。

（3）岩溶陡坡充填厚度为 80～300 m，相对于岩溶缓坡而言，地形坡度明显增大，等值线密集，整体向南倾斜，降水滞留时间短，岩溶作用时效较短，岩溶规模相对减弱，主要发育水平溶洞，形成良好的孔洞储集体。岩溶盆地厚度不小于 300 m，发育面积较小，位于西南部，地势较低，多为汇水区，常年积水，渗流带不发育，岩溶水碳酸钙常年过饱和，化学胶结充填作用较强，地层遭受风化剥蚀作用弱，岩溶储集层发育较弱。印模充填厚度为 80～300 m，残差厚度不小于 30 m，为岩溶陡坡上残丘地貌单元，陡坡区分布较少，只存在 4 个，单个面积较小而呈孤立状分布；残差厚度为 10～30 m，为岩溶陡坡上的台地地貌单元，大多东西向分布，呈条带状展布，是岩溶陡坡的构成主体；残差厚度为 −10～10 m，削蚀-假整合型不整合，为岩溶陡坡上的阶坪地貌单元，位于台地之间，地势较低，分布面积大，占岩溶陡坡总面积 2/3 左右，是岩溶陡坡最主要构成部分，中间被岩溶沟谷分割；残差厚度小于 −10 m，为岩溶陡坡上的沟谷地貌单元，地形坡度较陡，水流速度快，侵蚀下切形成岩溶沟谷，呈树枝状近南北向岩溶盆地延伸。

（4）岩溶山间盆地印模充填厚度大于 300 m，位于东南部，近东西向展布，分布面积小且地势低。该区为主要的汇水区，水流以地表水和停滞水为主，地下水流动缓慢，多处于碳酸钙过饱和状态，化学胶结充填作用较强，岩溶储集层发育较弱。

### 5.2.3.2　缝洞储集体模型正演模拟

为提高对于岩溶缝洞储集层地球物理特征的认识，利用实测地震剖面、钻井资料设计缝洞组合模型，利用声波测井资料获得正演模拟的速度、密度参数，建立相关正演模型，对缝洞储集体进行有限差分法正演模拟研究。

塔河油田奥陶系碳酸盐岩基质均匀、致密，低孔低渗，储集体类型多样，大小不一，其距风化壳表面的距离也有差别，且缝洞中充填状态和充填物性质也存在差异。大部分储集体分布在奥陶系风化面以下 250 m 范围内，结合钻井、测井资料及生产动态分析，溶洞放空漏失井段长度一般为 1～3 m，最大为 50 m。串珠状地震反射往往是大型溶蚀洞穴的响应特征，也是塔河油田勘探和开发的产层的主要特征。同时，一些非串珠状地震反射也是缝洞储集体发育的有利地区,在地震剖面上通常为弱反射或杂乱弱反射特征,通常是规模较小的溶洞储集体、裂缝型储集体。因此,根据实测地震剖面、钻井资料设计缝洞形状组合模型,利用声波测井资料获得正演模拟的速度、密度参数,分别针对串珠状反射和非串珠状反射的形成机制及空间分布进行地震波场正演模拟研究。主要对 6 种关系进行正演模拟:不同直径溶洞反射特征;距风化壳距离不同的溶洞反射特征;叠置溶洞反射特征;断裂带反射特征;裂缝发育带反射特征;小型溶蚀孔洞反射特征。

模型设计中断裂带发育大量裂缝,因此设计断裂带纵波速度为 5 500 m/s、横波速度为 3 260 m/s、密度为 2 530 kg/m³,溶洞纵波速度为 4 000 m/s、横波速度为 2 350 m/s、密度为 2 350 kg/m³。取震源子波为 30 Hz 零相位雷克子波,采用垂直入射激发方式,经过偏移后对正演结果进行分析。

通过正演模拟与地震剖面反射特征的综合分析(图 5-2-11),缝洞储集体地震响应特征主要为:

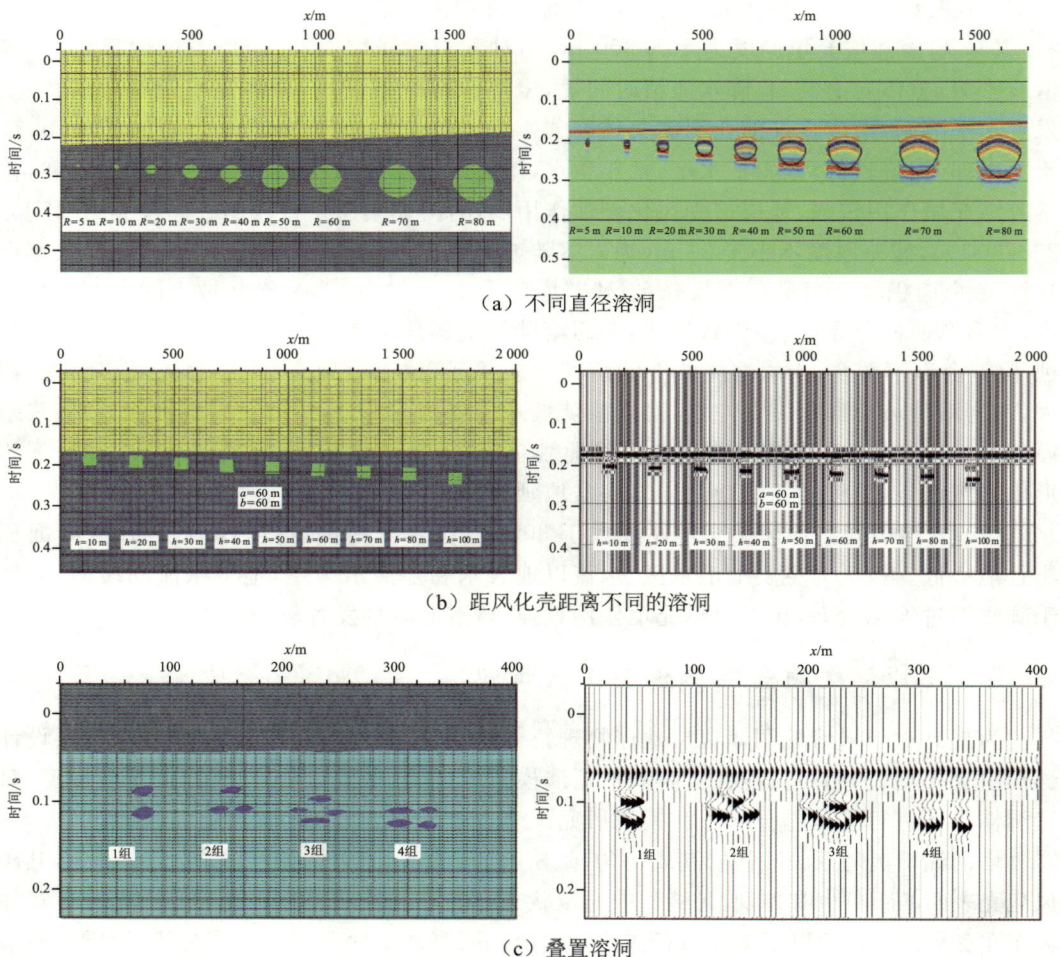

(a) 不同直径溶洞

(b) 距风化壳距离不同的溶洞

(c) 叠置溶洞

图 5-2-11　不同类型储集体正演模型与正演地震剖面反射特征
(左图为正演模型剖面,右图为正演地震剖面反射特征)

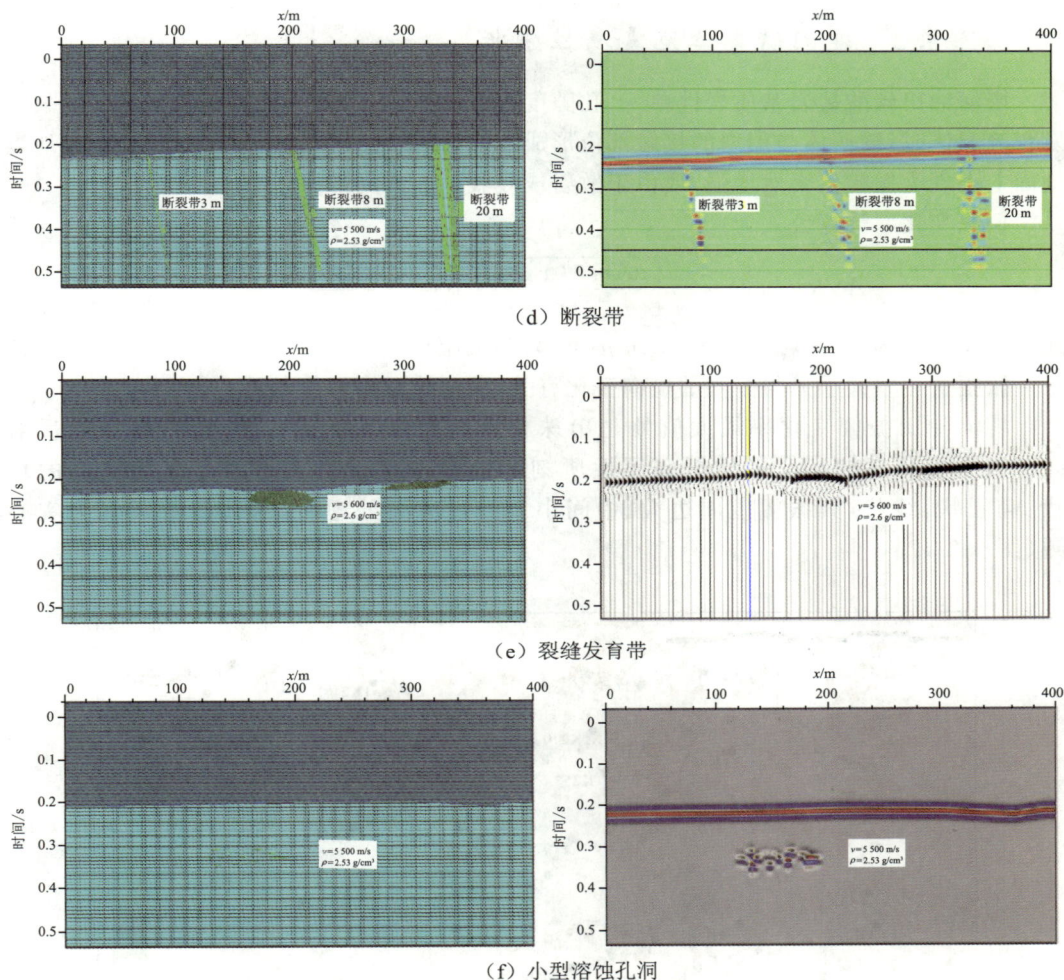

（d）断裂带

（e）裂缝发育带

（f）小型溶蚀孔洞

续图 5-2-11 不同类型储集体正演模型与正演地震剖面反射特征

（左图为正演模型剖面，右图为正演地震剖面反射特征）

（1）断裂和溶蚀洞穴都可以产生串珠状反射，具体反射特征与缝洞储集体的规模有关。

（2）对于直径小于 10 m 的溶洞，溶洞顶界面对应着地震反射波峰与波谷之间的零相位，直径大于 10 m 的溶洞其洞顶界位于地震波谷位置；溶洞宽度变化与串珠长度没有关系，在一定溶洞宽度范围内，地震反射振幅值、能量随溶洞宽度增大而呈非线性增大；储集体垂向存在一个调谐厚度 60 m，在 60 m 范围内反射振幅值、能量随高度增大逐渐增大，超过 60 m 后溶洞顶底反射波逐渐分离，串珠状反射变长。

（3）储集体距风化壳距离较近时，其反射特征为弱反射或空白反射，随着距风化壳距离逐渐增大，溶洞反射能量增强并出现串珠状反射。

（4）断裂带为串珠状或杂乱反射；裂缝发育带多表现为弱反射，振幅反射强度明显低于串珠状反射特征；小型溶孔储集体多呈弱反射或杂乱反射。

### 5.2.3.3　缝洞储集体地震属性分析

塔河油田碳酸盐岩基质岩性单一,孔隙度较低,地震反射多为相对弱或空白反射。当发育缝洞体时,缝洞体与围岩的接触部位形成强绕射、散射现象,波阻抗差异较大,在地震剖面上表现为振幅值突然增强,或由于散射或吸收引起的局部振幅减小。

振幅变化率计算公式为:

$$AVR(x,y) = \sqrt{\left[\frac{dAmp(x,y)}{dx}\right]^2 + \left[\frac{dAmp(x,y)}{dy}\right]^2}$$

式中,$AVR(x,y)$为振幅变化率;$dAmp(x,y)$为振幅值。

振幅变化率大小只与振幅的横向变化有关,而与绝对振幅值无关。

塔河油田振幅变化率最大值处是串珠状反射振幅发生突变的边界,串珠状反射内部振幅变化率较小。平均振幅属性所刻画的串珠状反射在平面上多为空心的环状、椭圆状、线状,其振幅值周边大、中间小。经过滤波处理后,这些空心圆变为实心圆(图 5-2-12)。

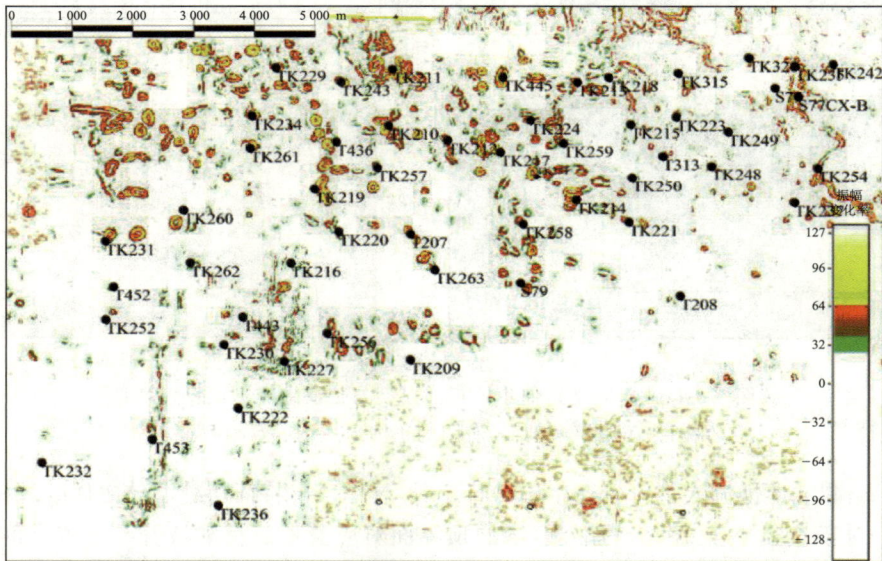

图 5-2-12　塔河油田 $T_7^4$ 以下 0~30 ms 时窗振幅变化率属性图

地震波在均质碳酸盐岩中传播时地震波长变化较小,当遇到高振幅高频的缝洞碳酸盐岩储集体时地震波长度会发生变化,因此在碳酸盐岩基质中地震变化率为低值区域,即空白处,缝洞储集体发育带附近,弧长属性表现为较高值,即图 5-2-13 中亮色显示。

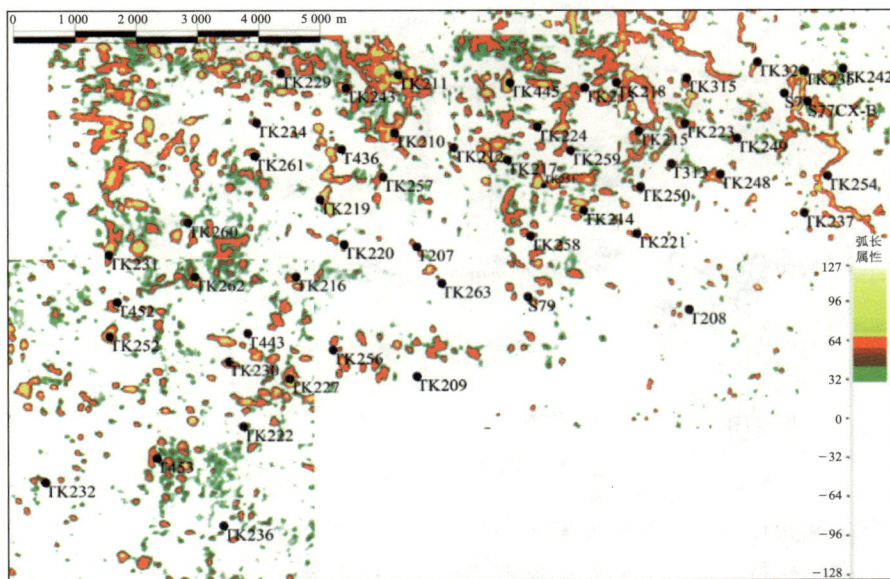

图 5-2-13　塔河油田 $T_7^4$ 以下 0～30 ms 时窗弧长属性图

## 5.2.3.4　基于地震波形指示反演的储集体预测

### 5.2.3.4.1　地震波形指示反演方法原理

三维地震资料是分布密集的空间结构化数据,地震波形的横向变化反映不同的沉积环境和岩性组合在空间上的变化规律,因此地震波形指示反演是在沉积学基本原理的基础上,利用地震波形相似性优选相关井样本,参照样本空间分布距离和曲线分布特征建立初始阻抗模型。同时,通过对同一相带内声波阻抗曲线的分析,提出相截频率,进一步拓宽频带分布,统计样本井纵波阻抗,建立先验概率函数。将初始模型与地震波阻抗体进行匹配滤波,求得似然函数,对样本进行多尺度分解,逐步滤除高频成分。最后,基于贝叶斯理论,联合似然分布与先验分布得到后验概率分布,并将其作为目标函数。基于波形指示优选的样本在空间上具有较好的相关性,采用 Metropolis-Hastings 抽样算法对后验概率分布抽样,选取目标函数最大值时的解作为可行随机实现,求取多次可行实现的均值作为期望输出。该反演方法在高频成分确定过程中充分利用了地震波形的横向变化特征,在提高垂向分辨率的同时可使随机性减小。

### 5.2.3.4.2　岩溶缝洞储集体地震反射特征分析

塔河油田碳酸盐岩岩溶缝洞储集体的地震反射结构主要表现为串珠状反射、杂乱反射和弱反射 3 种特征(图 5-2-14)。

串珠状反射是塔里木盆地碳酸盐岩勘探和开发的主要研究对象,且已证实具有较好产能。当风化壳表层储集体不发育,内幕储集体发育时,表现为表层强反射、内幕串珠状反射;当风化壳表层和内幕区储集体均发育,且之间有较厚致密层隔挡时,表现为表层弱

185

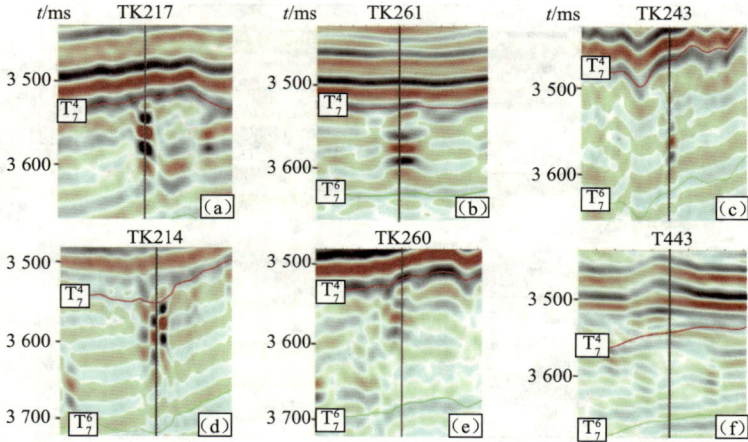

图 5-2-14　塔河油田波形反射特征剖面

反射、内幕串珠状反射。当纵向厚度较小的孔洞和裂缝组成横向随机分布孔洞型储集体时,地震反射结构特征表现为强杂乱反射。弱发射在地震剖面上表现为振幅值小或空白的反射值。内幕区发育规模较小的孔洞型储集体、裂缝型储集体或缝洞储集体距风化壳距离较近时表现为弱反射特征。

### 5.2.3.4.3　储层岩石物理分析

碳盐岩基岩致密,地震波传播速度和密度均较高,地震波平均速度达 6 000 m/s。地层中发育裂缝、溶孔和洞穴时导致声波时差明显增大、密度降低,即波阻抗值显著降低,同时深侧向电阻率($RD$)也明显降低。因此,波阻抗与不同类型储集体之间存在明显对应关系(图 5-2-15)。溶蚀洞穴型储集体波阻抗最低,为 12 000~15 500 g/cm³ · m/s,裂缝-孔洞型储集体波阻抗为 14 100~16 400 g/cm³ · m/s,裂缝型储集体波阻抗较高,为 15 700~17 500 g/cm³ · m/s,而碳酸盐岩基岩波阻抗多大于 17 000 g/cm³ · m/s。

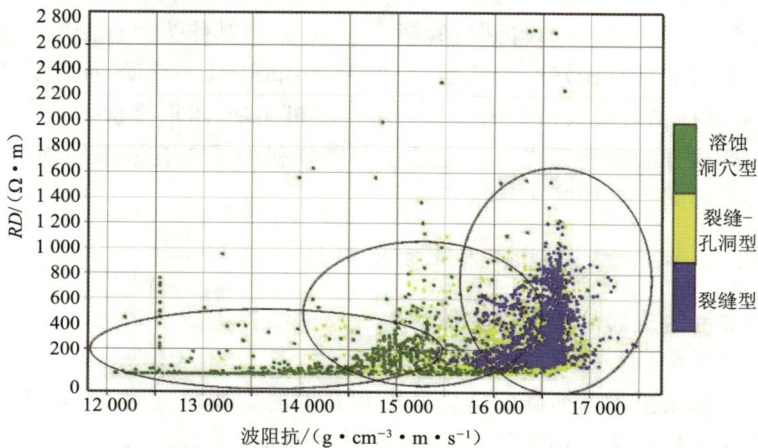

图 5-2-15　塔河油田奥陶统储集体波阻抗与深侧向电阻率测井值交会分析图

### 5.2.3.4.4　反演效果分析

通过对塔河油田的地质、地震、测井等资料分析,确定碳酸盐岩储集体类型及对应的地震反射波特征,得到岩石物理参数模型。在贝叶斯理论基础上,以地质认识、测井数据和地震解释层位作为先验信息来约束反演结果,综合其概率密度函数得到岩溶储集体发育情况的后验概率分布函数,即缝洞储集体的空间发育规律。图 5-2-16 所示为原始地震剖面、测井约束波阻抗反演和波形指示反演结果。在原始地震剖面上,缝洞储集体为大片的串珠状强振幅反射以及弱振幅反射,能大概确定储集体分布的位置,但对纵向上储集体的叠置关系、横向上储集体的边界范围以及储集体的具体形状无法确定。

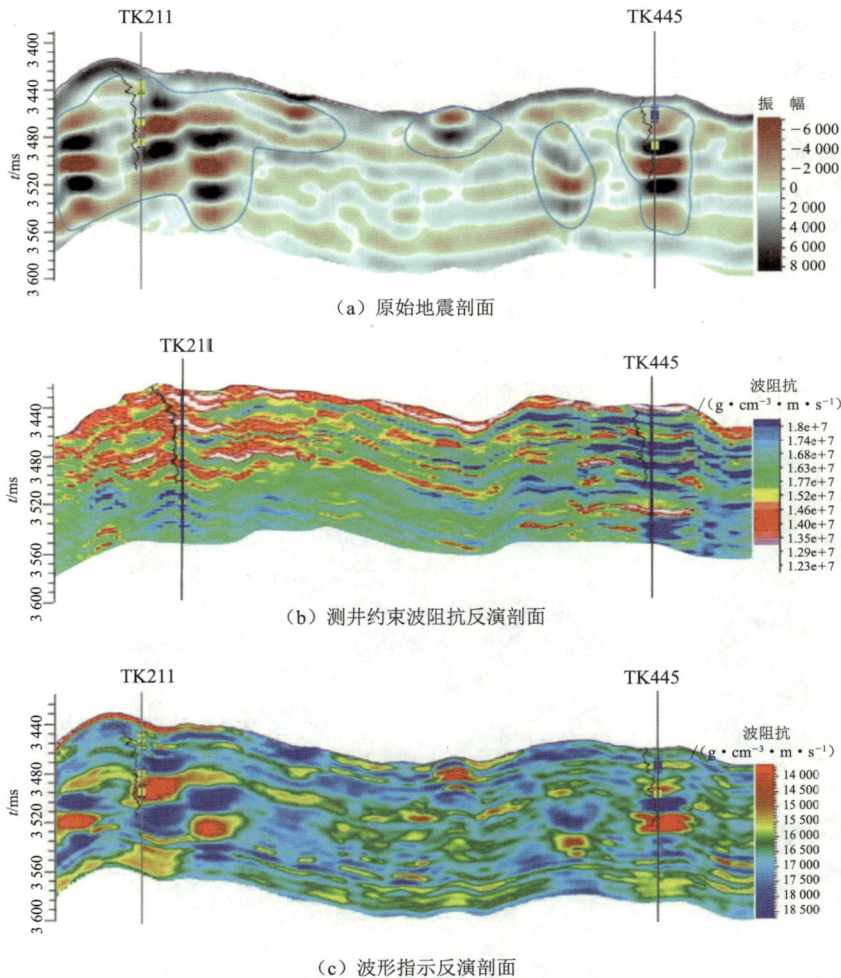

（a）原始地震剖面

（b）测井约束波阻抗反演剖面

（c）波形指示反演剖面

图 5-2-16　地震剖面波和反演剖面对比图

测井约束波阻抗反演是基于模型的反演,从图 5-2-16(b)中可以看出在井点处反演结果垂向分辨率较高。由于其初始波阻抗模型是由井资料内插和外推实现的,其横向连续性较好,但塔河油田奥陶系碳酸盐岩缝洞储集体埋藏深度大,储集体分布受断裂、岩溶作用等多因素控制,储集体形态复杂,纵横向分布变化快,非均质性极强,因此对于碳酸盐岩缝洞储集体这类横向变化较快的储层,测井约束地震反演井间预测较差。地震波形的横向变化可以较好地反映缝洞储集体横向变化规律,不同地震反射特征所反映的储集体类型不同,如大型溶洞储集体多为串珠状反射,而杂乱反射多为裂缝-孔洞型储集体,弱反射多为裂缝发育带。因此,在反演过程中基于地震波形特征优选样本,利用样本井的原始数据和空间结构特点对未知样点进行线性无偏、最优估计。在地震波形约束条件下,有效提高高频信息,反演结果能较好地区分各类储集体的空间分布规律(图 5-2-16c)。波阻抗低的部分(即波阻抗小于 15 500 g/cm³·m/s 的部分)为规模较大、物性较好的溶洞型储集体。对于非溶洞型储集体,波阻抗变化主要反映在物性差异上,波阻抗值较低处为裂缝-孔洞型储集体(即波阻抗为 14 100～16 400 g/cm³·m/s),如 TK211 井测井解释在表层发育一段约 30 m 厚的裂缝-孔洞型储集体,在地震剖面上无法看出,反演剖面上有较好反映。裂缝型储集体主要是波阻抗值较高部分,主要发育在风化壳表层和构造变形部位。波阻抗值最高处为碳酸盐岩基岩部分,在反演剖面上主要为蓝色-浅蓝色部分。

反演区块内共有 35 口直井,测井约束波阻抗反演和波形指示反演均用了 27 口井,其余 8 口井作为检验井,检验井间反演结果的可靠性。其中检验井共发育缝洞储集体 17 个,测井约束反演井间储集体预测成功率为 64.7%,而波形指示反演井间储集体预测成功率为 82.4%。与测井约束反演相比,波形指示反演的预测成功率提高了 17.7%。反演平面图上也可以看出缝洞储集体多为管道状暗河和孤立型溶洞,在溶洞周围有裂缝-孔洞型储集体发育,储集体主要分布在研究区的北部(图 5-2-17)。

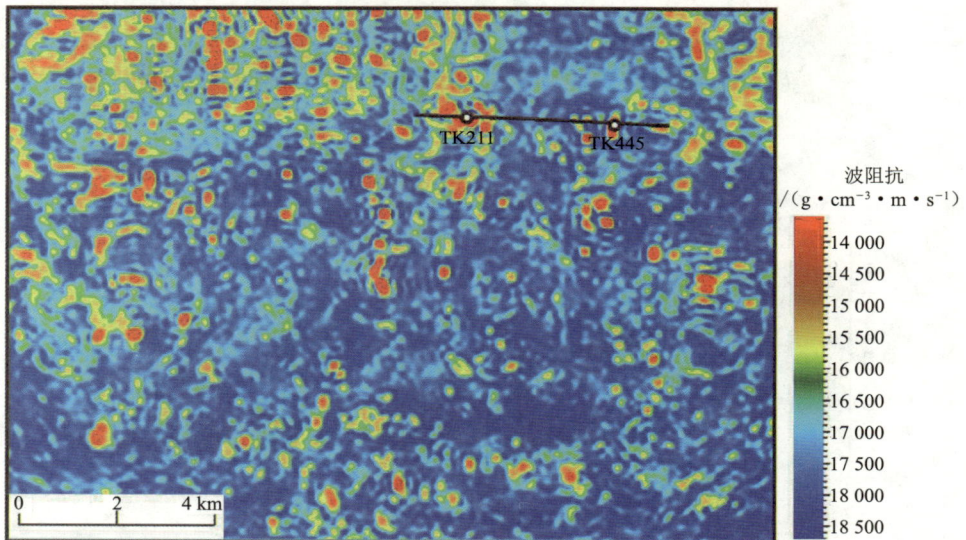

图 5-2-17  波形指示反演结果平面属性图

### 5.2.3.5 断控岩溶储集体精细雕刻技术

断控岩溶储集体空间展布特征表征难度大,特别是覆盖区深部储集体分布主要受断裂控制,如何同时对断裂和储集体进行预测仍是一个亟须解决的难题。研究中采用的是一种新的碳酸盐岩缝洞体雕刻方法,该方法利用三维地震数据像素处理技术对覆盖区碳酸盐岩缝洞体进行预测和描述。

结合三维地震像素处理技术与地震属性技术,将三维地震振幅转化为二维或三维光栅,然后以定性或定量方式从图像数据中提取感兴趣的目标体。由于三维地震数据信号带限问题,在识别一些特殊地质体时往往会遇到分辨率的限制,所以常用去噪、扩频等手段提高地震资料的分辨率,应用地震属性技术识别异常地质体,但地震属性呈现的信息多是模糊的。三维地震像素处理技术与频带无关,同时具有先进的可视化显示技术,可以较好地提高地震数据对缝洞储集体的识别能力。

实施过程主要包括地震数据预处理、谱分解及 RGB 颜色融合、断裂及缝洞体相关属性制作、体融合及缝洞体提取等主要组成部分。

地震资料的预处理过程。地震像素处理质量的好坏主要依赖于输入地震数据的信噪比和分辨率的大小。因此,首先要对三维地震数据进行滤波处理以提高信噪比,主要运用的滤波处理方法有中值滤波、带通滤波和构造导向滤波技术。研究中采用构造导向滤波处理技术,利用局部倾角和倾向沿地层进行定向滤波,沿地震同向轴进行随机噪音处理,在提高地震资料信噪比及使原信号基本形态保持不变的同时,更突出同向轴的不连续性,从而使缝洞体边界及断裂等断续反射变得稳定,提供更强的缝洞体和断裂识别效果。

对于断层及缝洞体相关属性制作,边缘检测类属性是一类能较好地刻画缝洞体和断裂边界的属性。其中断裂和缝洞体检测类属性有倾角属性体、结构张量属性体、本征值相干体、构造导向相似体等,主要检测地震资料中的不连续性反射特征。

溶洞体表征过程主要运用结构张量属性来实现。结构张量是一种由图像处理技术引入三维地震解释中的新地震属性(图 5-2-18a)。它将地震数据转化为图像数据,通过识别图像中不同纹理单元(缝洞体、断层)实现地质目标体的自动探测。由结构张量属性可以平滑梯度估算,减少地震数据噪声。

连续性属性表征缝洞体内部的高度连续特征。缝洞体的边界部位,其不连续性反射特征表现得很明显,可以准确确定缝洞体的形状和位置(图 5-2-18b)。

对于断裂体系识别及刻画,使用滤波后的地震数据体进行断层像素属性处理,生成断层属性体,主要是地层倾角体/倾向体,构造导向相干等属性体。

为提高断层的连续性及一些弱反射特征,对断层像素进行增强,突出一些急剧尖锐的不连续性断裂。应用地震像素处理技术对断层属性体进行探测和刻画,自动形成断层的空间分布网络(图 5-2-19)。

将高精度三维数据体进行基于小波变化的分频处理,得到 10 Hz,20 Hz,40 Hz,75 Hz 和 100 Hz 的 5 个能量体,按照 RGB 混频显示思路,将谱分解中缝洞体显示效果最好的 20 Hz,40 Hz 和 75 Hz 能量体作为 RGB 混合的数据来源,其中 20 Hz 的能量体为 R

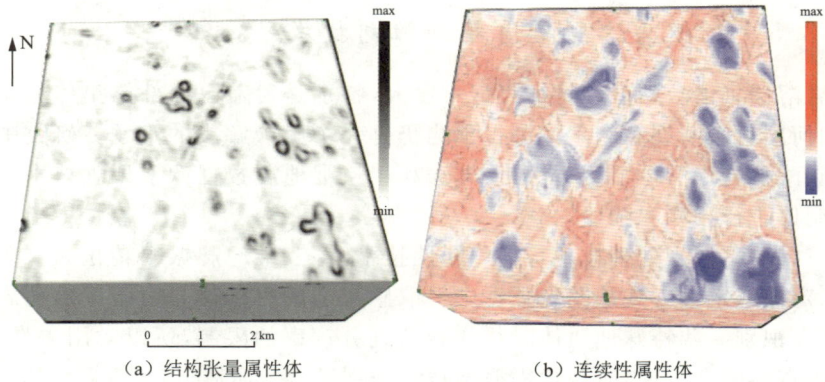

| （a）结构张量属性体 | （b）连续性属性体 |
|---|---|

图 5-2-18　结构张量属性体和连续性属性体

（红色），40 Hz 的能量体为 G（绿色），75 Hz 的能量体为 B（蓝色），并进行混合显示。

不同尺度大小的缝洞体边界刻画清晰，低频成分主要反映尺度较大的缝洞体形态，中频成分主要反映中尺度缝洞体形态，高频成分主要反映小尺度的缝洞体。采用低、中、高频多频信息综合反映不同尺度的缝洞体，相对单一频率分频的结果信息更加丰富（图5-2-20）。

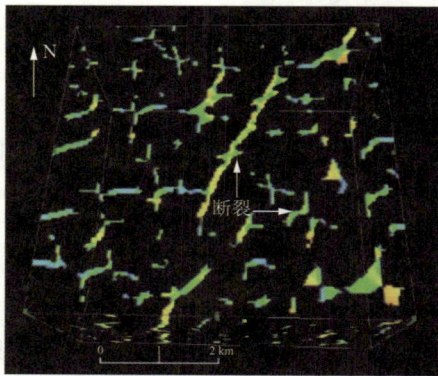

图 5-2-19　断裂趋势空间分布图

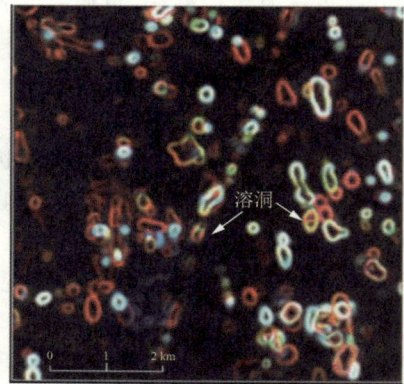

图 5-2-20　缝洞体 RGB 混频显示

对于缝洞体提取及雕刻，对表征缝洞体较好的属性应用体标签工具将缝洞体提取出来并用颜色显示。提取时可以根据不同门槛值将缝洞体对应的属性样点提取出来，利用透明显示来展示缝洞体的空间形态（图 5-2-21）。

体融合技术是一种表征地震数据中特定性质地质体的方法。为获得更详细的地震属性之间的关系，将多种属性进行融合显示（图 5-2-22）。将断裂属性（如倾角、相干等属）与表征缝洞体的属性（如混沌属性、张量属性等）进行融合，这种融合主要依据体面元信息来表征。体融合后可以看到断裂和缝洞体的空间展布特征，更方便研究断裂和缝洞体分布之间的关系。

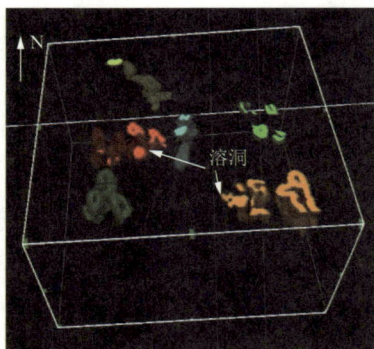

图 5-2-21　缝洞体雕刻显示　　　图 5-2-22　缝洞体和断裂融合显示

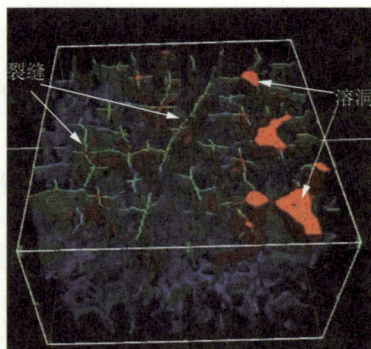

## 5.2.4　岩溶缝洞储集体分布规律及连通性

### 5.2.4.1　储集体分布规律及主控因素

#### 5.2.4.1.1　储集体宏观分布特征

主体剥蚀区不同构造部位受不整合面和断裂作用控制的程度不同,整体上缝洞储集体发育规模随着距不整合面距离增大而逐渐减弱。在不整合面以下约 80 m 以内主要发育地下暗河系统,以大型溶蚀洞穴、裂缝-孔洞型储集体为主。储集体分布受不整合与断裂作用的共同控制,多呈环带状、条带状分布。远离不整合面,地下暗河系统发育较弱,主要发育孤立型溶洞和溶蚀孔洞,深部储集体的发育多与断裂有关。受深部断裂的垂向沟通,促进岩溶作用的发生,从而增加岩溶缝洞储集体发育深度,多呈孤立点状分布在深断裂的两侧;局部暴露时间长的远离不整合面的位置也可见弯曲暗河型储集体。

过渡区和覆盖区储集体纵向分布不受不整合面控制,缝洞储集体多沿断裂走向分布在断裂两侧。主体剥蚀区地表水系可以延伸到过渡区,通过断裂系统不断运移至碳酸盐岩地层中,地表水系的分布主要受控于大型深断裂,水流沿着低洼处流动。过渡区平面上缝洞储层多呈散点状分布,剖面上沿着断裂发育孤立状、串珠状地震反射特征。裂缝-溶蚀孔隙型储集体厚度较大,平均在 15 m 左右,最大可达 53.50 m。溶蚀洞穴型储集体同样很发育,主要表现为钻井过程中出现大量放空漏失现象。

覆盖区内由于下伏碳酸盐岩在海西早期没有直接出露地表,大气淡水表生岩溶作用不发育。与主体剥蚀区储集体垂向发育特征相反,受大型深断裂的影响,地表水道顺着大型深断裂展布,水系在覆盖区由多股汇聚为主要的一条或两条并顺着大型深断裂,使得下部深断裂附近储集体较上部储集体发育。平面上储集体呈散点、条带状分布,剖面上沿着断裂呈深串珠状地震反射特征。

#### 5.2.4.1.2　断裂对缝洞储集体的控制作用

塔河地区碳酸盐岩缝洞储集体多为断控岩溶储集体,因此在考虑古地貌、古水系、岩相等因素的基础上,重点介绍断裂体系对缝洞储集体的控制作用。

### 1) 断裂体系差异性对岩溶缝洞储集体的影响

#### A. 断裂交汇处岩溶缝洞储集体发育

断层交汇部位是多期构造运动应变集中的部位,岩石破碎,裂缝发育,后期虽然被方解石胶结,但再次发生构造运动时,由于交汇部位岩石力学强度小,更容易先发生活动。在多期次构造运动和破碎过程中,断裂为地表水流向地下水流转换提供了路径,流体集中在交汇处下渗,与碳酸盐岩的接触面积增大,成为岩溶作用发生的最有利部位,在两条或多条断裂交汇处多发育大型厅堂洞穴和落水洞(图 5-2-23)。

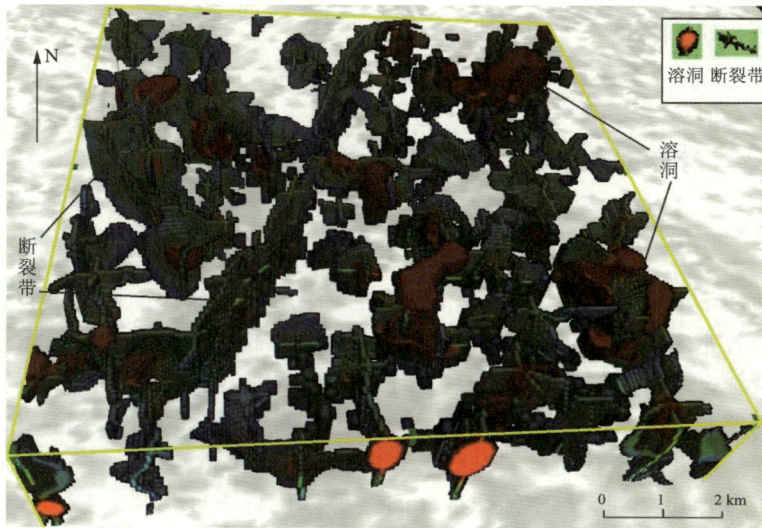

图 5-2-23　断裂和缝洞储集体立体雕刻

#### B. 断裂级别对岩溶缝洞储集体的控制

断裂活动会产生一系列伴生裂缝,多期次、多方位裂缝交错分布构成裂缝网络。早期裂缝多被充填,而海西期—喜马拉雅期产生的裂缝多为有效裂缝。裂缝受到后期溶蚀而扩大,裂缝宽度往往是原始裂缝的几倍甚至几十倍。裂缝的密度和规模都随距断裂的距离增大而呈指数递减。

塔河油田Ⅱ级断裂及其伴生的Ⅲ-1级断裂对岩溶储层分布控制作用明显,岩溶作用较强,发育大型溶洞型储层,多呈条带状分布在断裂附近。这些断裂垂向延伸较深,向上直接沟通地表,大气淡水顺断裂带向下运移,发生水-岩反应,形成大量的溶蚀洞穴。断裂附近钻井可见明显的放空漏失现象,地震剖面上表现为缝洞储集体发育的串珠状反射特征,油井油气充注高度大,油井投产后供液能力较强,无水采油期长,见水时间较晚,油井具有一定稳产期等特征。研究区50%以上的井为放空漏失井,主要分布在Ⅱ级深断裂、Ⅲ-1级断裂附近和断裂的交汇部位,Ⅲ-2级断裂附近放空漏失井减少,而Ⅲ-3级断裂对储集体分布控制作用弱。

C. 断裂带内部结构对岩溶缝洞储集体的控制

不同部位断裂带内部结构、物质组成和裂缝发育程度不同,其孔隙度和渗透率存在明显的差异性。断裂带主动盘一侧的岩石破坏程度明显高于被动盘,越靠近断层核部,裂缝越发育,孔隙度和渗透率越大。断层核部为应力集中区域,岩石破碎严重且后期胶结作用较强,但断层滑动面可以作为重要的流体运移通道,特别是在断裂活动期,断层核部重新破裂,具有较高的渗透性。破碎带发育大量的裂缝网络,多组裂缝相互连通,是流体运移的重要通道。根据断层核和破碎带发育程度对断裂带进行分类,通过统计串珠状反射与断裂位置关系,分为断层核部发育型和断层破碎带发育型两类。

断层核部发育型:断裂核部发育,破碎带发育宽度较窄,裂缝系统发育较弱。岩溶缝洞储集体沿着断裂滑动面两侧分布,储集体垂向延伸长度较长,多沿断裂垂向呈竖条状分布,岩溶储集体相对孤立,规模较小,横向上岩溶储集体分布同样沿着断裂分布(图 5-2-24)。从该类断裂带的形成和发育过程看,应力主要集中在断层核部,岩石遭受强烈的破碎、研磨作用,发育大量的裂缝网络(图 5-2-25a);碳酸盐岩地层上部覆盖厚层的泥岩隔层,大气降水汇聚于地表后主要通过断层核部裂缝系统和滑动面向下渗流溶蚀,同时深部热液流体从地层中汇聚于断裂带后向上部运移,尤其是在断裂活动时期,流体在断层核部沿滑动面大量运移,在断层核部附近形成溶蚀孔缝发育带(图 5-2-25b);随着大气降水和深部热液的不断补给,溶蚀作用逐渐增强,溶蚀孔洞规模逐渐变大,逐渐形成分布于断层核部两侧的大型缝洞体(图 5-2-25c)。

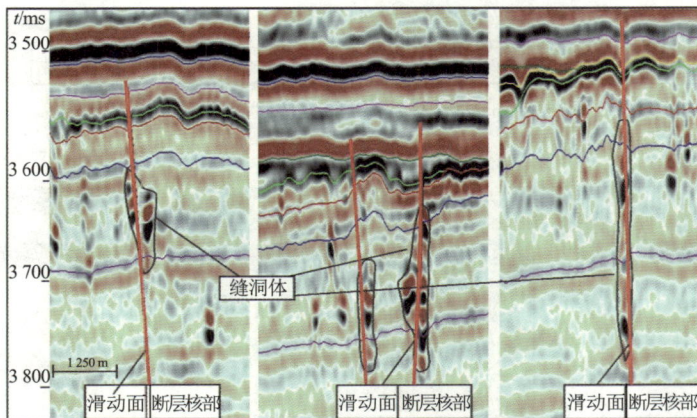

图 5-2-24　断层核部储集体发育地震剖面

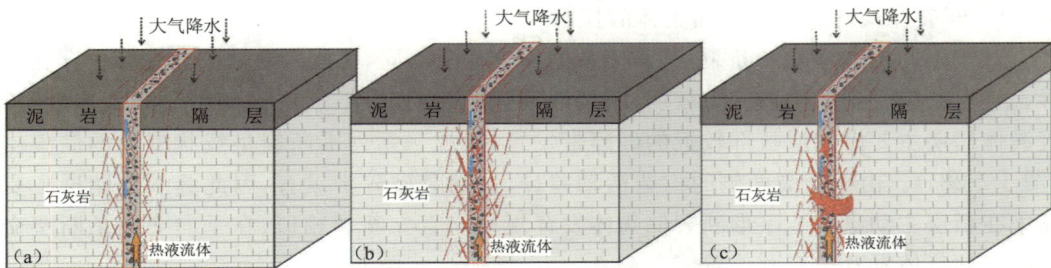

图 5-2-25　断层核部储集体发育演化模式

193

断层破碎带发育型:破碎带具有较大的宽度,以发育大量断裂伴生裂缝为特征。岩溶缝洞储集体规模较大,多分布在断层滑动面两侧较宽范围内,尤其是主动盘岩溶储集体更发育(图5-2-26)。这种类型岩溶储集体在塔河油田较常见,尤其是在过渡区和覆盖区深部地层中。岩石破裂形成断裂带,断层核部岩石破碎,破碎带发育多组相互交织的裂缝网络,根据距滑动面距离和裂缝发育强度,可以分为强破碎带和弱破碎带。强破碎带裂缝非常发育,具有较高的渗透率(图5-2-27a),大气淡水顺断层核部和破碎带裂缝向下运移,热液流体主要沿破碎带向上运移,形成小型溶蚀孔洞(图5-2-27b)。随着溶蚀性流体不断补给,小型溶蚀孔洞逐渐溶蚀扩大成大型孤立溶洞,主要分布在断层核部两侧裂缝发育的强破碎带中(图5-2-27c)。

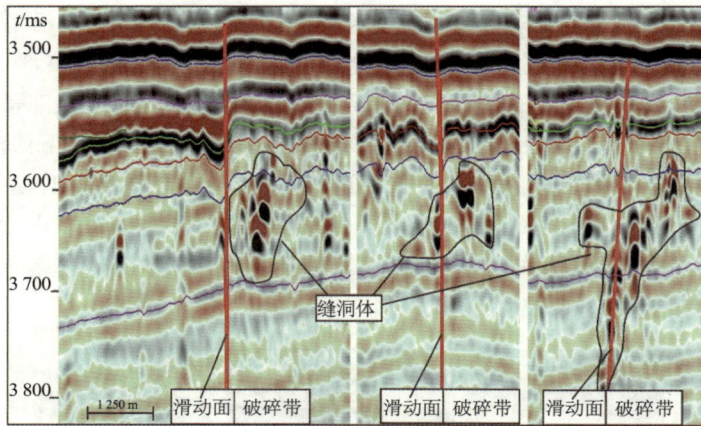

图 5-2-26　断层破碎带储集体发育地震剖面

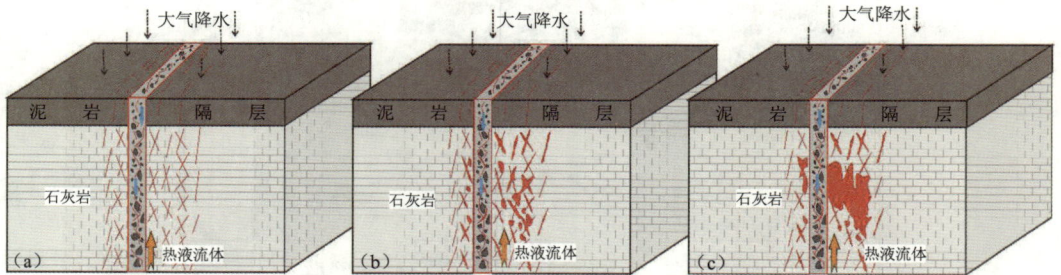

图 5-2-27　断层破碎带储集体发育演化模式

D. 断裂样式对岩溶缝洞储集体的控制

对于不同构造样式的断裂,其破碎带的发育范围不同,因此岩溶储集体发育也存在差异。直立断裂受到的构造应力较弱,断裂活动强度相对较小,断层破碎带分布范围较窄,缝洞体储层主要沿断层核部较近的破碎带发育,形成一系列沿断裂呈线状展布的储集体(图5-2-28a)。由于断裂两侧的构造活动差异,主动盘破碎带发育,因此缝洞体储层主要集中在断层主动盘。Y字形断裂储集体发育规律与直立断裂相似,在垂向上两条断层交汇处是储集体发育的有利位置。

对于半花状-花状断裂样式,多期构造运动造成多条伴生次级断裂交汇到主干断裂上。断穿上覆致密层的主干断裂是流体向下运移的主要通道,流体沿主干断裂透过隔水层并向下运移至分支断裂与主干断裂交汇处,发生溶蚀作用而形成洞穴;伴生次级断裂发育受主干断裂控制,形成宽度较大的条带状破碎带,部分流体沿伴生断裂向上运移,因分支断裂未断穿上覆致密层,流体受到致密层的遮挡,在伴生断裂一侧的破碎带中形成缝洞体(图 5-2-28b)。

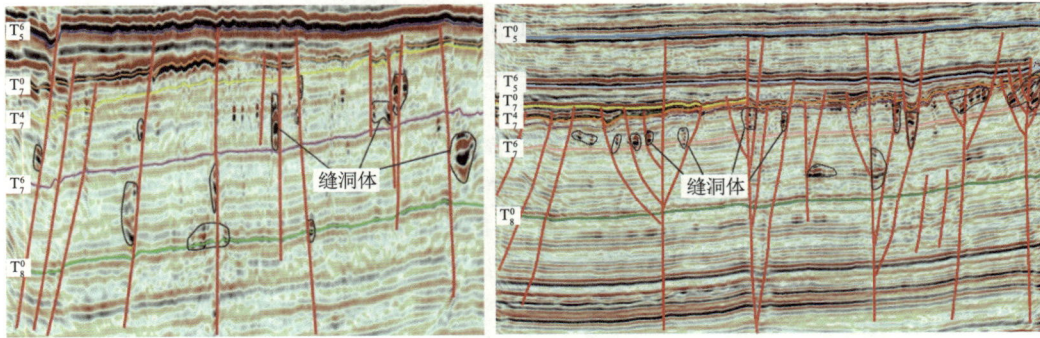

(a) 直立断裂　　　　　　　　　　　(b) 半花状-花状断裂

图 5-2-28　不同断裂样式岩溶缝洞储集体发育特征

### 2) 断裂活动性与流体性质对岩溶缝洞储集体的影响

对于同一条断裂,活动时期断裂带流体纵向疏导能力明显好于静止时期(图 5-2-29),引起这种现象的主要原因是"地震泵"作用。这一提法首次由 Sibson 等(1975)在研究热液金属矿和断裂破碎带之间的关系时提出,认为地震作用形成的断裂带就像一个"泵"一样,从深部地层中抽取热液流体并沿断裂带向上部运移。"地震泵"作用在油气运移成藏方面也有一定的研究基础,在断层活动时期,流体流动性强、循环较好,胶结沉淀作用较弱,断层核部具有较高的孔隙度和渗透率,是流体运移的优势通道;断层静止时期流体主要通过破碎带裂缝系统运移。

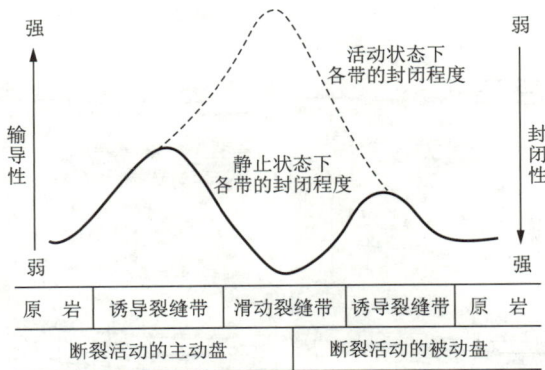

图 5-2-29　静止与活动的断裂各带封闭性相对关系示意图

塔河油田奥陶系碳酸盐岩地层经历了四期重要的构造运动改造,其中对岩溶储集体发育影响最重要的是加里东中期、海西早期和海西晚期三期构造运动,而断裂活动最强烈且抬升稳定期最长的是海西早期。大气淡水溶蚀作用主要发生在加里东中期、海西早期和海西晚期,与三期构造运动相耦合,最重要的大气淡水表生岩溶作用发生在海西早期;热液溶蚀作用主要发生在海西晚期大规模火山活动期间;地层水有机酸溶蚀发生在沉降埋藏期,与有机质热降解生排烃期有关,主要发生在加里东晚期、海西晚期和燕山—喜马拉雅期,由于有机酸贡献量有限,有机酸对碳酸盐岩储集性能改造较有限。同一地质时期存在多种岩溶作用,不同地质时期岩溶作用相互改造、叠加,形成复杂的岩溶储集体。

加里东中期以抬升为主,发生三幕次构造运动,是研究区大型走滑断裂形成时期。该时期断裂向上断至 $T_7^4$—$T_7^0$ 界面,向下可断穿 $T_9^0$ 界面,具有规模大、断穿层位深等特点。由于构造抬升暴露地表相对较短,大气淡水顺着断裂进入碳酸盐岩地层,对早期同生期—准同生期形成的溶蚀孔洞进行改造,岩溶缝洞储集体规模不大。

海西早期构造强度大、构造抬升稳定期长,是塔河油田构造运动最强烈的时期,多为加里东中期构造基础上继承发育的走滑断裂系统,伴生断裂大量发育形成多种断裂构造样式。沉积埋藏期烃类热降解生成的有机酸对碳酸盐岩溶蚀规模较小,在挤压应力作用下碳酸盐岩地层发生变形、破裂、扩张,形成优势裂隙和断裂面,在断裂面两侧形成一定宽度的破碎带。在断裂活动期,地表大气淡水在重力作用下,沿断裂带呈管道流向地层深部运移,溶蚀深部碳酸盐岩地层;在构造稳定期,大气淡水通过断裂破碎带向下部渗滤溶蚀。该时期是岩溶储集体发育最主要的时期,特别是大型走滑断裂的伴生断裂带形成大量储集体(图 5-2-30a)。

海西晚期部分走滑断裂继续活动,向上断至 $T_5^0$ 界面,断裂带中孔隙度、渗透率明显增高,同时该期发生大规模火山活动,地下深部有大量热液流体,使断裂带中流体压力显著低于围岩中地层压力。大气淡水在重力作用下向深部碳酸盐岩地层中运移,同时由于断裂带和围岩之间形成压力差,在压力差驱动下深部围岩中的热液流体进入断裂带中。断层两盘沿滑动面发生滑动,滑动面具有较高的孔渗性,由于断裂带内部压力差和热对流作用,热液流体沿着滑动面呈管道流大规模向上部地层涌入,在上部裂缝发育处、不整合面或高孔渗层溶蚀碳酸盐岩地层而形成溶蚀孔洞。断裂静止期时,大气淡水和热液流体主要通过断层破碎带中裂缝系统,在浮力或重力作用下遵循达西定律缓慢渗透(图 5-2-30b)。

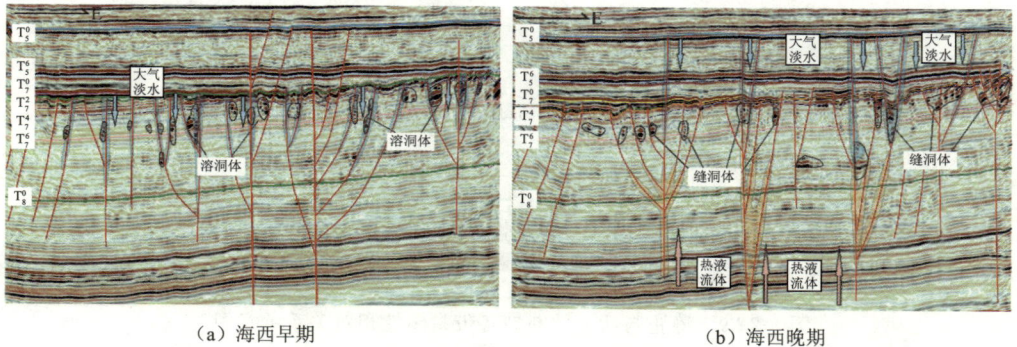

(a) 海西早期　　　　　　　　　　(b) 海西晚期

图 5-2-30　海西期断裂活动与流体运移关系

### 5.2.4.1.3　缝洞储集体成因类型及分布规律

在缝洞储集体特征、断裂特征及差异性研究,以及流体性质和岩溶作用类型、古地貌和古水系等研究基础上,综合考虑断裂、水系、古地貌等因素,建立 3 种储集体成因类型,分别是残丘型、断控岩溶管道型和断控孤立溶洞型储集体。

残丘型储集体的形成与古地貌差异剥蚀和差异岩溶作用有关。古地貌对地表水系的分布具有重要的控制作用,地表水系在残丘两侧发生侧向溶蚀作用,在两侧残丘上形成溶蚀洞穴型储层。该类储集体以裂缝连通的溶蚀孔洞、小型溶洞、裂缝等为主,储集体空间相对较小,主要发育在塔河油田主体剥蚀区和过渡区,其中主体剥蚀区为古地貌相对较高部位的残丘,但规模相对较小;过渡区残丘规模较大,但相对高程较小。

断控岩溶管道型储集体是受断裂、古潜水面影响,发生岩溶作用形成的管道状储集体,主要发育在主体剥蚀区。塔河地区经历了多期构造抬升运动,尤其是主体剥蚀区在海西早期的构造抬升后发生了长期的表生岩溶作用,在碳酸盐岩地层的潜水面附近形成了复杂的地下暗河系统,呈管道状分布,其中地下暗河系统的形成和发育与断裂有着密切的关系。岩溶管道型储集体主要存在两种类型:第一种为上部发育较完整暗河系统,受潜水面控制而形成,断裂是暗河系统水流补给的主要通道,下部通过断裂及裂缝体系的沟通,大气淡水或深部热液流体沿断裂运移,在断裂两侧破碎带或不整合面附近发生溶蚀作用,形成孤立的断控岩溶管道型储集体。塔河油田二区东北部缝洞可见这种类型的储集体,从雕刻体中可以直观地观察到上部为连续弯曲的暗河管道系统,下部为孤立的溶洞,储集体之间通过断裂连通(图 5-2-31a)。第二种为暗河系统顺早期断裂发育,下部发育断控型溶洞,这是岩溶水系和断裂系统相互作用的结果。该类储集体在塔河油田主体剥蚀区十分发育。加里东早期—中期形成的断裂在海西早期继续活动,呈 EW 向和 NS 向的断裂将主体剥蚀区切成近棋格状。多方向的断裂系统相互沟通,从而使岩溶水体顺着断裂相互连通,最终形成环带状储集体。大气淡水等流体沿着断裂带横向流动,侵蚀溶解断裂带中破碎岩石,水动力条件强,从而形成沿着断裂分布的较大规模的管道型暗河系统。在以下情况下,暗河系统也不完全顺着断裂分布:一是出现第一种岩溶管道型储集体形成环境时;二是断裂形成于暗河系统后,即所谓的洞控断裂,这类断裂延伸长度较短。

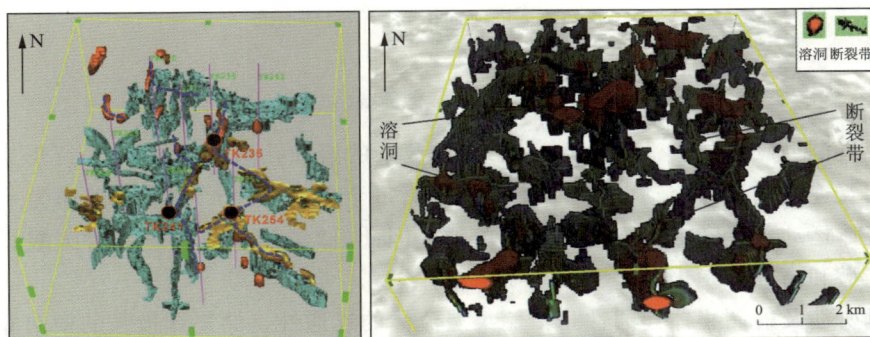

(a) 断控岩溶管道型　　　　　　　(b) 断控孤立溶洞型

图 5-2-31　塔河油田不同类型储集体立体雕刻图

　　断控孤立溶洞型储集体的形成与断裂有着直接的关系。其多分布在规模较大的断裂两侧或断裂交汇处，这些断裂垂向延伸长度较大，为多期活动断裂，断层破碎带发育大量裂缝，具有较高的孔隙度和渗透率。该类储集体平面分布不如断控岩溶管道型储集体连续，多呈孤立点状，顺着断裂分布，垂向上储集体发育深度深（图5-2-31b）。断控孤立溶洞型储集体可以发育在剥蚀区，也可以发育在过渡区和覆盖区。在剥蚀区，大气淡水从地表顺着断裂带在重力作用下向下流动，大气淡水中含有浓度较高的 $CO_2$，与断层破碎带中的碳酸盐岩接触后发生溶蚀作用，从而在断裂带上形成垂向发育的溶蚀洞穴和孔洞。在覆盖区虽然未受到风化溶蚀作用影响，但是长期活动的断裂沟通地表，大气淡水顺断裂垂向运移，对下伏碳酸盐岩进行溶蚀。同时，深部活跃流体沿基底断裂向上运移至一定部位，发生热液流体与断裂两侧碳酸盐岩的溶蚀改造作用。塔河油田断控孤立溶洞型储集体多分布在主体剥蚀区远离不整合面的内幕地层、过渡区和覆盖区的深断裂附近（图5-2-32）。

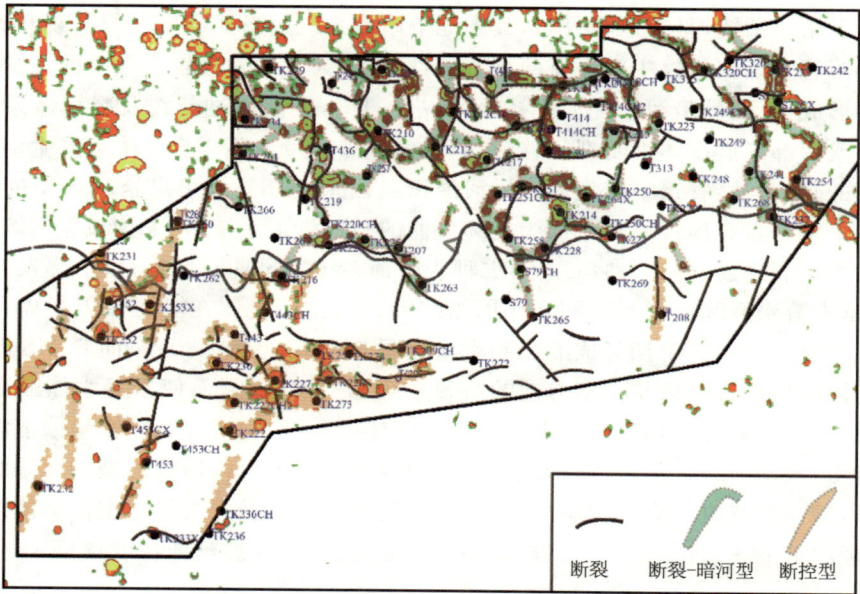

图 5-2-32　塔河油田二区储集体分布

## 5.2.4.2　储集体连通性研究

　　岩溶缝洞型碳酸盐岩油藏油水关系复杂，复杂的溶蚀孔洞、裂缝网络系统形成了多个孤立或相互连通的流体流动（水动力流动）单元，每个单元在生产中都可以作为一个相对独立的流体运动单元和油气开采的基本单位。因此，储集体连通性研究对碳酸盐岩油藏剩余油挖潜和高效开发十分重要。

　　这里所涉及的储集体连通性是指储集层流体的连通性。储集体极强的横向非均质性和复杂的裂缝网络，会造成井间可能存在非渗透区，从而使储集层中的流体分布形成断点，造成井间储集层中流体的不连通。前文通过地质和地球物理精细描述得到的储集体连通性属于静态范畴。静态连通体中溶蚀孔、洞以及裂缝充填现象往往比较严重,会堵塞流体流动的渗流通道,加剧流体的分隔性和非均质性,使静态表征方法难以准确表征缝洞体内部非均质性。随着油田开发的深入,油藏动态资料不断提供大量的流体信息,通过生产动态资料开展井间连通性判定,动静态相结合,确定储集体连通关系,对剩余油分布规律研究及潜力区预测更有指导意义。

### 5.2.4.2.1　储集体连通性分析方法

#### 1）静态地质法

缝洞储集体是组成缝洞单元的基本地质单元。利用静态的地质资料和井震资料,从恢复古地貌、岩溶区构造力学等方面入手,结合缝洞体识别技术,找出有利的储集发育带,进行井间对比,根据缝洞储集体的空间展布划分缝洞单元,确定储集体连通性。

#### 2）流体性质法

油藏流体的各种特征参数和性质可以作为判断油藏连通性的指标。如果油藏是连通的,由于混合作用等,油藏为流体随时间的推移会充分混合,最后达到物质平衡,油藏内流体的各项特征参数具有相似性;如果油藏不连通,那么不同的油藏内流体由于不同的生物降解、不同的流体成因和来源,导致流体的特征参数及性质会有所不同。

#### 3）生产特征法

油井的含水变化情况及其他各项产能指标都可以作为判断井间动态连通性的依据。如果两口井之间相互连通,那么在采油的过程,两口井的含水率、产能及能量等相关指标均具有同步变化的趋势。例如,油井的产能、含水率等变化趋势及流体性质变化趋势是一致的。

#### 4）注水见效法

注水见效法是反映井间连通的直接方法,是指对一口井注水补充地层能量,与其连通的井在一定程度上会受到影响而表现为开发效果转好。

#### 5）油藏压力趋势分析法

油藏压力可以作为分析油藏连通性的指标。从理论上讲,对于同一压力系统内的两个储集体,由于压力会随时间的推移波及储集体的每一个位置,如果两个储集体是连通的,那么两个储集体的压力及随时间的变化趋势也是相似的,于是通过油井各阶段的压力指标对比可了解储集体井间连通性。

#### 6）示踪剂法

示踪剂井间监测技术是在注水井中注入硫氰酸铵、氚水、碘化钾、硝酸铵、溴化钠等水溶性示踪剂,在周围监测井中取流体样,分析样品中示踪剂浓度,并绘制出邻井示踪剂浓度随时间变化的曲线,通过对示踪剂产出曲线的分析进行井间连通性的判断。

7）井间干扰法

井间干扰试井的机理是改变激动井的工作制度,观察井的压力等参数也会受到一定的干扰作用。通过观察井中压力的变化情况来研究激动井和观察井之间的各项参数指标,进而判定井间连通情况。

#### 5.2.4.2.2 动静态结合连通性研究

由于地质认识的差异、储集体充填、后期酸压沟通储集体等因素,储集体静态和动态连通性往往存在不一致的情况,在储集体静态连通性的基础上,利用动态资料对储集体连通性进行分析,一方面验证静态储集体连通性,另一方面也对静态储集体不连通的情况进行补充。

以塔河油田二区为例,因该区测压资料相对较少,在不同成因类型储集体静态连通性分析的基础上,主要运用注水受效情况分析法,以示踪剂作为辅助手段分析储集体井间连通性。研究表明,动态与静态同时连通的井占58.7%,连通一致性较好。不同成因的储集体类型中,断控岩溶管道型储集体动静态连通一致性最好,达到71.9%;断控孤立溶洞型储集体动静态连通一致性最差,多为动态连通而静态不连通的特征;残丘型储集体连通一致性为51.7%(图5-2-33)。动态连通但静态不连通的主要原因是酸化压裂沟通了储集体。

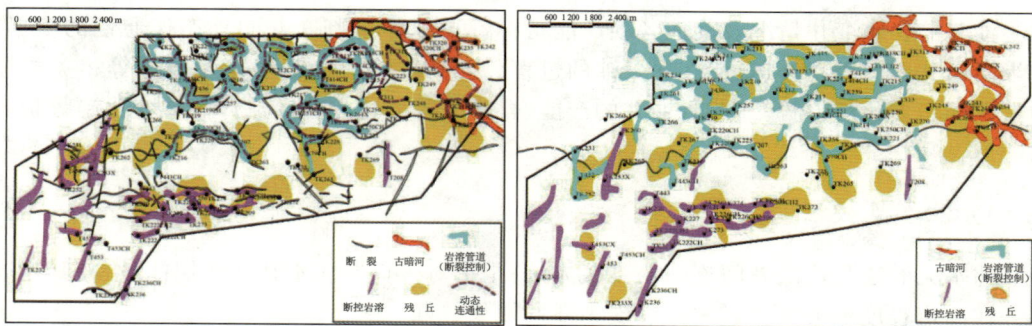

（a）井间动态连通图　　　　　　　　　（b）动静态综合连通图

图 5-2-33　不同成因储层储集体连通图

## 5.2.5　剩余油分布规律

### 5.2.5.1　水淹规律研究

以影响剩余油富集的储集体因素为核心,通过开展不同类型储集体水淹规律、能量评价等研究,为剩余油分布提供生产动态依据。

### 5.2.5.1.1　含水率变化类型及特征

通过分析单井含水率由线的形态和斜率,结合累计产水量-累计产液量以及含水率-累计产液量关系曲线,对碳酸盐岩含水率变化进行分类。塔河油田二区存在快速上升型、缓慢上升型、暴性水淹型、台阶型、下降型和波动型等含水率变化类型(图 5-2-34)。单井含水率变化类型主要用于分析全区油井综合含水率变化特征。

上升型:油井见水以后,某段时间为含水率曲线上扬,累计产水量曲线表现为凹型。根据含水率曲线形态的陡与缓、累计产水量曲线凹的程度的不同,分别对应于典型分类方案中的缓慢上升型和快速上升型。

下降型:含水率在一段时间内持续下降,且累计产水量曲线表现为凸型,这段时间内的含水率变化类型即下降型。

暴性水淹型:该类型与普通的含水率上升型有所不同,主要区别在于含水率变化的速度及最终含水率的水平。若含水率在短时间内迅速上升到 90% 以上并保持在高含水率相当长一段时间,则称其为暴性水淹型。此时累计产水量曲线的斜率接近于 1。

台阶型:某段时期内含水率曲线基本保持不变,累计产水量曲线斜率稳定,则认为该阶段的含水率类型为台阶型。累计产水量曲线的斜率取决于含水率的高低。

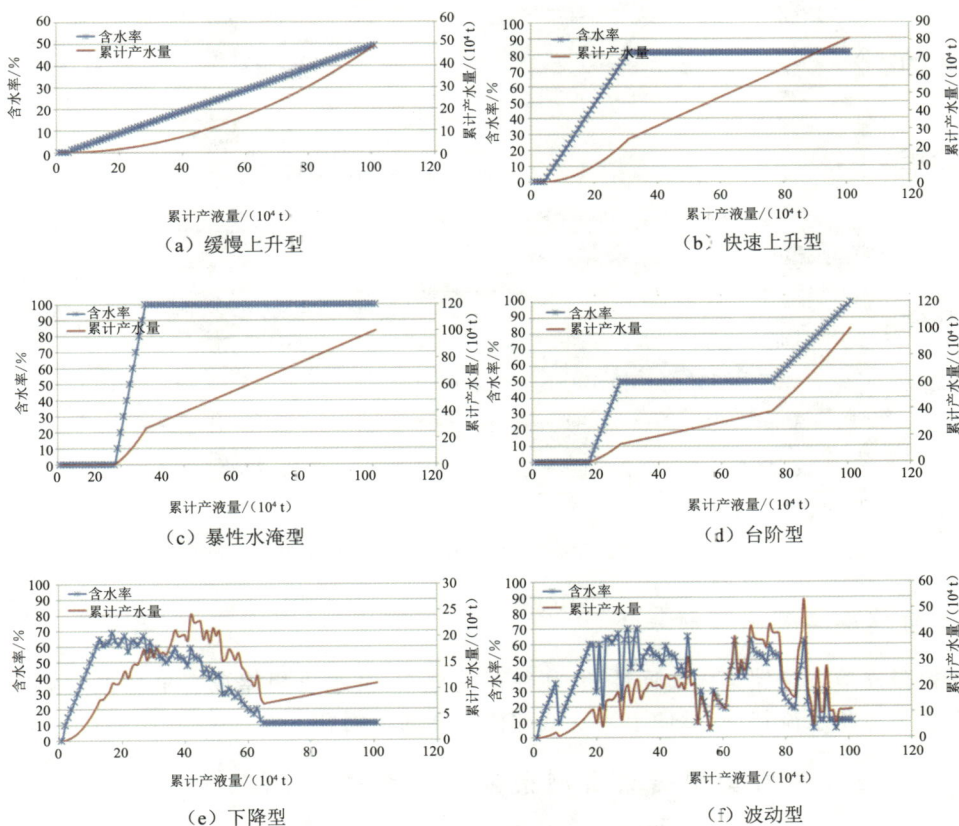

图 5-2-34　含水变化类型理想模型

波动型：在某段时期，含水率-累计产液量曲线上下波动，累计产水量曲线也做无规律波动，且波动频率比含水率曲线高，波动速度更快，则称其含水率变化为波动型。

### 5.2.5.1.2　不同类型储集体水淹规律

岩溶缝洞型碳酸盐岩油藏通常有相当长一段时间的无水采油期，如塔河油田二区含水率变化曲线上扬，斜率接近0.5，累计产水量曲线表现为凹型，属于典型的含水率缓慢上升型。不同类型储集体含水率变化特征差异较大。

#### 1）断控岩溶管道型储集体

断控岩溶管道型储集体水淹特征为水沿岩溶管道由低部位向高部位推进。以塔河油田二区 TK445 井区为例，TK445 井所在的岩溶管道与 TK224 井所在的岩溶管道不连通，属于两条岩溶管道。见水时间显示，两条岩溶管道上的井见水次序为 TK212→TK212CH→TK445 和 TK213→T414CH→TK224→TK217（图 5-2-35 和图 5-2-36），表现为沿着岩溶管道依次见水的特征。产液剖面显示，TK315 井由于测试时间较晚，管道内水从低部位向高部位抬升（图 5-2-37）。

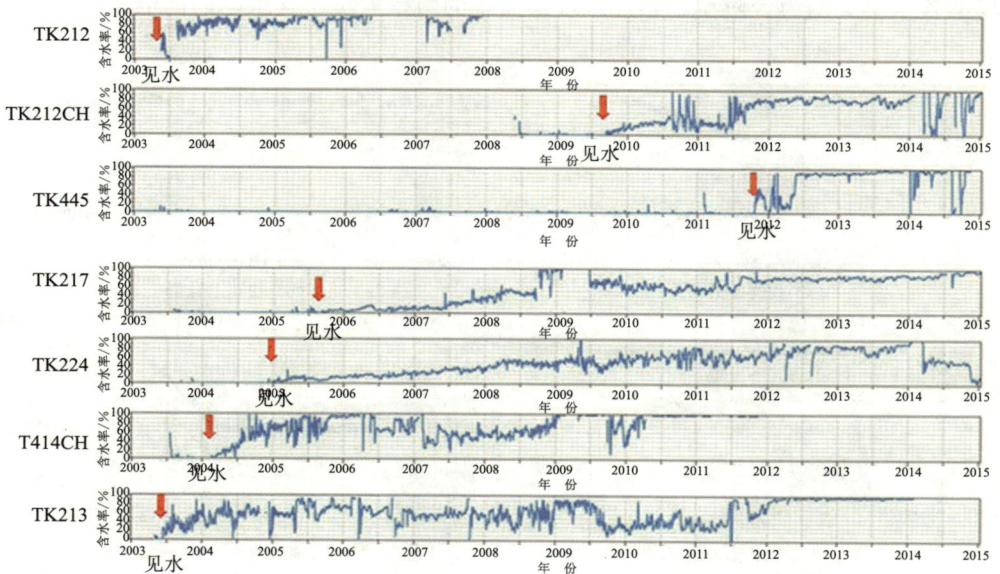

图 5-2-35　TK445 井区部分井见水曲线图

#### 2）断控孤立溶洞型储集体

断控孤立溶洞型储集体连通性差，往往孤立分布，其水淹规律没有早晚先后顺序，平面上表现为点状水淹特征，垂向上水从低部位向高部位抬升。

### 5.2.5.2　不同类型储集层剩余油分布规律

岩溶缝洞型碳酸盐岩油藏剩余油分布复杂，类型多样，给油田开发带来了巨大难题。

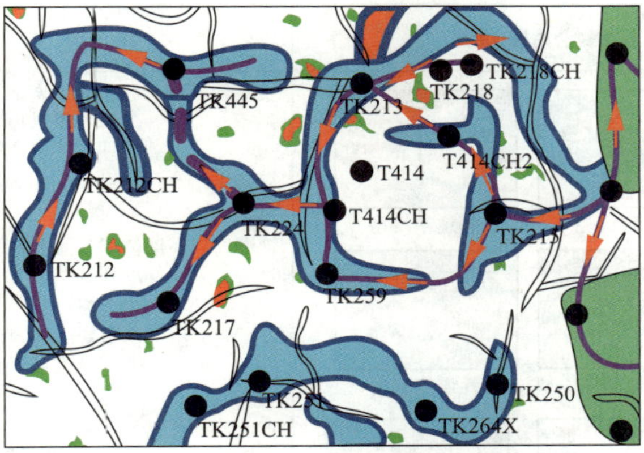

图 5-2-36　TK445 井见水规律路线图

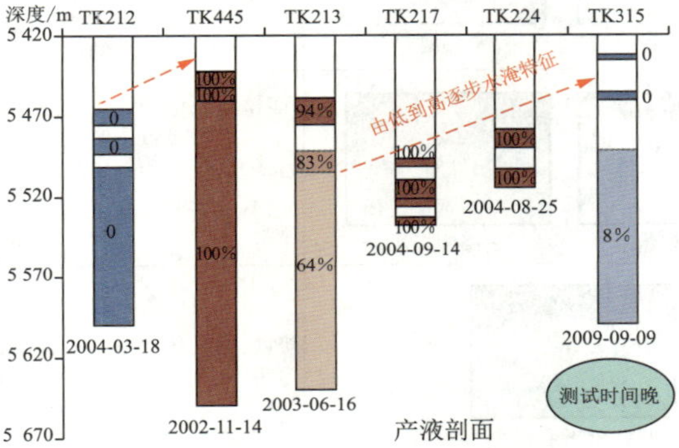

图 5-2-37　TK445 井区部分井产液剖面

与碎屑岩油藏剩余油分布相比,碳酸盐岩缝洞型油藏剩余油分布规律主要受控于储集体类型及分布规律,随着油田开发的进行,注水、注气、井网等一系列的开发因素也会影响剩余油的分布。本节以塔河油田二区为例,综合考虑地质因素和开发因素,介绍不同成因类型储集体剩余油分布模式并分析剩余油挖潜对策。

依据储集体类型、剩余油形态及控制因素,将剩余油分布类型分为三大类九亚类(图 5-2-38 至图 5-2-40)。

### 5.2.5.2.1　断控岩溶管道型剩余油分布

断控岩溶管道型剩余油是指富集在断控岩溶管道型储集体内的剩余油,其分布受岩溶管道分布、形态及充填情况控制。按照剩余油在岩溶管道中分布的形态及控制因素,将断控岩溶管道型剩余油分为 6 个亚类。该类剩余油主要分布在塔河油田主体剥蚀区,各亚类剩余油的分布受控于岩溶管道分布的控制,同时也受开发因素的影响。

### 1) 支流管道型

支流管道型剩余油是指强水淹的干流岩溶管道上的小型分支岩溶管道内的剩余油。由于受支流管道与干流岩溶管道空间差异的影响,支流管道流体分流量存在差异性,支流

203

| 类型 | 剩余油模式图 | 定 义 |
|---|---|---|
| 断控岩溶管道型 | 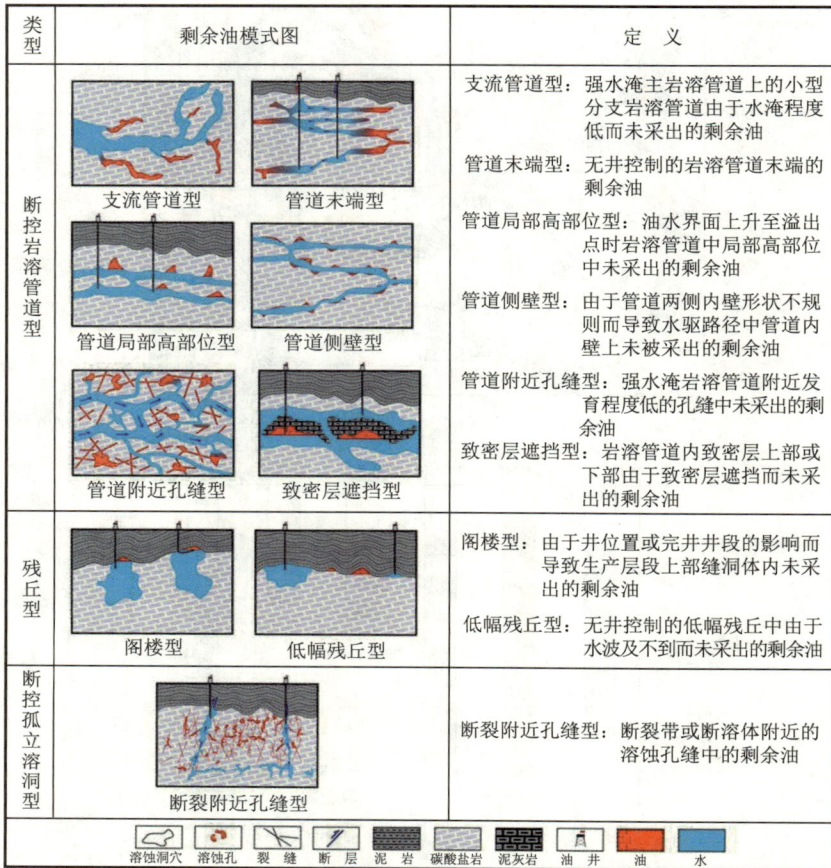支流管道型　管道末端型<br>管道局部高部位型　管道侧壁型<br>管道附近孔缝型　致密层遮挡型 | 支流管道型：强水淹主岩溶管道上的小型分支岩溶管道由于水淹程度低而未采出的剩余油<br>管道末端型：无井控制的岩溶管道末端的剩余油<br>管道局部高部位型：油水界面上升至溢出点时岩溶管道中局部高部位中未采出的剩余油<br>管道侧壁型：由于管道两侧内壁形状不规则而导致水驱路径中管道内壁上未被采出的剩余油<br>管道附近孔缝型：强水淹岩溶管道附近发育程度低的孔缝中未采出的剩余油<br>致密层遮挡型：岩溶管道内致密层上部或下部由于致密层遮挡而未采出的剩余油 |
| 残丘型 | 阁楼型　低幅残丘型 | 阁楼型：由于井位置或完井井段的影响而导致生产层段上部缝洞体内未采出的剩余油<br>低幅残丘型：无井控制的低幅残丘中由于水波及不到而未采出的剩余油 |
| 断控孤立溶洞型 | 断裂附近孔缝型 | 断裂附近孔缝型：断裂带或断溶体附近的溶蚀孔缝中的剩余油 |

溶蚀洞穴　溶蚀孔　裂缝　断层　泥岩　碳酸盐岩　泥灰岩　油井　油　水

图 5-2-38　塔河油田缝洞型碳酸盐岩剩余油分布模式

管道流体分流量远低于干流岩溶管道。如果注采井组位于主河道上，支流管道水淹程度比干流岩溶管道低，从而导致在开发过程中易形成支流管道型剩余油。例如，塔河油田二区东部发育的岩溶管道主要受古暗河控制，存在两条规模相对较大的古暗河型岩溶管道，在管道两侧伴生发育有多个支流河道（图 5-2-31a）。干流岩溶管道上的 3 口井累计产油 $23.7 \times 10^4$ t，位于支流管道上的 3 口井累计产油 $9.8 \times 10^4$ t。此外，每个支流管道上的井数平均不足 1 口井，支流管道较低的井网控制程度也表明在无井控制的支流河道中仍富集有大量的剩余油。

### 2）管道末端型

管道末端型剩余油是指岩溶管道末端由于无井控制，且注水难以波及而富集的未被采出的剩余油。油田开发初期部署油井主要集中在岩溶管道主体位置，而管道末端的井往往较少。注水开发过程中水沿着岩溶管道将原油驱替至采油井及岩溶管道末端，当岩溶管道末端无井控制时，被驱替至岩溶管道末端的油无法采出，在管道末端易形成大量剩余油。塔河油田二区已知的岩溶管道中，47.5％的岩溶管道末端无井控制，在这些管道末端有大量剩余油富集。

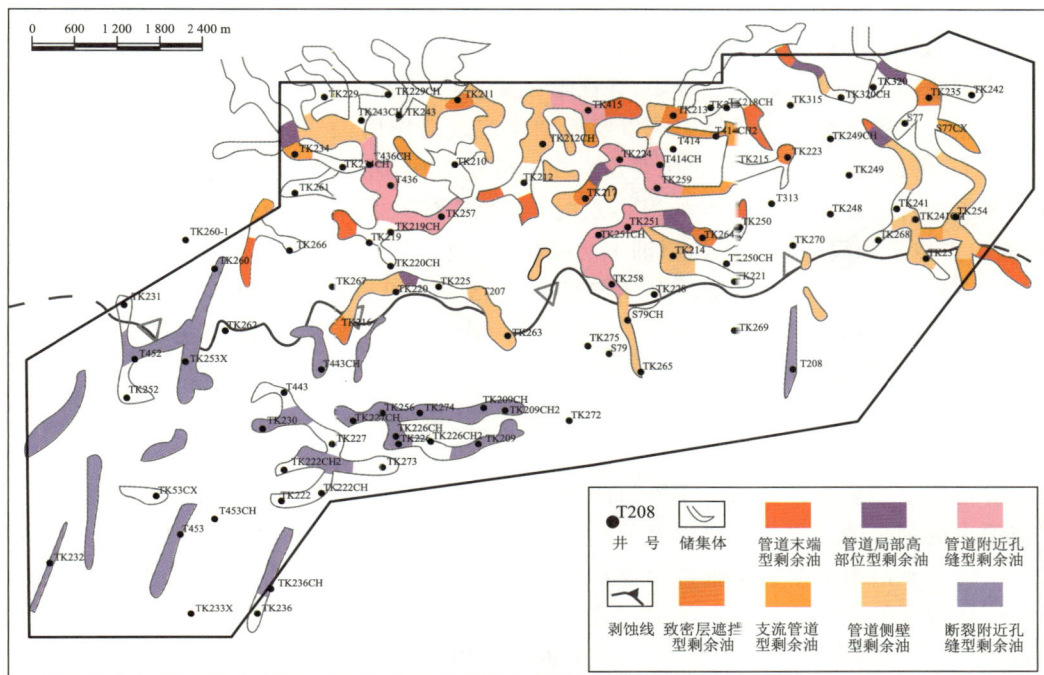

图 5-2-39 断控岩溶管道型及断控孤立溶洞型剩余油分布图

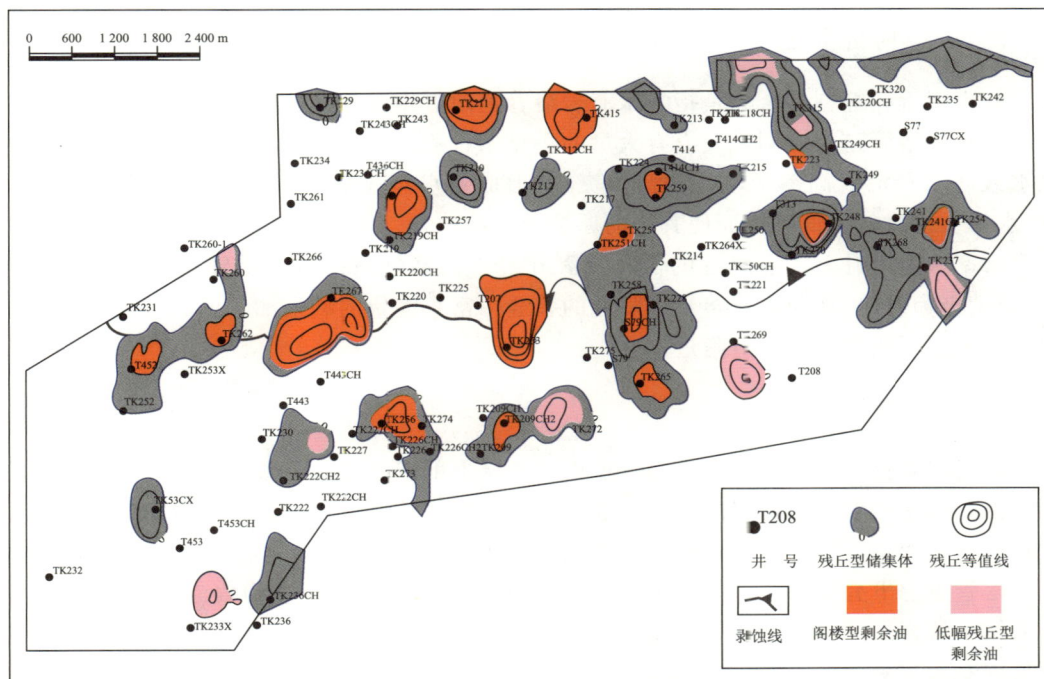

图 5-2-40 残丘型剩余油分布图

### 3) 管道局部高部位型

管道局部高部位型剩余油是指油水界面上升至溢出点时岩溶管道中局部高部位中未采出的剩余油。在油田开发过程中,该区域未采取注气措施或注气程度低,井位不在管道局部高点上。受古岩溶差异性影响以及后期岩溶改造作用,岩溶管道的发育并不在一个水平面上,管道顶面往往存在起伏变化。在开发过程中,注入水或底水上升,当油水界面升高至岩溶管道顶部局部高点的溢出点时,油水界面不再升高,始终保持在溢出点的高度,溢出点以上的局部高点内的原油无法采出,形成了管道局部高部位型剩余油。例如,TK250-TK251-TK258 岩溶管道内,位于 TK264X 井与 TK251 井间的岩溶管道顶面起伏较大,存在局部高点。TK251CH 井共进行 2 轮次的注气措施,平均增油 8 t/d,年产油 1 300 t,注气效果好。

### 4) 管道侧壁型

管道侧壁型剩余油是指由于管道两侧内壁形状不规则而导致水驱路径中管道内壁上未被采出的剩余油。岩溶管道内壁并不是平整光滑的,其侧壁往往凹凸不平,在注水开发过程中注入水沿着岩溶管道推进而驱替原油,在驱替路径上水体沿管道方向形成主流线,管道侧壁内凹处往往由于注入水波及程度低而附着有大量残余的剩余油。另一种情况是,两口生产井间由于无注入水驱替,在井间管道内由于采出不充分也会在管道内壁富集大量剩余油。该类剩余油主要分布在井网控制程度低、井距较大、注水程度较低、连通性较差的岩溶管道内。

### 5) 管道附近孔缝型

管道附近孔缝型剩余油是指强水淹岩溶管道附近发育程度较低的孔缝中未采出的剩余油。在岩溶管道附近同时发育有大量的小型溶蚀孔洞、孔隙和裂缝,在开发中后期,注入水或底水会沿着高渗带(岩溶管道)突进,形成强水淹通道,其附近由于溶孔缝渗透性低,水体会绕过低孔低渗区而使其中的原油无法被波及。水体突进至井筒周围,最终使油井含水率快速上升。管道附近的低孔低渗孔缝中的油气只能依靠毛管压力吸入高渗通道,速度极为缓慢,从而在岩溶管道附近的孔缝中富集大量的剩余油。该类剩余油主要分布在受断裂影响的岩溶管道附近。

### 6) 致密层遮挡型

致密层遮挡型剩余油是指岩溶管道内致密层上部或下部由于致密层遮挡而未采出的剩余油。致密层对岩溶储层的垂向连通性具有重要的控制作用。如塔河油田二区纵向上发育 4 套致密层,平面上连片性差,厚度差异较大,导致出现单期岩溶管道上下分割或多期岩溶管道上下叠置的结构。开发过程中,被致密段分割的上下管道内流体不连通,当油井未钻至致密层下部或因堵水等措施而导致致密层下部储层段未投产,在致密层下部的管道内易形成剩余油。

### 5.2.5.2.2　残丘型剩余油分布

残丘型剩余油是指富集在残丘型储集体中的剩余油。按照有残丘的井网控制情况及钻井与残丘的相对位置关系,将残丘型剩余油进一步分为阁楼型和低幅残丘型两个亚类。随着海西期的大气淋滤与岩溶作用,塔河油田形成了由地表缝洞连通性好的岩溶淋滤带组成的现今表层 $T_7^4$ 岩溶地貌,表层溶蚀孔洞后期经过油气充注成为储集体。开发后期油水界面上升至一定高度后,在 $T_7^4$ 界面局部高点会形成剩余油,即残丘型剩余油,并在很大程度上受到 $T_7^4$ 顶面起伏变化的影响。

#### 1) 阁楼型

阁楼型剩余油是指由于井位置或完井井段的影响而导致生产层段上部缝洞体内未采出的剩余油。当直井不在残丘最高点或完井层段低于残丘最高点,油水界面抬升至生产层段或完井层段顶部时,油井水淹,生产层段以上的残丘型储集体内的剩余油无法继续被采出,从而形成阁楼型剩余油;当水平井水平段位于残丘高点之下,油水界面抬升至完井层段最高点时,油井水淹,水平段之上的剩余油无法继续被采出,也可形成阁楼型剩余油。例如,塔河油田二区 TK315 井所在残丘规模大且位于残丘最高点,TK223 井位于该残丘内的次一级残丘边部,经生产动态分析,注采受效,但效率低。随着位于残丘最高点的TK315 井生产,残丘内能被水驱的剩余油量较少,剩余油多富集在井间连通性不好的次一级的残丘内,形成典型的阁楼型剩余油富集区。

#### 2) 低幅残丘型

低幅残丘型剩余油是指无井控制的低幅残丘中由于水波及不到而未采出的剩余油。其形成主要是由于井间的残丘无井控制,随着油井的生产,油水界面不断抬升至低幅残丘溢出点后,油水界面不再抬升,低幅残丘内富集的原油无法被采出,从而形成低幅残丘型剩余油。此类剩余油可以利用单元注气方式将残丘内的高部位原油向下压至残丘溢出点以下,通过气驱或水驱可动用该部分剩余油。

### 5.2.5.2.3　断控孤立溶洞型剩余油分布

断控孤立溶洞型剩余油是指受断裂控制而形成的剩余油,其分布特征受断裂分布和发育情况控制,在断裂带或断溶体附近的溶蚀孔缝中形成剩余油富集。该类剩余油主要分布在内幕深断裂发育、井网控制程度低、合采开发的地区。注水开发过程中,注入水沿着高渗通道(大断裂)突进,迅速到达生产井井筒周围,大断裂成为水淹优势通道。平面上,断裂带两侧孔渗性相对较差的孔缝中的油气由于无法被注入水波及,只能依靠毛管压力吸入高渗通道(大断裂),速度极为缓慢,从而在断裂附近的孔缝中富集大量的剩余油;纵向上,底水沿断裂带的优势通道迅速窜进至生产井,导致油井迅速水淹,断裂两侧低孔低渗孔缝中的油气被底水遮挡而无法采出,形成断裂附近孔缝型剩余油。塔河油田二区24.2% 的井分布在断控岩溶储集体之上,其所在的断裂附近多富集该类剩余油。

# 参考文献

蔡忠,2000.储集层孔隙结构与驱油效率关系研究[J].石油勘探与开发,27(6):45-46.

常丽娟,贾婷,2011.基于层次分析法(AHP)的商业银行财务绩效研究[J].西安建筑科技大学学报(社会科学版),30(2):17-22.

常学军,郝建明,郑家朋,等,2004.平面非均质边水驱油藏来水方向诊断和调整[J].石油学报,25(4):58-61.

巢华庆,许运新,1995.大庆油田持续稳产的开发技术[J].石油勘探与开发,22(5):34-38.

陈程,2000.厚油层内部相结构模式及其剩余油分布特征[J].石油学报,21(5):99-102.

陈程,孙义梅,贾爱林,等,2006.扇三角洲前缘地质知识库的建立及应用[J].石油学报,27(2):53-57.

陈元千,李璮,2001.现代油藏工程[M].北京:石油工业出版社.

慈建发,何世明,李振英,等,2005.水淹层测井发展现状与未来[J],天然气工业,25(7):44-46.

丁次乾,1992.矿场地球物理[M].东营:石油大学出版社.

窦之林,2012.塔河油田碳酸盐岩缝洞型油藏开发技术[M].北京:石油工业出版社.

窦之林,董春梅,林承焰,2002.孤东油田七区中馆4—馆6砂层组储层非均质性及其对剩余油分布的控制作用[J].石油大学学报(自然科学版),26(1):8-15.

窦之林,曾流芳,张志海,等,2001.大孔道诊断和描述技术研究[J].石油勘探与开发,28(1):75-77.

范宜仁,刘德武,1995.提高补偿密度测井纵向分辨率的处理技术[J].测井技术,19(2):151-156.

范子菲,李孔绸,李建新,等,2014.基于流动单元的碳酸盐岩油藏剩余油分布规律[J].石油勘探与开发,41(5):578-584.

房宝财,2004.应用高分辨率三维地震技术对已开发老油藏精细描述——以大庆葡南油田为例[D].成都:成都理工大学.

房宝财,张玉广,许洪东,等,2004.窄薄砂岩油藏开发调整技术[M].北京:石油工业出版社.

冯国庆,陈浩,张烈辉,等,2005.利用多点地质统计学方法模拟岩相分布[J].西安石油大学学报(自然科学版),20(5):9-11.

冯国庆,陈军,李允,等,2002.利用相控参数场方法模拟储层参数场分布[J].石油学报,23(4):61-64.

冯增昭,1993.沉积岩石学(下册)[M].北京:石油工业出版社.

付国民,董冬,王锋,等,2008.河流相储层剩余油成因类型及分布模式[J].成都理工大学学报(自然科学版),35(5):502-506.

高树新,杨少春,胡洪波,等,2004.胜坨油田21断块沙二段储层非均质性定量表征[J].油气地质与采收率,11(5):10-13.

葛云龙,逄径铁,廖保方,等,1998.辫状河相储集层地质模型——"泛连通体"[J].石油勘探与开发,25(5):77-79.

关振良,杨庆军,段成刚,等,2000.油藏数值模拟技术现状分析[J].地质科技情报,19(1):73-75.

郭平,徐艳梅,等,2004. 剩余油分布研究方法[M]. 北京:石油工业出版社.

国景星,刘媛,2008. 济阳坳陷新近系层序地层构型[J]. 中国石油大学学报(自然科学版),32(1):1-4.

韩长城,2017. 塔河油田奥陶系断控岩溶储集体特征及分布规律研究[D]. 青岛:中国石油大学(华东).

韩长城,林承焰,鲁新便 等,2016. 塔河油田奥陶系碳酸盐岩岩溶斜坡断控岩溶储层特征及形成机制[J]. 石油与天然气地质,37(5):644-652.

韩长城,林承焰,任丽华 等,2017. 基于地震波形指示的碳酸盐岩储集体反演方法——以塔河油田中-下奥陶统为例[J]. 石油与天然气地质,38(4):822-830.

韩大匡,1995. 深度开发高含水油田提高采收率问题的探讨[J]. 石油勘探与开发,22(5):47-55.

韩大匡,2007. 准确预测剩余油相对富集区提高油田注水采收率研究[J]. 石油学报,28(2):73-78.

韩大匡,陈钦雷,闫存章,1991. 油藏数值模拟基础[M]. 北京:石油工业出版社.

韩革华,漆立新,李宗杰,等,2006. 塔河油田奥陶系碳酸盐岩缝洞型储层预测技术[J]. 石油与天然气地质,27(6):860-870.

何文祥,吴胜和,唐义疆,等,2005. 河口坝砂体构型精细解剖[J]. 石油勘探与开发,32(5):42-45.

侯连华,吴锡令,林承焰,等,2003. 礁灰岩储层渗透率确定方法[J]. 石油学报,24(5):67-73.

胡光义,于会娟,刘静,等,2006. 番禺30-1砂岩强水驱气藏储层非均质性研究[J]. 油气地质与采收率,13(4):34-35.

胡文瑞,2008. 论老油田实施二次开发工程的必要性与可行性[J]. 石油勘探与开发,35(1):1-4.

胡向阳,熊琦华,吴胜和,2001. 储层建模方法研究进展[J]. 石油大学学报(自然科学版),25(1):107-112.

黄磊,沈平平,宋新民,2003. 低渗透油田油水层识别及油藏类型评价[J]. 石油勘探与开发,30(2):49-50.

黄立良,韩少博,刘兴,等,2014. 应用构造导向滤波技术识别隐蔽断层[J]. 工程地球物理学报,11(4):446-450.

黄石岩,2007. 河流和三角洲储层剩余油分布模式——以渤海湾盆地胜坨油田为例[J]. 石油实验地质,29(2):167-171.

黄书先,张超谟,2003. 孔隙结构非均质性对剩余油分布的影响[J]. 江汉石油学院学报,26(3):124-125.

计秉玉,2006. 对大庆油田油藏研究工作的几点认识[J]. 大庆石油地质与开发,25(1):9-13.

计秉玉,赵国忠,王曙光,等,2006. 沉积相控制油藏地质建模技术[J]. 石油学报,27(增刊):111-114.

贾爱林,何东博,何文祥,等,2003. 应用露头知识库进行油田井间储层预测[J]. 石油学报,24(6):51-53,58.

焦玮玮,孙威,2005. 核磁共振全直径岩心分析仪磁体的研制[J]. 南京大学学报(自然科学版),41(4):382-387.

靳彦欣,林承焰,贺晓燕,等,2004. 油藏数值模拟在剩余油预测中的不确定性分析[J]. 石油大学学报(自然科学版),28(3):22-24.

柯林森,卢恩,1991. 现代和古代河流沉积体系[M]. 北京:石油工业出版社.

赖内克,辛格,1979. 陆源碎屑沉积环境[M]. 北京:石油工业出版社.

李鹏,2013. 塔河油田6-7区碳酸盐岩缝洞型油藏剩余油描述研究[D]. 北京:中国地质大学(北京).

李少华,张昌民,林克湘,等,2004. 储层建模中几种原型模型的建立[J]. 沉积与特提斯地质,24(3):102-106.

李巍,侯吉瑞,丁观世,等,2013. 碳酸盐岩缝洞型油藏剩余油类型及影响因素[J]. 断块油气田,20

(4):458-461.

李兴国,1994.应用微型构造和储层沉积微相研究油层剩余油分布[J].油气地质与采收率,1(1):68-80.

李阳,2001.河道砂储层非均质模型[M].北京:科学出版社.

李志鹏,2012.高尚堡油田复杂断块油藏剩余油形成与分布研究[D].青岛:中国石油大学(华东).

李志鹏,林承焰,董波,等,2012.河控三角洲水下分流河道砂体内部建筑结构模式[J].石油学报,33(1):101-105.

李志鹏,林承焰,彭学红,等,2011.高浅南区明化镇组单砂体夹层对剩余油的控制作用[J].石油天然气学报,33(9):23-27.

李志鹏,林承焰,史全党,等,2012.高浅南区边水断块油藏类型及剩余油特征[J].西南石油大学学报(自然科学版),34(1):115-118.

李志鹏,林承焰,张家峰,等,2012.高浅南区 NmⅡ和 NmⅢ油组高分辨率层序构型及其对储层构型的控制[J].中国石油大学学报(自然科学版),36(1):20-25.

连承波,李汉林,钟建华,等,2008.基于灰色关联分析的储层含油气性气测解释方法[J].中国石油大学学报(自然科学版),32(1):29-31.

林承焰,1996.油气储层三维定量地质建模方法和配套技术[J].石油大学学报(自然科学版),20(4):20-25.

林承焰,2000.剩余油形成与分布[M].东营:石油大学出版社.

林承焰,陈仕臻,张宪国,等,2015.多趋势融合的概率体约束方法及其在储层建模中的应用[J].石油学报,36(6):730-739.

林承焰,董春梅,任丽华,等,2013.油藏描述技术发展及启示[J].中国石油大学学报(自然科学版),37(5):22-27.

林承焰,侯连华,董春梅,等,1997.应用地质统计学方法识别隔夹层[J].石油实验地质,19(3):245-251.

林承焰,李红南,董春梅,等,2009.油藏仿真模型与剩余油预测[M].北京:石油工业出版社.

林承焰,余成林,董春梅,等,2011.老油田剩余油分布——水下分流河道岔道口剩余油富集[J].石油学报,32(5):829-835.

刘本培,1986.地史学教程[M].北京:地质出版社.

刘波,赵翰卿,于会宇,2001.储集层的两种精细对比方法讨论[J].石油勘探与开发,28(6):94-96.

刘合,闫建文,薛凤云,等,2004.大庆油田特高含水期采油工程研究现状及发展方向[J].大庆石油地质与开发,23(6):65-67.

刘洪涛,2006.窄薄砂岩油藏剩余油分布预测[D].东营:中国石油大学(华东).

刘佳文,陈学元,李武胜,2008.同位素示踪剂井间监测技术在狮子沟油田 N1 油藏的应用[J].同位素,21(1):54-57.

刘建军,宋义敏,潘一山,2003.用含油薄片研究剩余油微观分布特征[J].辽宁工程技术大学学报(自然科学版),22(3):326-328.

刘建民,2003.沉积结构单元在油藏研究中的应用[M].北京:石油工业出版社.

刘淑芬,梁继德,2004.试井技术识别无效注采水循环通道方法探讨[J].油气井测试,13(1):27-30.

刘月田,孙保利,于永生,2003.大孔道模糊识别与定量计算方法[J].石油钻采工艺,25(5):54-59.

刘泽容,杜庆龙,1993.应用变差函数定量研究储层非均质性[J].地质论评,39(4):297-301.

刘中春,2008.提高采收率技术应用现状及其在中石化的发展方向[J].中国石化(4):5-8.

刘中春,2015.塔河缝洞型油藏剩余油分析与提高采收率途径[J].大庆石油地质与开发,34(2):62-

68.

龙旭,李鹏,康志宏,等,2012.塔河缝洞型油藏单井含水变化类型定量评价[J].西南石油大学学报
　　（自然科学版）,34(4):127-134.

陆先亮,束青林,曾祥平,等,2005.孤岛油田精细地质研究[M].北京:石油工业出版社.

罗索夫斯基,1958.弯道水流的研究[J].泥沙研究,3(1):83-95.

吕端川,林承焰,任丽华,等,2021.基于油水渗流差异的剩余油形成机理研究——以大庆长垣杏树
　　岗油田为例[J].中国矿业大学学报,50(5):825-834.

麻成斗,刘洪涛,宋彪,等,2008.大庆外围油田低渗透薄油层水平井开发技术应用[M].北京:石油
　　工业出版社.

马德华,耿长喜,赵斌,2007.朝阳沟油田荧光显微图像资料应用方法研究[J].录井工程,18(3):34-
　　37.

马世忠,孙雨,范广娟,等,2008.地下曲流河道单砂体内部薄夹层建筑结构研究方法[J].沉积学报,
　　26(4):632-638.

孟凡顺,黄伏生,宋德才,等,2007.费歇判别法识别大孔道[J].中国海洋大学学报,37(1):121-124.

孟凡顺,孙铁军,朱炎,等,2007.利用常规测井资料识别砂岩储层大孔道方法研究[J].中国海洋大
　　学学报,37(3):463-468.

潘兴国,1996.中国水驱油田开发测井[C]//水驱油田开发测井'96国际学术讨论会论文集.北京:
　　石油工业出版社.

彭仕宓,史彦尧,韩涛,等,2007.油田高含水期窜流通道定量描述方法[J].石油学报,18(5):79-84.

邱睿,2004.用砂泥岩互层模型检验地震的垂向分辨率[D].青岛:中国海洋大学.

裘怿楠,陈子琪,1996.油藏描述[M].北京:石油工业出版社.

裘怿楠,陈子琪,许仕策,1982.河道砂岩储油层的注水开发[C]//国际石油工程会议论文（第一集）.
　　北京:石油工业出版社.

裘怿楠,许仕策,肖敬修,1985.沉积方式与碎屑岩储层的层内非均质性[J].石油学报,6(1):41-49.

裘怿楠,薛叔浩,2001.油气储层评价技术[M].北京:石油工业出版社.

荣元帅,赵金洲,鲁新便,等,2014.碳酸盐岩缝洞型油藏剩余油分布模式及挖潜对策[J].石油学报,
　　35(6):1138-1146.

单敬福,路杨,纪友亮,2007.厚层河道砂体储层非均质性研究——以葡萄花油层组PI1-PI4小层为
　　例[J].地质找矿论丛,22(2):125-130.

盛强,施晓乐,刘维甫,等,2005.岩心CT三维成像与多相驱替分析系统[J].CT理论与应用研究,
　　14(3):8-12.

史丽华,2007.微量物质井间示踪技术在识别油层大孔道中的应用[J].大庆石油地质与开发,26
　　(4):130-132.

史有刚,曾庆辉,周晓俊,2003.大孔道试井理论解释模型[J].石油钻采工艺,25(3):48-50.

宋到福,何登发,2010.断层相的概念及应用[J].地球科学进展,25(9):907-914.

隋军,吕晓光,赵翰卿,等,2000.大庆油田河流—三角洲相储层研究[M].北京:石油工业出版社.

孙东,潘建国,雍学善,等,2010.碳酸盐岩储层垂向长串珠形成机制[J].石油地球物理勘探,45(增
　　刊1):101-104.

孙焕泉,2002.油藏动态模型和剩余油分布模式[M].北京:石油工业出版社.

孙焕泉,孙国,程会明,2002.胜坨油田特高含水期剩余油分布仿真模型[J].石油勘探与开发,29
　　(3):66-68.

孙廷彬,2013.塔中402井区石炭系Ⅲ油组微观剩余油形成机理与分布特征研究[D].青岛:中国石

油大学(华东).

孙廷彬,林承焰,崔仕提,等,2013.海相碎屑岩储层微观非均质性特征及其对高含水期剩余油分布的影响[J].中南大学学报(自然科学版),44(8):3282-3292.

孙卫,史成恩,赵惊蛰,等,2006.X-CT扫描成像技术在特低渗透储层微观孔隙结构及渗流机理研究中的应用——以西峰油田庄19井区长82储层为例[J].地质学报,80(5):775-778.

孙雨,马世忠,姜洪福,等,2010.松辽盆地三肇凹陷葡萄花油层高频层序地层构型分析[J].地层学杂志,34(4):371-380.

汪立君,陈新军,2003.储层非均质性对剩余油分布的影响[J].地质科技情报,22(2):71-73.

王德发,陈建文,李长山,2000.中国陆相储层表征与成藏型式[J].地学前缘,7(4):363-369.

王端平,2000.复杂断块油田油藏精细描述[J].石油学报,21(6):111-116.

王桂成,2001.东濮凹陷勘探开发中新技术的应用[J].石油实验地质,23(3):324-326.

王洪求,刘伟方,郑多明,等,2011.塔里木盆地奥陶系碳酸盐岩"非串珠状"缝洞型储层类型及成因[J].天然气地球科学,22(6):982-988.

王家禄,2010.油藏物理模拟[M].北京:石油工业出版社.

王建功,王天琦,卫平生,等,2007.大型坳陷湖盆浅水三角洲沉积模式——以松辽盆地北部葡萄花油层为例[J].岩性油气藏,19(2):28-34.

王敬,刘慧卿,宁正福,等,2014.缝洞型油藏溶洞-裂缝组合体内水驱油模型及实验[J].石油勘探与开发,41(1):67-73.

王敬,刘慧卿,徐杰,等,2012.缝洞型油藏剩余油形成机制及分布规律[J].石油勘探与开发,39(5):585-590.

王俊玲,任纪舜,2001.嫩江现代河流沉积体岩相及内部构形要素分析[J].地质科学,36(4):385-394.

王雷,窦之林,林涛,等,2011.缝洞型油藏注水驱油可视化物理模拟研究[J].西南石油大学学报(自然科学版),33(2):121-124.

王莲芬,许树柏,1990.层次分析法引论[M].北京:中国人民大学出版社.

王朴,蔡进功,2002.用含油薄片研究剩余油微观分布特征[J].油气地质与采收率,9(1):60-61.

王延章,林承焰,董春梅,等,2006.夹层及物性遮挡带的成因及其对油藏的控制作用——以准噶尔盆地莫西庄地区三工河组为例[J].石油勘探与开发,33(3):319-321.

王友净,林承焰,董春梅,等,2006.长堤断裂带北部地区剩余油控制因素与挖潜对策[J].中国石油大学学报(自然科学版),30(4):12-16.

吴胜和,李文克,2005.多点地质统计学——理论、应用与展望[J].古地理学报,7(1):137-143.

吴胜和,岳大力,刘建民,等,2008.地下古河道储层构型的层次建模研究[J].中国科学(D辑:地球科学),38(增刊1):111.

肖立志,1998.核磁共振成像测井与岩石核磁共振及其应用[M].北京:科学出版社.

谢丛姣,2000.小层剩余油的技术经济研究方法[J].石油实验地质,22(2):180-183.

辛仁臣,蔡希源,王英民,2004.松辽坳陷深水湖盆层序界面特征及低位域沉积模式[J].沉积学报,22(3):387-391.

熊陈微,2016.塔河油田2区奥陶系碳酸盐岩油藏剩余油分布规律研究[D].青岛:中国石油大学(华东).

熊陈微,林承焰,任丽华,等,2016.缝洞型油藏剩余油分布模式及挖潜对策[J].特种油气藏,23(6):97-101.

熊琦华,纪发华,1995.地质统计学在油藏描述中的应用[J].石油大学学报(自然科学版),19(1):

115-120.

熊伟,石志良,高树生,等,2005.碎屑岩储层流动单元模拟实验研究[J].石油学报,26(2):88-91.

徐慧,2013.渤南油田四区沙三段低渗透砂岩油藏剩余油分布预测[D].青岛:中国石油大学(华东).

徐慧,林承焰,雷光伦,等,2013.水下分流河道单砂体剩余油分布规律与挖潜对策[J].中国石油大
　　学学报(自然科学版),37(2):14-20.

徐守余,刘太勋,2004.胜坨油田三角洲相储集层流动单元研究[J].石油大学学报(自然科学版),28
　　(1):22-25.

许杰,赵永勤,杨子川,2007.应用波形分析技术预测塔河油田缝洞型储集层[J].新疆石油地质,28
　　(6):756-760.

严启团,郭和坤,刘素民,2001.应用环境扫描电镜研究储集层砂岩样品润湿性的变化特征[J].石油
　　勘探与开发,28(6):92-93.

杨明杰,高明阳,1998.含油岩石的荧光特征研究[J].矿物岩石,1(3):106-111.

杨清彦,官文超,贾忠伟,1999.大庆油田三元复合驱驱油机理研究[J].大庆石油地质与开发,18
　　(3):24-26.

杨少春,2000.储层非均质性定量研究的新方法[J].石油大学学报(自然科学版),24(1):53-56.

杨少春,王瑞丽,王改云,等,2006.油田开发阶段储层平面非均质性变化特征:以胜坨油田二区东营
　　组三段为例[J].高校地质学报,12(4):493-498.

杨少春,杨兆林,胡红波,2004.熵权非均质综合指数算法及其应用[J].石油大学学报(自然科学
　　版),28(1):18-21.

杨少春,周建林,2001.胜坨油田二区高含水期三角洲储层非均质特征[J].石油大学学报(自然科学
　　版),25(1):37-41.

姚姚,唐文榜,2003.深层碳酸盐岩岩溶风化壳洞缝型油气藏可检测性的理论研究[J].石油地球物
　　理勘探,38(6):623-629.

叶仲斌,2007.提高采收率原理[M].2版.北京:石油工业出版社.

易斌,崔文彬,鲁新便,等,2011.塔河油田碳酸盐岩缝洞型储集体动态连通性分析[J].新疆石油地
　　质,32(5):469-472.

尹太举,张昌民,樊中海,1997.双河油田井下地质知识库的建立[J].石油勘探与开发,24(6):95-98.

尹太举,张昌民,樊中海,等,2002.地下储层建筑结构预测模型的建立[J].西安石油学院学报(自然
　　科学版),17(3):7-14.

尹太举,张昌民,毛立华,等,2003.基准面旋回格架内砂体开发响应[J].自然科学进展,13(5):549-
　　553.

尹太举,张昌民,赵红静,等,2001.依据高分辨率层序地层学进行剩余油分布预测[J].石油勘探与
　　开发,28(4):79-82.

尹太举,张昌民,赵红静,等,2004.复杂断块区高含水期剩余油分布预测[J].石油实验地质,26(3):
　　267-272.

尹志军,鲁国永,邹翔,等,2006.陆相储层非均质性及其对油藏采收率的影响[J].石油与天然气地
　　质,27(1):106-110.

尤启东,陆先亮,栾志安,2004.疏松砂岩中微粒迁移问题的研究[J].石油勘探与开发,31(6):104-
　　107.

于翠玲,林承焰,2007.储层非均质性研究进展[J].油气地质与采收率,14(4):15-18.

于兴河,2002.碎屑岩系油气储层沉积学[J].北京:石油工业出版社.

于兴河,马兴祥,穆龙新,等,2004.辫状河储层地质模式及层次界面分析[M].北京:石油工业出版

社.

余成林,2009.葡萄花油田剩余油形成与分布研究[D].青岛:中国石油大学(华东).

余成林,林承焰,王正允,2008.准噶尔盆地夏9井区八道湾组油水倒置型油藏特征及成因[J].石油天然气学报,30(5):32-36.

余成林,林承焰,尹艳树,2009.合注合采油藏窜流通道发育区定量判识方法[J].中国石油大学学报(自然科学版),33(2):23-28.

俞启泰,2000.注水油藏大尺度未波及剩余油的三大富集区[J].石油学报,21(2):45-50.

俞启泰,2001.论侧钻水平井是开采"大尺度"未波及剩余油最重要的技术[J].石油学报,22(4):44-48.

俞启泰,2005.地质导向钻井技术概况及其在我国的研究进展[J].石油勘探与开发,32(1):91-95.

俞启泰,赵明,林志芳,1992.水驱砂岩油田含水率变化规律与采收率多因素分析[J].石油勘探与开发,19(3):63-68.

苑登御,2016.缝洞型碳酸盐岩油藏注气提高采收率技术与相关机理研究[D].北京:中国石油大学(北京).

岳大力,林承焰,吴胜和,等,2004.储层非均质定量表征方法在礁灰岩油田开发中的应用[J].石油学报,25(5):75-79.

岳大力,吴胜和,林承焰,等,2005a.礁灰岩油藏隔夹层控制的剩余油分布规律研究[J].石油勘探与开发,32(5):113-116.

岳大力,吴胜和,林承焰,等,2005b.流花11-1油田礁灰岩油藏沉积—成岩演化模式[J].石油与天然气地质,26(4):518-523.

岳大力,吴胜和,林承焰,等,2005c.流花11-1油田礁灰岩油藏储层非均质性及剩余油分布规律[J].地质科技情报,24(2):90-96.

曾流芳,2000.疏松砂岩大孔道形成机理及渗流规律[M].东营:石油大学出版社.

张昌民,1992.储层研究中的层次分析法[J].石油与天然气地质,13(3):344-350.

张昌民,林克湘,徐龙,等,1994.储层砂体建筑结构分析[J].江汉石油学院学报,16(2):1-7.

张昌民,徐龙,林克湘,等,1996.青海油砂山油田第68层分流河道砂体解剖学[J].沉积学报,14(4):70-75.

张昌民,尹太举,张尚锋,等,2004.泥质隔层的层次分析[J].石油学报,25(3):48-52.

张春生,2001.冲积体系及三角洲物理模拟研究[D].成都:成都理工学院.

张琴,王贵文,朱筱敏,等,2001.准噶尔盆地阜东斜坡区侏罗系测井沉积相[J].古地理学报,3(3):41-47.

张审琴,2000.水淹层测井解释技术状况与发展趋势[J].青海石油,18(2):29-33.

张淑娟,刘大听,罗永胜,2001.潜山油藏内幕隔层及断层控制的剩余油分布模式[J].石油学报,22(6):50-54.

张伟,林承焰,董春梅,2008.多点地质统计学在秘鲁D油田地质建模中的应用[J].中国石油大学学报(自然科学版),32(4):24-28.

张永庆,陈舒薇,渠永宏,等,2004.多学科综合研究提高大庆油田油藏预测水平[J].石油勘探与开发,31(增刊):77-80.

张元中,肖立志,2006.单轴载荷下岩石核磁共振特征的实验研究[J].核电子学与探测技术,26(6):731-734.

赵国忠,王曙光,尹芝林,等,2004.大庆长垣多学科油藏研究技术与应用[J].大庆石油地质与开发,23(5):78-81.

赵翰卿,付志国,吕晓光,等,2000.大型河流—三角洲沉积储层精细描述方法.石油学报,21(4):109-113.

赵明章,范雪辉,刘春芳,等,2011.利用构造导向滤波技术识别复杂断块圈闭[J].石油地球物理勘探,46(增刊1):128-133.

郑浩,马春华,姜振海,2007.高含水后期"低效、无效循环"形成条件的数值模拟研究[J].石油钻探技术,35(4):80-83.

郑荣才,彭军,吴朝容,2001.陆相盆地基准面旋回的级次划分和研究意义[J].沉积学报,19(2):249-255.

郑松青,杨敏,康志江,等,2019.塔河油田缝洞型碳酸盐岩油藏水驱后剩余油分布主控因素与提高采收率途径[J].石油勘探与开发,46(4):1-9.

中国石油地质志编辑委员会,1993.中国石油地质志(大庆油田卷)[M].北京:石油工业出版社.

中国石油天然气集团公司油气储层重点实验室,2002.陆相层序地层学应用指南[M].北京:石油工业出版社.

中国石油天然气总公司,1997.油气储层评价方法:SY/T 6285—1997[S].北京:中国石油天然气总公司.

钟大康,朱筱敏,吴胜和,等,2007.注水开发油藏高含水期大孔道发育特征及控制因素——以胡状集油田胡12断块油藏为例[J].石油勘探与开发,34(2):207-211.

周波,蔡忠贤,李启明,2007.应用动静态资料研究岩溶型碳酸盐岩储集层连通性——以塔河油田四区为例[J].新疆石油地质,28(6):770-772.

周总瑛,张抗,2004.中国油田开发现状与前景分析[J].石油勘探与开发,31(2):84-87.

朱红涛,刘可禹,朱筱敏,等,2018.陆相盆地层序构型多元化体系[J].地球科学,43(3):770-785.

AAVATSMARK I, BARKVE T, et al., 1997. Control-volume discretization methods for 3D quad-rilateral grids in inhomogeneous anisotropic reservoir[R]. SPE 38000.

AINSWORTH R B, 2005. Sequence stratigraphic-based analysis of reservoir connectivity: influence of depositional architecture—a case study from a marginal marine depositional setting[J]. Petroleum Geoscience, 11(6):257-276.

ALABERF F G, CORRE B, AQUITAINE E. Heterogeneity in a complex turbiditic reservoir: impact on field development[R]. SPE 22902.

ALLEN R, 1983. Studies in fluviatile sedimentation: bars, bar-complexes and sandstone sheets (lower-sinuosity braided streams) in the Brownstones(L. Devonian), Welsh Borders[J]. Sedimentary Geology, 33:237-293.

AMBROSE W A, HENTZ T F, BONNAFFE F, et al., 2009. Sequence-stratigraphic controls on complex reservoir architecture of highstand fluvial-dominated deltaic and lowstand valley-fill deposits in the Upper Cretaceous(Cenomanian) Woodbine Group, East Texas field: regional and local perspectives[J]. AAPG Bulletin, 93(2):231-269.

ASHWORTH P J, BEST J L, RODEN J E, et al., 2000. Morphological evolution and dynamics of a large, sand braid-bar, Jamuna River, Bangladesh[J]. Sedimentology, 47(3):533-555.

AWAN A R, TEIGLAND R, KLEPPE J, 2006. EOR survey in the North Sea[R]. SPE 99546.

AYDIN A, 2000. Fractures, faults, and hydrocarbon entrapment, migration and flow[J]. Marine & Petroleum Geology, 17(7):797-814.

BEST J L, ASHWORTH P J, BRISTOW C S, et al., 2003. Three dimensional sediment architecture of a large, mid-channel sand braid bar, Jamuna River, Bangladesh[J]. Journal of Sedimentary Research, 73(4): 516-530.

BRISTOW C S, 1993. Sedimentary structure exposed in bar tops in the Brahmaputra River, Bangladesh[J]. Journal of the Geological Society Special Publication(75): 277-289.

CHATIZE I, MORROW N R, LIM H T, 1983. Magnitude and detailed structure of residual oil saturation[J]. Sol Pet Eng J(4): 311-326.

CLARK J D, KEVIN T, 1996. Pickering architectural element sand growth patterns of submarine channels: application to hydrocarbon exploration[J]. AAPG Bulletin, 80(2): 194-221.

COLLETTINI C, CARPENTER B M, VITI C, et al., 2014. Fault structure and slip localization in carbonate-bearing normal faults: an example from the Northern Apennines of Italy[J]. Journal of Structural Geology, 67(4): 154-166.

CROSS T A, 2000. Stratigraphic controls on reservoir attributes in continental strata[J]. Earth Science Frontiers, 7(4):322-350.

HAMILTON D S, TYLER N, TYLER R, et al., 2002. Reactivation of mature oil fields through advanced reservoir characterization: a case history of the Budare field, Venezuela[J]. AAPG Bulletin, 86(7): 1237-1262.

HAN C C, LIN C Y, LU X B, et al, 2019. Petrological and geochemical constraints on fluid types and formation mechanisms of the Ordovician carbonate reservoirs in Tahe Oilfield, Tarim Basin, NW China[J]. Journal of Petroleum Science and Engineering, 178(1):106-120.

HAN C C, LIN C Y, WEI T, et al, 2019. Paleogeomorphology restoration and the controlling effects of paleogeomorphology on karst reservoirs: a case study of an ordovician-aged section in Tahe Oilfield, Tarim Basin, China[J]. Carbonates and Evaporites, 34(4):31-44.

JERRY L F, FOGG G E, 1990. Geologic/stochastic mapping of heterogeneity in a carbonate reservoir[J]. Journal of Petroleum Technology, 42(10): 1298-1303.

JIAO Y Q, YAN J X, LI S T, et al., 2005. Architectural units and heterogeneity of channel reservoirs in the Karamay Formation, outcrop area of Karamay Oilfield, Junggar Basin, Northwest China[J]. AAPG Bulletin, 89(4): 529-545.

KIM Y S, PEACOCK D C P, SANDERSON D J, 2004. Fault damage zones[J]. Journal of Structural Geology, 26(3): 503-517.

KJEMPERUD A V, SCHOMACKER E R, Cross T A, 2008. Architecture and stratigraphy of alluvial deposits, Morrison Formation (Upper Jurassic), Utah[J]. AAPG Bulletin, 92(8): 1055-1076.

LEEDER M R, 1973. Fluviatile fining-upward cycles and the magnitude of palaeochannels[J]. Geological Magazine, 110(3): 265-276.

LOUCKS R G, 1999. Paleocave carbonate reservoirs: origins, burial-depth modifications, spatial complexity, and reservoir implications[J]. AAPG Bulletin, 83(11): 1795-1834.

LYNDS R, HAJEK E, 2006. Conceptual model for predicting mudstone dimensions in sandy braided-river reservoirs[J]. AAPG Bulletin, 90(8): 1273-1288.

MIALL A D, 1985. Architectural element analysis: a new method of facies analysis applied to fluvial deposits[J]. Earth Science Review, 22(2): 261-308.

MIALL A D, 1988. Architectural elements and bounding surfaces in fluvial deposits: anatomy of the Kayenta Formation(Lower Jurassic), Southwest Colorado[J]. Sedimentary Geology, 55(3-4): 233-262.

MIALL A D, 1996. The geology of fluvial deposits: sedimentary facies, basin analysis and petroleum geology[M]. Berlin, Heidelberg, NewYork: Springer-Verlag.

MIALL A D, 2006. Reconstructing the architecture and sequence stratigraphy of the preserved fluvial record as a tool for reservoir development: a reality check[J]. AAPG Bulletin, 90(7): 989-1002.

MOSLOW T F, DAVIES G R, 1997. Turbidite reservoir facies in the Lower Triassic Montney Formation, west-central Alberta[J]. Bulletin of Canadian Petroleum Geology, 45(4): 507-536.

NETON M J, JOACHIM D, CHRISTOPHER D O, et al., 1994. Architecture and directional scales of heterogeneity in alluvial-fan aquifers[J]. Journal of Sedimentary Research, 64(2): 245-257.

PETROVIC A M, SIEBERT J E, RIEKE P E, 1982. Soil bulk density analysis in three dimensions by computed tomographic scanning[J]. Soil Science Society of America Journal, 46(3): 445-450.

PRANTER M J, ELLISON A I, COLE R D, et al., 2007. Analysis and modeling of intermediate-scale reservoir heterogeneity based on a fluvial point-bar outcrop analog, Williams Fork Formation, Piceance Basin, Colorado[J]. AAPG Bulletin, 91(7): 1025-1051.

ROEHL P O, CHOQUETTE P W, 1985. Carbonate petroleum reservoirs[M]. NewYork: Springer-Verlag.

SANTOSH, 1997. A control volume scheme for flexible grid in reservoir simulation[R]. SPE 37999.

SAUL CAINE J, EVANS J P, FORSTER C B, 1996. Fault zone architecture and permeability structure[J]. Geology, 24(11): 1025-1028.

SIBSON R H, MOORE J M M, RANKIN A H, 1975. Seismic pumping—a hydrothermal fluid transport mechanism[J]. Journal of the Geological Society, 131(6): 653-659.

SIXSMITH P J, HAMPSON G J, GUPTA S, 2008. Facies architecture of a net transgressive sandstone reservoir analog: the Cretaceous Hosta Tongue, New Mexico[J]. AAPG Bulletin, 92(4): 513-547.

STREBELLE S, 2002. Conditional simulation of complex geological structures using multiple-point statistics[J]. Mathematical Geology, 34(1):1-21.

STREBELLE S, JOURNEL A, 2001. Reservoir modeling using multiple-point statistics[R]. SPE 71324.

THORNE C R, RUSSELL A P G, ALAM M K, 1993. Planform pattern and channel evolution of the Brahmapuua River, Bangladesh[J]. Geological Society London Special Publications 75(1): 257-276.

TOKUNAGA T, MOGI K, MATSUBARA O, et al., 2000. Buoyancy and interfacial force effects on two-phase displacement patterns: an experimental study[J]. AAPG Bulletin, 84(1): 65-74.

ZHANG T F, 2008. Incorporating geological conceptual models and interpretations into reservoir modeling using multi-pointgeo statistics[J]. Earth Science Frontiers, 15(1): 26-35.

WANG D, HAN P, SHAO Z, et al., 2006. Sweep improvement options for the Daqing OilField [R]. SPE 99441.

WELLINGTON S L, VINEGAR H J, 1987. X-ray computerized tomography[J] J Petrol Tech, 39(8): 885-898.

WILLIS B J, BEHRENSMEYER A K, 1994. Architecture of Miocene overbank deposits in Northern Pakistan[J]. Journal of Sedimentary Research，64(2)：60-67.

YU M H，XU J J，WAN Y Y，et al. ，2006. Simulation and dynamic visualization of flow and sediment motion downstream of Cuijiaying Dam[J]. Journal of Hydrodynamics，18(4)：492-498.